CHIMICA DEGLI ALIMENTI

Materiale riassuntivo strategico

Farmacia Facile

Copyright © 2021 Farmacia Facile®
Tutti i diritti riservati.
ISBN 9798523506093

Sommario

- *CAPITOLO 1* *5*
- *CAPITOLO 2* *16*
- *CAPITOLO 3* *25*
- *CAPITOLO 4* *35*
- *CAPITOLO 5* *44*
- *CAPITOLO 7* *65*
- *CAPITOLO 8* *76*
- *CAPITOLO 9* *85*
- *CAPITOLO 10* *96*
- *CAPITOLO 11* *105*
- *CAPITOLO 12* *113*
- *CAPITOLO 13* *121*
- *CAPITOLO 14* *131*
- *CAPITOLO 15* *139*
- *CAPITOLO 16* *148*
- *CAPITOLO 17* *156*
- *CAPITOLO 18* *164*
- *CAPITOLO 19* *172*

CAPITOLO 1

I NUTRIENTI, ci si occuperà dei 6 nutrienti, ossia dell'acqua e dei Sali minerali che sono i due nutrienti di tipo inorganico, le vitamine, i glucidi, i lipidi e i protidi che sono i nutrienti di tipo organico. Quando si parlerà dei glucidi si parlerà anche degli edulcoranti alternativi al saccarosio che essendo molecole che hanno una struttura chimica differente rispetto ai glucidi ovviamente verranno raggruppati in un unico capitolo che è quello degli edulcoranti alternativi al saccarosio.
Conoscere i nutrienti è importante ai fini di una corretta assunzione di essi con la dieta.

ACQUA E SALI MINERALI → i due nutrienti di tipo inorganico

Glucidi edulcoranti alternativi al saccarosio, molecole che hanno una struttura chimica differente rispetto ai glucidi vengono raggruppati nel capitolo degli edulcoranti alternativi al saccarosio. Perché seguire un esame di chimica degli alimenti? perché conoscere i nutrienti è importante per una corretta assunzione degli stessi con la dieta.

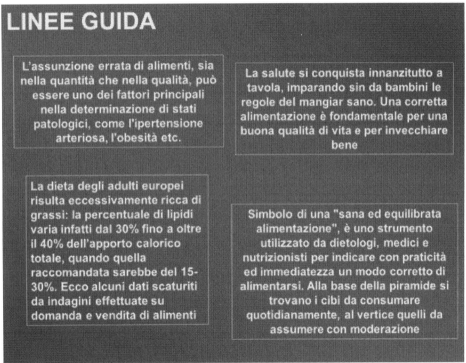

Le linee guida del ministero che parlano dei capisaldi della corretta alimentazione:

PRIMA INDICAZIONE → L'assunzione errata degli alimenti sia nella qualità o la quantità può essere uno dei fattori principali nella determinazione di stati patologici come l'ipertensione arteriosa o l'obesità. Ormai dal almeno 3 decenni si conosce esattamente il ruolo degli alimenti nel mantenimento di un buono stato di salute, ma anche nell'instaurarsi di uno stato patologico. Quindi:

- un'alimentazione troppo ricca di Sali minerali, e in particolare di sodio può portare ad avere **dei problemi renali**, un sovraccarico di potassio può portare nel soggetto con insufficienza renale anche ad un blocco cardiaco piuttosto che un'alimentazione troppo ricca di sodio che può portare ad ipertensione arteriosa.
- Un'alimentazione troppo ricca di SELENIO può portare ad un'intossicazione da SELENIO con manifestazioni di tipo allergico

quindi parlare di una corretta alimentazione è possibile solo se si conoscono i nutrienti che fanno parte degli alimenti, quindi solo se si conosce qual è l'apporto ottimale dei nutrienti.

La salute si conquista a tavola imparando sin da bambini le regole del mangiar sano, quindi una corretta alimentazione è fondamentale per una buona qualità di vita e per invecchiare bene.

L'aspettativa di vita media si è incrementata negli ultimi anni e decenni e grazie ai farmaci, soprattutto quelli salvavita è stato possibile spostare più in là l'età della popolazione. La problematica non è tanto quella di aumentare l'aspettativa di vita, già siamo arrivati a oltre 80 anni sia nell'uomo che nella donna. Nella terza età purtroppo è ancora elevato il numero di persone che vivono la terza età in disabilità e questo significa che si ha un sovraccarico del sistema sanitario e una spesa elevata del sistema sanitario e questa non è una situazione ideale.

Con l'alimentazione si può ritardare l'insorgenza di patologie? Oggi giorno grazie a queste nuove acquisizioni si sa sulla relazione alimentazione-salute che questa è una cosa possibile, in quanto una corretta alimentazione permette di ritardare l'insorgenza di alcune patologie e non si sta parlando di patologie banali, ma di patologie importanti, come quelle cardiovascolari, ma anche quelle neurodegenerative come l'Alzheimer, il Parkinson. Ormai è noto che oltre all'aspetto genetico che non può essere modificato, c'è anche una componente derivante dallo stile di vita e sicuramente la più importante componente che riguarda lo stile di vita è la dieta.

La dieta degli adulti europea è eccessivamente ricca di grassi. La percentuale di lipidi varia dal 30 fino al 49 % dell'apporto calorico totale, quando sarebbe raccomandata essere del 15-30%. Quindi questo dato ci fa capire che si ha un apporto calorico elevato e troppo ricco di grassi, e questo non è giusto. Quindi è veramente molto importante contenere i grassi, ma al di la del contenere i grassi, è importante non solo contenere, ma è anche importante scegliere i grassi.

Quando si parla di assunzione errata nella qualità e quantità ci si riferisce all'aspetto di contenere i grassi, ossia sicuramente avere un apporto calorico inferiore, ma è anche importante selezionare i grassi buoni tra quelli cattivi. Ad es. l'olio di oliva per la componente polifenolica in esso contenuta è preferibile all'olio di semi di girasoli. Si osserva che avidi grassi in natura sono -cis e possono diventare- trans con la reazione di idrogenazione, gli acidi grassi trans sono epato e cardiotossici → quindi vi è un aspetto anche di tipo qualitativo

La stessa cosa vale non solo per i lipidi, ma anche per gli zuccheri. I lipidi sono dei nutrienti di tipo energetico e apportano 9 kilocalorie per grammo, ma un altro nutriente di tipo energetico è rappresentato dai carboidrati, e anche nel caso dei carboidrati baisogna assumere i carboidrati con basso indice glicemico assumere quei carboidrati che sono ricchi di fibre, proprio perché le fibre hanno numerose proprietà biologico funzionali, quindi importanza nella tipologia di nutrienti assunti e nella quantità di nutrienti assunti. Si parla della piramide alimentare che è stata modificata rispetto a quella di un tempo. Alla base vi è l'attività fisica, quindi è importante alimentarsi correttamente, ma anche svolgere attività fisica per far si che l'apporto calorico con la dieta deve essere controbilanciato da una spesa di kilocalorie

I dieti consigli degli esperti (vedi slides) →proteine a medio valore biologico nutrizionale

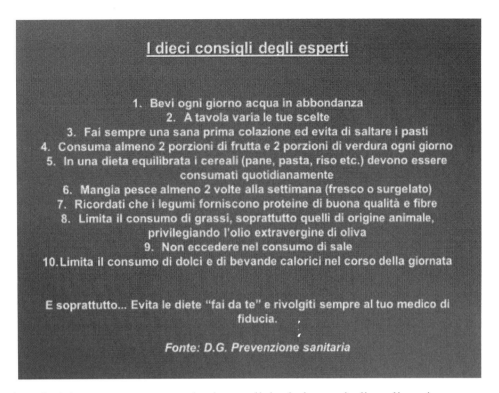

Dolci e bevande caloriche contengono zuccheri semplici ad elevato indice glicemico e non zuccheri complessi come sarebbe meglio assumere. Nel corso degli ultimi decenni c'è stata un'evoluzione del ruolo svolto dagli alimenti:

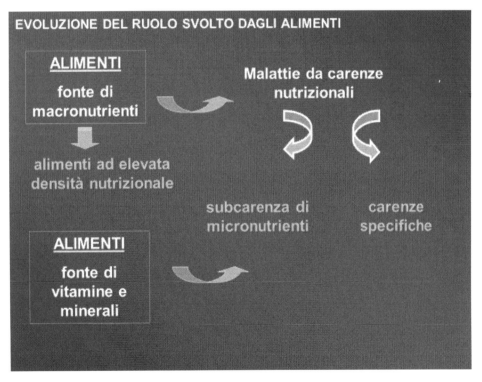

GLI ALIMENTI un tempo venivano considerati solo fonte di macronutrienti perché c'era scarsa disponibilità di alimenti, ad es. durante i periodi delle guerre dove la gente moriva di fame e quindi vi erano malattie da carenze nutrizionali, ad es. la malnutrizione intesa come scarsa assunzione di alimenti. Poi

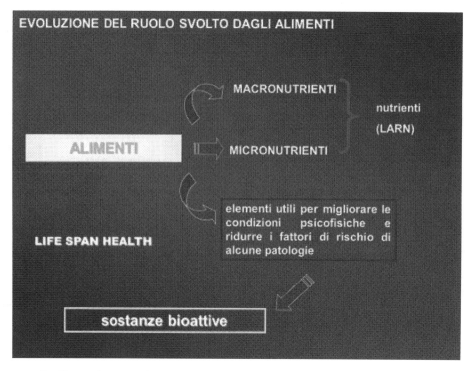

Si passa al concetto di alimenti come fonte di vitamine e minerali e si capì che negli alimenti non c'erano solo lipidi e carboidrati, ma anche Sali minerali e vitamine e con l'assunzione di giuste quantità di Sali minerali e vitamine → si potevano evitare le carenze da micronutrienti, poi si passa a considerare oltre ai macronutrienti e i micronutrienti, anche altri componenti minori degli alimenti, ossia sostanze bioattive che possono avere la capacità di ridurre i fattori di rischio di alcune patologie. Se si parla di macronutrienti e micronutrienti come Sali minerali e vitamine, si ha presente di cosa si sta parlando, al contrario quando si parla di sostanze bioattive e quindi di componenti minori degli alimenti non è chiaro di cosa si sta parlando, ma si sta semplicemente parlando di quei componenti che nel corso degli ultimi anni sono stati individuati come componenti in grado di abbassare il colesterolo, ad es. il Danacol, prodotto a base di fitosteroli oppure si è parlato di polifenoli e della loro attività antiossidante ed antinfiammatorio. Quando si parla di componenti minori degli alimenti si intendono sostanze che non hanno potere nutritivo, ossia che non sono in grado di soddisfarre il fabbrisogno calorico, il fabbisogno di minerali o di vitamine o amminoacidi per la sintesi proteica piuttosto che il fabbisogno di lipidi, ma di sostanze che sono comunque importanti un buono stato di salute. A volte queste sostanze sono chiamate SOSTANZE AD ATTIVITÀ NUTRACEUTICA o PRODOTTI NUTRACEUTICI che sono quelli che di solito vengono utilizzati nella preparazione degli integratori alimentari

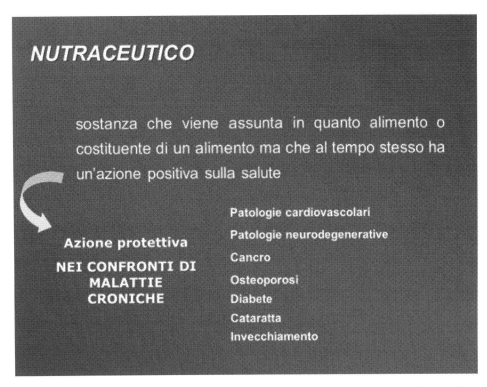

IL NUTRACEUTICO è una sostanza che viene assunta in quanto costituente di un alimento ma che al tempo stesso ha un'azione positiva sulla salute e quali sono le malattie croniche per le quali i Nutraceutici possono avere un ruolo?

hanno un'azione protettiva nei confronti di malattie croniche, come quelle cardiovascolari e neurodegenerative e malattie croniche per le quali i nutraceutici possono avere un ruolo, vi è anche il cancro, l'osteoporosi, anche il diabete, la cataratta piuttosto che le stesse forme di invecchiamento. Quello che si può dire è che quando si assumono degli alimenti si assumono dei nutrienti e dei prodotti ad attività nutraceutica che nel loro insieme aiutano a mantenere un buono stato di salute.

Quindi il concetto di alimento che non solo apporta nutrienti, ma anche sostanze ad attività salutistiche è stato reso con la terminologia di alimento funzionale. Quando si è parlato per la prima volta di alimento funzionale è stato in Canada nel 2000 a questo congresso sui claim salutistici degli alimenti, dove è stato introdotto il concetto di alimento funzionale come alimento convenzionale simile agli alimenti normale che vengono normalmente consultati nella dieta e che riducono i fattori di rischio delle patologie. Un alimento che contiene i fitosteroli che riducono il colesterolo plasmatico è un alimento funzionale, ossia ha la funzionalità di ridurre il colesterolo plasmatico.

Un altro esempio →L'international life sciences instituite del NORD AMERICA ha introdotto più recentemente nel 2008 il concetto di alimenti funzionali come alimenti che hanno delle proprietà in grado di produrre effetti benefici per la salute, oltre la nutrizione

Si è verificato in EUROPA e non in America, la IFIC ossia l'international food information council che ha introdotto nel 2008 il concetto di alimento funzionale. Quando si sente parlare di alimenti funzionali, bisogna pensare ad alimenti normali che apportano anche componenti i nutrienti classici, Sali minerali, vitamine, glucidi, lipidi, protidi, carboidrati, ma accanto ad essi apportano componenti minori che hanno delle proprietà benefiche per la salute, che vanno oltre la normale nutrizione, ma vanno a proteggerci dai fattori di rischio di malattia.

Il Giappone abbastanza avanti nell'alimentazione funzionale rispetto all'america e all'europa, chiama gli alimenti funzionali FOSHU, terminologia incontrata nella letteratura scientifica → alimenti funzionali che sono sostanzialmente degli alimenti normali che oltre alle proprietà nutritive hanno anche delle proprietà salutistiche, che cosa sono gli integratori alimentari?

Sono anch'essi degli alimenti, ma un po' particolari ossia alimenti in forma di DOSAGGIO. Gli integratori alimentari sono in capsule, in compresse, in soluzioni, in sciroppi, granulati e si presentano a tutti gli effetti come dei farmaci, ma i farmaci non sono ai fini della legge degli alimenti. Quando si parla di capsula di compressa di un integratore non si parla di forma farmaceutica perché gli integratori non sono farmaci, quindi invece di forma farmaceutica si parla di forma di dosaggi

Il mercato degli integratori alimentari in italia vale 3 miliardi e mezzo di euro e rappresentano circa 1/5 dell'interno mercato Europeo, quindi l'italia da sola fa un fatturato di 1/5 del mercato europeo. Il settore dei nutraceutici è un settore che permette di accedere alle aziende di prodotti nutraceutici perché essendo questo mercato in grande espansione, anche in espansione sono le aziende che producono questi prodotti.

INTEGRATORI ALIMENTARI

In Italia il settore degli integratori sta avendo una grande espansione. Secondo recenti stime in Italia sono presenti <u>650 aziende</u> produttrici per un totale di <u>2700 prodotti diversi in commercio</u>

QUANTO È IMPORTANTE CONOSCERE I NUTRIENTI E I COMPONENTI MINORI DEI NUTRIENTI → definizione di alimento funzionale e integratore alimentare, si passa all'argomento successivo che riguarda i 7 gruppi NUTRIZIONALMENTE OMOGENEI, perché nel lontano 1990, quindi circa 30 anni fa, tutti concetti estremamente consolidati anche se purtroppo non noti. In quegli anni il ministero che si chiamava ministero della sanità su indicazione dell'istituto sanitario della nutrizione ha suddiviso gli alimenti in 7 gruppi.

Dovendo parlare di alimenti bisogna parlare di questi alimenti nutrizionalmente omogenei. Sostanzialmente si ha la possibilità di inquadrare in un gruppo piuttosto che in un altro i vari nutrienti sulla base di alimenti che si apportano:

> Per facilitare scelte alimentari razionali il Ministero della Sanità su indicazione dell'Istituto Nazionale della Nutrizione (1990), ha suddiviso gli alimenti in **7 gruppi nutrizionalmente omogenei** per quanto riguarda gli apporti nutritivi specifici.
>
> **I GRUPPO** — **Carne, Pesce, Uova**
> Carni e frattaglie fresche, prosciutti e salumi, insaccati vari, pesci e prodotti della pesca, uova, ecc
> **Forniscono: proteine di elevato valore biologico, ferro, alcune vitamine del gruppo B.**
>
> **II GRUPPO** — **Latte e derivati**
> Latte intero, scremato, yogurt, latticini, formaggi freschi e stagionati, ecc.
> **Forniscono: proteine ad elevato valore biologico, calcio, alcune vitamine del gruppo B.**
>
> **III GRUPPO** — **Cereali, patate**
> Pane, pasta, farine, riso, patate, fecola, ecc.
> **Forniscono: carboidrati, proteine di medio valore biologico, alcune vitamine del gruppo B.**

IL PRIMO GRUPPOO è costituito da carni, pesci →si parla di alimenti che sono in grado di fornire all'organismo proteine che hanno tutti gli amminoacidi necessari per la sintesi proteine, ferro in forma più biodisponibile rispetto agli alimenti di origine vegetale

IL SECONDO GRUPPO è costituito da latte e derivati, quindi formaggi, yogurt, da latti fermemntati, da formaggi freschi e stagionati anch'essi forniscono proteine ad elevato valore biologico. Parlando di carne, si tratta di proteine che sono in grado di apportare tutti gli amminoacidi nella giusta quantità per la sintesi proteica affinchè quando si sintetizzano le proteine nel nostro organismo non vengano a mancare gli amminoacidi necessari per la sintesi proteica. I formaggi e latte e latticini apportano calcio e anche questi vitamine del gruppo B

TERZO GRUPPO → cereali e patate. A seconda del tipo di cereale possono fornire fibra alimentar ein quantità significativa, presenza di proteine a medio valore biologico nutrizionale, proteine che non apportano tutti gli amminoacidi nelle giuste quantità, perché in genere sono carenti di lisina che è un amminoacido essenziale, comunque sono pur sempre proteine che concorrono al pool di amminoacidi liberi che ci servono per la sintesi proteica

> **IV GRUPPO** — Legumi secchi
> Fagioli, lenticchie, ceci, piselli, ecc.
> **Forniscono: proteine medio valore biologico, ferro, alcune vitamine del gruppo B.**
>
> **V GRUPPO** — Grassi da condimento
> Oli di oliva, oli di semi, burro, margarina, lardo, strutto, ecc.
> **Forniscono: grassi, acidi grassi anche essenziali (acido linoleico e linolenico), vitamine liposolubili (A, E).**
>
> **VI GRUPPO** — Ortaggi e frutta
> Di colore giallo-arancione o verde scuro quali: carote, albicocche, meloni, spinaci, cicoria, indivia, lattuga, ecc.
> **Forniscono: vitamina A, minerali, fibra.**
>
> **VII GRUPPO** — Ortaggi e frutta
> Ortaggi a gemma, frutta acidula, quali: broccoli, cavoli, arance, limoni, kiwi, fragole, lamponi, ecc.
> **Forniscono: vitamina C, minerali, fibra.**

QUARTO GRUPPI → sono i legumi secchi

QUINTO GRUPPO →

SESTO E SETTIMO GRUPPO → frutta di colore giallo arancio e verde scuro che sono quelli che contengono fonti di vitamina A, in particolare il beta carotene che è una provitamina e poi gli ortaggi e la frutta acidula o a gemma che hanno un alto contenuto di vitamina C e così come gli ortaggi e le vitamine del sesto gruppo apportano minerali e piccole quantità di fibra alimentare.

Perché si è parlato di questi 7 gruppi? perché ci sono degli alimenti che sostanzialmente sono intercambiabili, se si assume la carne di vitello o della carne di pollo, dal punto di vista dei nutrienti non si fa qualcosa di diverso perché in tutti i casi si assume della carne con proteine ad alto valore biologico nutrizionale, vitamine del gruppo B e ferro, che si assuma fragole o dei brutti di bosco o del peperone o dei broccoli, non cambia ai fini della vitamina C assunta perché tutti questi alimenti hanno la caratteristica di apportare vitamina C, minerali e fibra. Se si vuole assume olio di oliva, di semi, o burro o margarina non cambia ai fini dell'apporto di grassi che si ha, tuttavia nel caso specifico dei grassi da condimento è meglio assumere all'olio di girasole o di vinaccioli, l'olio di oliva, perché nell'olio extravergine di oliva vi è l'idrossitirosolo e tirosolo che sono i polifenoli tipici dell'olio di oliva che hanno dei componenti minori che sono ad attività salutistica

Se si dovessero considerare i grassi per l'apporto di calorie che essi danno, che io assuma del burro o olio di oliva non cambia perché comunque si assumono dei grassi, ma quello che questi 7 gruppi dicono è che esistono degli alimenti che dal punto di vista nutritivo sono intercambiabili, quindi si potrebbero utilizzare carne, fagioli, lenticchie sono tutti legumi, ferro biodisponibile, apportano tutti vitamine del gruppo B.
APPORTO DI NUTRIENTI TRAMITE GLI ALIMENTI:

Questi 7 gruppi alimentari fanno comprendere ancora di più il concetto di nutraceutico, nel senso che se si considera il caso dei grassi da condimento si comprende che le proprietà salutistiche dell'olio di oliva extravergine sono connesse più ai componenti minori che sono presenti nell'olio di oliva extravergine piuttosto che rispetto ai nutrienti che esso contiene.

Bisogna affrontare in primis la chimica dei nutrienti, parlando di chimica degli alimenti non si può non parlare di chimica dei nutrienti. I nutrienti sono 6 e sono 2 inorganici e gli altri 4 organici. L'acqua anche se non viene spesso considerato un nutriente è assolutamente un nutriente a tutti gli effetti, quindi l'acqua va vista come un fondamentale nutriente del nostro organismo. Si affronteranno tutti i nutrienti parlando in primis del contenuto del nutriente nel corpo umano, quindi parlando di quello che deve essere l'apporto tramite gli alimenti e successivamente di quello che è la distribuzione dei nutrienti negli alimenti.

Ci sono dei MACRO E MICRO NUTRIENTI e su quale base si definiscono macro e micro nutrienti? si definiscono sulla base della quantità di nutriente all'interno del nostro organismo. L'acqua non può essere classificata come macronutriente perché il corpo umano è costituito per il 65-75% di acqua nell'uomo e per il 55-65% di acqua nella donna e 75-80% di acqua in un neonato. Un neonato di 3 kili il 75S è costituito da acqua, l'Acqua è estremamente rappresentata nel nostro organismo e deve essere assunta con la dieta in quantità elevate, in quantità tali da poter sostituire l'acqua che ogni giorno perdiamo. Quando si parlA DI MACRO E MICRONUTRIENTE quando si considera il contenuto del nutriente nell'organismo, se è basso o elevato. L'acqua essendo estremamente elevato all'interno del nostro organismo è un macronuetriente e si deve apportare in quantità tali da poter supportare le perdite di acqua che avvengono durante la giornata e nella nostra vita. Quindi cosa cosa bisogna fare? bisogna parlare delle funzioni dell'acqua nel nostro organismo?

- L'acqua ha innanzitutto una funziona plastica e quando si pensa ad un anziano che ha una pelle grinzosa e rugosa, perché l'acqua nell'anziano tende a diminuire e non svolge quest'azione plastica, perché l'anziano va incontro ad una diminuzione dell'acqua.
- L'acqua ha UN'AZIONE SOLVENTE, questo è un aspetto importantissimo si pensa all'assunzione degli alimenti, se non ci fosse acqua all'interno degli alimenti e non si assumesse acqua durante il pasto, come si solubilizzerebbero gli altri nutrienti rendendoli così solubili e quindi disponibili all'assorbimento.
- L'acqua inoltre è un veicolo di espulsione ed è infatti il costituente sia di urine che delle feci
- L'acqua serve alla termoregolazione ed è infatti il costituente del sudore

QUANTO È IL RINNOVO GIORNALIERO DEL CONTENUTO IDRICO CORPOREO? è intorno al 6%

Se si va a considerare un soggetto che in media pesa 60 kili e si fa il conto del 6% dell'acqua in esso contenuto si ha che la quantità di acqua da assumere durante il giorno è intorno a 2 litri-2 litri e mezzo, e questa è la quantità totale, non è quella assunta dalla bottiglia, quantità totale di acqua significa che è la quantità di acqua che si può assumere con gli alimenti, ad es, l'acqua derivante da pere, quando si mangia una pesca piuttosto che un pezzo di formaggio o melone, non assumo solo nutrienti, ma anche acqua. Quindi l'acqua totale che deve essere assunta tra i nutrienti e le bevande deve essere pari al 6 % del contenuto idrico corporeo. Se per assurdo non si assumono né nutrienti, né acqua può andare incontro a gravissimi squilibri. Se una persona non mangia e beve per un giorno, ci sono 40 gradi, elevata umidità → si ha un grave squilibrio, che sarà tanto più grave quanto magari meno favorevoli possono essere le condizioni climatiche, la T e l'umidità. Se una persona non mangiasse e bevesse per un giorno e ci sono 40 gradi e forte umidità, ovviamente le perdite di acqua saranno rilevanti e l'acquisizione dell'acqua con gli alimenti e le bevande non c'è ed ecco il grave squilibrio. Diversamente se per assurdo una persona non mangiasse, non bevesse un giorno, ma in un clima secco e non particolarmente caldo le perdite di acqua saranno minori.

Perdite di acqua maggiori del 12% del contenuto di acqua totale, quindi se il nostro organismo dovesse perdere 5 litri di acqua, questa condizione non sarebbe compatibile con la vita. Lo sciopero della sete

Perdite di acqua superiori al 12 percento non compatibili con la vita e porta a morte il soggetto. Qual'è il fabbisogno e bilancio idrico quotidiano → si hanno urine, cute, polmoni e feci che sono le uscite dell'acqua.

GLI INTROITI sono almeno 1 litro di acqua derivante dalle bevande, 1 litro e due deriVANTE dagli alimenti e 3000 mL è acqua metabolica, ossia acqua prodotta dall'organismo ed è acqua che il nostro organismo produce nelle reazioni metaboliche, è una quantità relativamente piccola, si parla di 300 millilitri, questì'acqua non è sufficiente e rappresenta 1/8 dell'acqua da ingerire ed è acqua che l'organismo ha a disposizione per le sue funzioni. Le uscite di acqua possono essere di tipo renale o extrarenale.

Quando bisogna apportare acqua, bisogna apportarla in quantità pari al 6% dell'organismo, ma è anche acqua contenuta negli alimenti, quindi bistecca piuttosto che nel pesce o frittata o in una fetta di parmigiano ecc…In questa diapositiva si osservano le percentuali di acqua in alcuni alimenti, quindi nei pomodori c'è il 94% di acqua, questo pomodoro conterrà 94 grammi di acqua con un po' di Sali minerali, di carotenoidi, un po di fibra che rappresenteranno solo il 6% dell'intero peso del prodotto, quindi una quantità molto piccola. È ovvio che non tutti gli alimenti apportano la stessa quantità di acqua, ad es. pomodori, pesce, il latte, le mele, le pere sono tutti sopra l'80% invece prendendo un formaggio quale il bel paese il contenuto è del 39 %, nelle confetture il contenuto è del 36%, nel pane il 30%. Nei biscotti secchi, il contenuto di acqua dei biscotti secchi è molto basso ed intorno circa al 10%, se si prende lo zucchero da cucina piuttosto che l'olio il contenuto di acqua è dello 0 %, quindi assumendo 1 etto di formaggio piuttosto che un etto di prosciutto, si assume una certa % di acqua, il tutto concorre a quei famosi 2L 2 L e mezzo che rappresentano il 6% che tutti i giorni bisogna assumere per colmare le perdite con urine feci, respirazione e sudore.

Questa diapositiva è simile a quella precedente, in cui vi è il contenuto di acqua presente nei vari alimenti che è diversa a seconda della tipologia di alimento → se si parla di pomodori, patate e arance il contenuto è stra elevato e se si parla di prodotti come il cioccolato il contenuto sarà particolarmente basso. La molecola dell'acqua che caratteristiche ha? e perché è così importante per il nostro organismo? La molecola di H2O con angolo di legame tra O e due H di 104,45 gradi, è una molecola veramente particolare perché è una molecola piccolissima che un peso molecolare pari a 18 che ha delle caratteristiche particolari imputaBILI A QUESTO PARTICOLARE angolo di legame che ha un'elevatissima polarità tanto che l'acqua è il solvente per eccellenza, ha un'elevato punto di fusione, ha una bassa tensione di vapore e ha un'elevata costante dielettrica, quindi l'acqua proprio per le sue caratteristiche è un solvente ottimale per le sostanze polari. La polarità dell'acqua fa si che l'acqua possa essere presente negli alimenti in varie forme, in particolare vi è L'ACQUA LEGATA, L'ACQUA LIBERA E L'ACQUA MONOSTRATO, Cosa vuol dire che l'acqua è presente engli alimenti in varie forme?

FACENDO UN ESEMPIO:

Considerando l'anguria ed è stato che è uno degli alimenti a più alto contenuto di acqua, in quanto contiene un 98 -99% di acqua, quindi l'anguria è acqua con qualche molecola di zucchero e di fibre alimentari. Se si considera l'anguria e si immagina contenga il sodio piuttosto che il potassio, come tutti i frutti contiene i Sali minerali e come si disporrà l'acqua per la sua particolare struttura chimica nei confronti dei nutrienti polari di cui l'anguria è costituita? Se si considera un atomo di sodio, l'acqua sarà disposta con le cariche negative verso il sodio, catione positivo, e sarà disposta con le sue cariche positive nei confronti di un anione come lo ione cloruro. Quindi vi è un vero e proprio orientamento della molecola tale per cui l'acqua risente della presenza di gruppi polari, quindi si può immaginare che intorno ad un catione sodio, si possano vedere delle molecole. L'acqua tende a disporsi nei confronti dei nutrienti polari in modo tale da volgere le cariche negative verso un nutriente carico positivamente o volgere le cariche positive verso un nutriente caricato negativamente. Quindi se si considera lo ione sodio che ha una carica positiva, l'acqua tenderà a formare un monostrato intorno allo ione sodio volgendo verso lo ione sodio le sue cariche negative, quelle che sono sull'ossigeno. Quest'acqua formerà un vero e proprio monostrato intorno allo ione caricato positivamente. Che caratteristica avrà quest'acqua? Quest'acqua MONOSTRATO è immobilizzata accanto allo ione, quindi non presenta mobilità, non ha potere solvente, non ha punto di congelamento e se anche si volesse rimuovere l'acqua, non si potrebbe in quanto è una sorta di acqua di cristallizzazione intorno allo ione sodio positivo, così come accade nei confronti degli altri nutrienti poalri, come uno ione fosfato, uno ione cloro, uno ione potassio, positivi o negativi che essi siano.

Questo monostrato che ha queste particolari caratteristiche, ossia è legato al nutriente polare viene circondato da altra acqua che risentirà meno dell'influenza del nutriente polare, tanto più ci si allontana dal nutriente. Quindi ci si può immaginare il nutriente, ad es. l'atomo di sodio che è circondato dal monostrato di acqua. Oltre il monostrato ci saranno anche altri strati sempre più esterni di acqua che verranno ad orientarsi opportunamente nei confronti del nutriente polare.

A un certo punto tanto più si andrà verso l'esterno, tanto più sarà minore l'influenza dei gruppi polari e quindi l'acqua che viene detta dopo il monostrato legata, ad un certo punto non risentirà più della presenza del gruppo polare e prenderà il nome di acqua libera, quindi quante tipologie di acqua ci sono all'interno di un alimento che è scomposto nei suoi nutrienti polari?

Si avrà l'acqua monostrato che è tutto lo strateretto di acqua che sta proprio adiacente al nutriente polare,

All'esterno del monostrato si hanno strati concentrici sempre più lontani dal nutriente e che risentiranno sempre meno della presenza del gruppo polare e che pian piano che ci si allontana dall'interno verso l'esterno si ha una maggiore mobilità, un potere solvente maggiore e l'acqua tenderà ad avere le caratteristiche di acqua pura, dell'acqua libera quando non risentirà più dei gruppi polari contenuti nell'alimento. Quindi si **immagina l'acqua divisa in tre porzioni:**

1) Il MONOSTRATO, assolutamente immobile
2) L'acqua legata che tanto ci si allontana tanto più acquisisce mobilità e caratteristiche tipiche dell'acqua pura fino ad arrivare all'acqua libera
3) Acqua libera che non risente più dei gruppi polari che può essere rimossahe sarà quella che può essere congelata e ha caratteristiche uguali all'acqua pura.

L'activity water è dato dal rapporto tra la tensione di vapore dell'acqua nell'alimento e la tensione di vapore dell'acqua pura, alle stesse condizioni misurati, quindi a T e pressione costante. Quindi si vedrà il concetto di activity water, cosa significa, l'activity water è legata al concetto di acqua monostrato, di acqua legata e di acqua libera e poi si considera l'influenza dell'activity water sulla conservazione degli alimenti.

CAPITOLO 2

Con il termine di activity water si **intende il rapporto tra la tensione di vapore dell'acqua in un alimento** (peperone, come potrebbe essere un biscotto, un pezzo di formaggio o carne, quindi qualsiasi alimento) e la tensione di vapore dell'acqua pura.

Si considera la fetta di anguria che ha un contenuto di acqua variabile tra il 98 e il 99 %, quindi altissimo, **l'activity water di una fetta di anguria, quindi di un alimento con un contenuto altissimo di acqua, che valore potrebbe avere?**

Quindi una fetta di anguria contiene un'elevatissima% di acqua, considerando la tensione di vapore dell'acqua nell'alimento rispetto a quella dell'acqua pura saranno due dati simili quello dell'anguria e dell'acqua pura o due dati molto diversi?

Sono due dati simili, perché se si pensa a quanto detto ieri come definizione delle varie forme di acqua nell'alimento, si vede che sostanzialmente è necessario ipotizzare che l'influenza dei nutrienti polari sull'acqua sia minima perché di nutrienti polari ve n'è solo l'1% all'interno della fetta di anguria. Quindi si immagina di avere due dati molto simili, quindi:

Se si dividono due dati molto simili tra di loro, si ottiene uno come rapporto, quindi se si dividono 2 numeri molto simili tra di loro si ottiene un numero uguale ad uno, quindi ci si deve aspettare che l'activity water ha negli alimenti che hanno un'altissimo contenuto di acqua sia uguale ad 1, in quanto ci si aspetta che al numeratore e al denominatore si abbiano gli stessi valori.

Se si va a prendere un grissino, non ha un contenuto di acqua elevato, che activity water ci si aspetterebbe in un grissino? un valore più vicino ad 1 o più vicino allo 0? l'activity water in un grissino è un valore più vicino allo 0, perché c'è meno acqua, quindi la tensione di vapore nell'alimento sia molto diversa rispetto alla tensione di vapore dell'acqua pura, ovviamente misurata nelle stesse condizioni di T e pressione, quindi ci si aspetta di avere un contenuto, un activity water bassa.

ALTRA DOMANDA

Si è parlato di ACQUA LIBERA, ACQUA LEGATA ED ACQUA MONOSTRATO. L'acqua monostrato sono delle molecoline di acqua messe intorno ad uno ione caricato positivamente o negativamente che formano un monostrato. Quell'acqua non è acqua che si può rimuovere, quindi non è mobile, non si può congelare e non contribuisce alle reazioni che possono avvenire nell'alimento. Tuttavia, man mano che ci si porta dal nutriente polare circondato dal monostrato di acqua, ci si porta verso l'esterno, l'acqua risulta sempre meno legata e a un certo punto c'è l'acqua libera, che è l'acqua che non risente più della presenza dei gruppi polari e si comporta come se fosse acqua pura.

Domanda per capire se si è compreso il concetto di activity water:

Nell'anguria l'acqua è moltissima, ci sarà del monostrato, ma l'acqua è comunque tanta, quindi c'è un monostrato, l'acqua legata e poi ci sarà l'acqua libera e ci si aspetta un'activity water molto elevata circa 1, invece nel grissino dove l'acqua è poca ci si aspetta un'activity water più vicina allo zero.

Può esistere in un alimento acqua libera e non acqua legata ad un monostrato oppure in un alimento supponiamo esista l'acqua monostrato, quindi l'acqua legata e poi l'acqua libera? quindi può esistere in un alimento acqua libera senza acqua legata? NO

L'activity water è indice dei vincoli esercitati sull'acqua dagli altri componenti presenti negli alimenti, quindi l'activity water è un indice del vincolo che i nutrienti polari esercitano sull'acqua presente nell'alimento. Se l'activity water è bassa significa che c'è dell'acqua monostrato, dell'acqua legata e magari non c'è acqua libera

Mentre se si ha un'activity water circa = a 1, vuol dire che si ha tanta acqua nell'alimento, ma soprattutto che oltre all'acqua monostrato e legata si ha anche tanta acqua libera.

Un'arancia, un limone, un pompelmo, ma anche la stessa anguria, se si spreme e si sottopone ad uno stress di tipo meccanico, si ricava un liquido e quella che acqua sarà? quella è acqua libera che è removibile dall'alimento, mentre l'acqua legata al contrario proprio perché è legata e risente dei vincoli imposti dai nutrienti polari non può essere rimossa e questo è un aspetto molto importante. Se si ha un pezzo di parmigiano reggiano o una mozzarella, qual è l'alimento che più rapidamente si degrada pur essendo conservato in frigorifero? la risposta è una mozzarella perché il contenuto di acqua è elevato e l'acqua presente è oltre che legata anche acqua libera, e quindi c'è la possibilità che crescano pur essendo conservato il prodotto in frigorifero in modo molto rapido dei microrganismi e che portano alla degradazione.

Tra un formaggio fresco e quello stagionato quello a più rapida degradazione è un formaggio fresco in cui vi è un contenuto di acqua maggiore, acqua libera e quindi acqua utilizzabile, acqua utilizzata dai microrganismi per crescere all'interno dell'alimento. Si considerano alcuni esempi di:

ACTIVITY WATER di frutta e ortaggi sarà circa uguale ad 1, sarà 0,90, 0,98, 0,95. l'activity water di marmellata, di formaggi piuttosto che di confetture è circa 0,5, quella della frutta secca, della frutta da guscio, noci, nocciole piuttosto che caramelle, compresse o altro è intorno a 0,25 e poi l'activity water di prodotti disidratati come potrebbero essere i cereali p addirittura vicino allo 0.

PERCHÈ QUESTO DISCORSO SUI LEGAMI CHE L'ACQUA intraprende sui vari nutrienti polari contenuti nell'alimento?

Conoscere l'attività dell'acqua di un alimento è importante perché permette di predire il tipo di degradazione a cui l'alimento può andare incontro. Non è che un pesso di grana padano non si degradi pur stando in frigorifero, fatto sta che mentre la degradazione di una mozzarella di bufala, di una crescenza avviene nel giro di 2-3 giorni, quella del parmigiano reggiano avviene nel giro di mesi addirittura. Quindi quello che si osserva

Questo grafico (oggetto di domanda d'esame) →uno degli argomenti è rappresentato dal grafico, descrizione nel dettaglio partendo da quello che rappresentano i due assi, questo è il tipico modo per descrivere un grafico, ossia la prima cosa è dire cosa rappresenta l'asse x ecosa rappresenta quello Y. **L'asse x è rappresentata dall'activity water** che può essere compresa tra 0 e 1:

- sarà 1 quando c'è tantissima acqua nell'alimento, pochissimi nutrienti polari e i due valori delle tensioni di vapore dell'acqua nell'alimento e dell'acqua pura sono sovrapposti
- sarà 0 quando il contenuto di acqua libera e legata è bassissimo, ossia quasi nullo
- allo 0 si ha solo l'acqua monostrato, che è quello straterello di molecole di acqua che stanno intorno al nutriente polare orientate con le loro cariche in modo conseguente, se il nutriente è positivo l'acqua esporrà le cariche negative con L'O, se il nutriente è negativo, l'acqua esporrà le sue cariche positive con i due atomi di H

Sulle ordinate vi è la velocità di reazione, ossia la velocità delle reazioni che possono avvenire negli alimenti, considerando:

- **LA PRIMA DI QUESTE CURVE parte da circa 0,9 di activity water** e la velocità della reazione aumenta all'aumentare dell'activity water

La PRIMA CURVA che si osserva è quella dei batteri che parte con una velocità di reazione intorno a 0,88e poi la velocità della reazione aumenta e man mano ci si avvicina ad activity water pari a 1. Cosa esprime questa curva? questa curva esprime l'aumento della velocità di reazione all'aumentare dell'activity water → la curva che parte da 0,88 dice che se l'activity water non è almeno 0,9, quindi non è almeno 0,92 la velocità di reazione della crescita di batteri all'interno alimenti è nulla. Quando si parlava della degradazione della mozzarella di bufala si può immaginare che la mozzarella abbia nutrienti polari in concentrazione bassa, quindi abbia un activity water alta e quindi la mozzarella subisca una degradazione di tipo batterico, ecco perché la mozzarella si degrada rapidamente nel giro di pochi giorni, perché è molto basso il contenuto di nutrienti, è molto alto il contenuto di acqua, l'activity water è sicuramente superiore a 0,95 e quindi la velocità di crescita dei batteri è elevata.

- Ci sono altre due curve molto **simili a queste descritte dei batteri che sono quelle dei lieviti e dei funghi**. Cosa si evince da queste due curve? quella dei funghi e quella dei lieviti. Questi microrganismi per crescere hanno bisogno di meno acqua libera, perché basta avere un'activity water di 0,75-0,78 per avere la crescita dei funghi, mentre se si considerava un'activity water pari a 0,78 per i batteri non cresceva neanche un batterio.

I lieviti si trovano in posizione intermedia e i lieviti permettono di dire che ad un'activity water di 0,85 c'è già una certa velocità di crescita dei lieviti. Quindi la crescita microbica richiede acqua libera presente nell'alimento → maggiore è il contenuto di acqua libera maggiore è la velocità di crescita dei vari microrganismi.

I trattini rossi sull'asse disegnati delle ascisse → a 0,6 vi è un trattino per indicare che da 0,6 in poi parte l'acqua libera, quindi se si considera un alimento che ha un'activity water pari a 0,5, l'alimento non presenta acqua libera.

- Si osserva la **curva dell'attività enzimatica tenendo** ben presente che dopo 0,6 parte l'acqua libera. La curva dell'attività enzimatica ha 2 velocità, ossia da 0,3 a 0,6 la curva tende ad aumentare all'aumentare dell'activity, aumenta di poco e non in modo esponenziale, mentre per un'activity water superiore a 0,6, si osserva che l'attività enzimatica cresce molto rapidamente. Cosa fa capire questo grafico? Questo grafico fa comprendere che gli enzimi sono in grado di lavorare e svolgere le loro reazioni all'interno dell'alimento sia in presenza di acqua libera, ma anche in presenza di sola acqua legata anche se la velocità della reazione enzimatica, in presenza di sola acqua legata è bassa.

La diapositiva con le diverse forme dell'acqua →è stato detto che l'acqua MONOSTRATO non viene congelata, ma anche l'acqua legata ha un minor punto di congelamento, quindi:

quando si congela un alimento, sostanzialmente si congela cosa? L'acqua libera. Quando si mette l'alimento nel congelatore, si congela l'acqua libera → ad es.. in alcuni legami, come i piselli c'è acqua libera e acqua legata, perché sono vegetali e anche se sono legumi sono abbastanza ricchi di acqua. Quando si mettono i legumi a congelare, questi vengono sottoposti ad un trattamento detto blencing, vengono scaldati in acqua bollente per un tempo molto brecee poi vengono congelati. Cosa succede in questo trattamento che precede il congelamento? il blancing serve proprio per inattivare gli enzimi, perché è uno shock termico che inattiva gli enzimi, che perdono l'attività enzimatica denaturandosi.

DOMANDA:

Perche' si fa il blancing, quindi si prende il legume lo si tratta con IL brancing, quindi Un trattamento di rapido riscaldamento in acqua bollente e poi lo si congela dopo, perché si fa ciò alla luce del fatto che l'acqua libera è congelabile e l'acqua legata non è congelabile e a fronte della curva che fa vedere che la velocità della reazione enzimatica sale poco quando c'è l'acqua legata e tende a salire rapidamente quando c'è l'acqua libera? quindi qual è la finalità del blancing? Viene fatto perché gli enzimi possono andare a denaturare gli alimenti e quindi bloccando l'attività enzimatica il cibo si conserva meglio e per più tempo

In relazione al discorso del congelamento dell'acqua, come viene valutato questo aspetto?

C'è da dire che →Nei piselli, nei fagioli ci sono le lipossigenasi che sono enzimi che degradano i grassi quindi li perossidano, quindi se si hanno dei piselli e tramite il blancing si inattivano gli enzimi perché si denaturano, se si congela l'alimento dopo il blancing gli enzimi non lavorano più perché sono degratati e quindi sono denaturati.

Osservando il grafico e se si hanno gli enzimi che sono attivi, siccome gli enzimi funzionano anche in sola presenza di acqua legata che non è congelabile, cosa succede? Succede che durante il congelamento gli enzimi continuano a lavorare, questo significa che gli enzimi lavorano anche in presenza di acqua legata ed è ovvio che la velocità dell'attività enzimatica sarebbe molto più elevata se ci fossero enzimi in presenza di acqua libera, ma la degradazione dei piselli ad opera delle lipossigenasi che agiscono sui grassi che vengono perossidati avverrebbe comunque anche in presenza di acqua legata. Quindi se si vogliono conservare i piselli anche congelandoli è necessario:

- O disidratarli e togliere l'acqua in modo da avere l'acqua monostrato e portare l'activity sotto 0,35, perché a 0,35 la velocità di reazione è 0
- oppure si deve togliere l'attività agli enzimi, quindi bisogna denaturare gli enzimi, in modo tale che gli enzimi denaturati in presenza di acqua denaturata che non viene congelata non siano in grado di degradare l'alimento.

Quindi sono state considerate 4 curve: le tre curve delle crescite microbiche che avvengono solo in presenza di acqua libera la curva dell'attività enzimatica che avviene sia in presenza di acqua libera che di quella legata. È ovvio che se sono in presenza di acqua legata la velocità è molto più lenta, se sono in presenza di acqua libera, al contrario la velocità enzimatica è molto più rapida e quindi elevata.

- LA QUINTA CURVA → **quella dell'imbrunimento non enzimatico** anche detto reazione di mayard, è una reazione che è stata vista realizzarsi in tantissimi alimenti, come il pane, il caffè tostato, la crosticina sulla carne dell'arrosto. Quindi tutti gli alimenti che subiscono un imbrunimento di tipo termico sono alimenti in cui è avvenuta una reazione di imbrunimento di tipo non enzimatico. Un esempio di reazione di imbrunimento non enzimatico non voluta è quando si scalda in un pentolino un po di latte e si forma una crosticina sulle pareti del pentolino. Che reazione è quella di imbrunimento non enzimatico è una reazione **che avviene tra il carbonile CO di uno zucchero e il gruppo amminico di un amminoacido**, la reazione di imbrunimento non enzimatico è una reazione che avviene in tantissimi alimenti perché basta che ci sia uno zucchero e un amminoacido affinchè questa reazione avvenga e che ci sia un trattamento di tipo termico, motivo per cui avviene nel pane, durante la tostatura del caffè e quindi durante questi trattamenti termini degli alimenti.

Parlando di activity water, si osserva la velocità della reazione di imbrunimento non enzimatico al variare dell'activity water. Quindi si ha che la velocità è zero, per activity water 0,2 e cosa vuol dire? che nell'alimento deve esserci un pochino di acqualegata affinchè possa partire la reazione di imbrunimento non enzimatico. Anche qui vi è un andamento che inizialmente è più lento e poi sale più rapidamente e ad un certo punto si arriva ad un massimo che si registra intorno a 0,75. Da 0,6 in poi si ha l'acqua libera, perché la velocitò della reazione di imbrunimento non enzimatico aumenta con l'aumentare dell'activity water? Per le stesse ragioni per cui aumenta la velocità dell'attività enzimatica o la velocità di crescita dei microrganismi, quindi l'acqua funge da solvente, avvicina i reagenti e in questo modo si ha un aumento della velocità della reazione. Intorno a 0,7 -0,75, si ha un massimo e cosa rappresenta questo massimo di velocità di reazione? dopodichè la velocità della reazione tende a scendere. Quindi come si giustificano questo massimo e questa diminuzione?

Questo massimo e questa diminuzione si giustificano in questo modo:

Se si fa avvenire una reazione tra il gruppo carbonilico di uno zucchero e quello amminico di un amminoacido, si ha la formazione di un prodotto di condensazione con eliminazione di una molecola di acqua che deriva dall'ossigeno del gruppo carbonilico e dai due H del gruppo amminico

Se l'acqua è un prodotto della reazione di imbrunimento non enzimatico, nell'alimento nel quale l'activiity water è alta perché c'è tanta acqua libera, l'acqua nell'alimento tende a far ritornare indietro l'equilibrio della razione e per la legge di azione di massa, la reazione torna indietro, ma se la reazione torna indietro cosa significa ai fini della velocità della reazione? che la velocità di reazione raggiunge un massimo e poi diminuisce.

- L'ultima curva è quella della **perossidazione lipidica, m**entre quella dell'imbrunimento non enzimatico aveva un picco e poi diminuiva qui non abbiamo un massimo, ma si ha un minimo, quindi la velocità è particolarmente elevata in prossimità dell'activity water pari a 0, quindi la velocità tende a diminuire, raggiunge un minimo intorno a 0,3 e si sta sempre parlando di acqua solo legata, perché il limite quando comincia ad esserci anche acqua libera è 0,6 e da 0,3 in poi tende a salire fino a raggiungere un platau, **ma cos'è la perossidazione lipidica**? perché c'è questo particolare andamento con un minimo?
Questa reazione di perossidazione lipidica è una reazione sempre negativa che avvengono negli alimenti che contengono lipidi che sono sottoposti ad un'esposizione all'ossigeno, all'aria e anche un trattamento termico, quindi un aumento della T può essere causa di perossidazione lipidica.

Considerando la bottiglia di olio e in che parte della tabella di composizione % era presente?

Li dove c'era contenuto di acqua = a 0

L'acqua è presente in tutti gli alimenti con l'eccezione dell'olio e del saccarosio, quindi lo zucchero da cucina. Si suppone di considerare dell'olio dove l'acqua naturalmente non è presente, si suppone di passare da un'acqua da un'activity water 0 ad una 0,3, cosa vuol dire?

Non si avrà acqua libera, si avrà pur sempre acqua legata, ma l'acqua è ovviamente presente e e cosa succede in questo frangente? perché si ha una diminuzione della velocità di perossidazione? perché a catalizzare questa reazione di perossidazione lipidica ci sono i metalli pesanti come il ferro che possono indurre delle reazioni di perossidazione. Cosa si verifica? nel momento in cui si passa da un'activity water 0 ad activity water 0,3, quindi un po' di acqua è legata, questi metalli che di solito non sono idrati, ma sono metalli allo stato metallico non sono più in grado di catalizzare la reazione di perossidazione lipidica, quindi si può dire che la velocità di reazione nel momento in cui si sottrae un catalizzatore perché il metallo viene idratato e non è più catalizzatore, perché non ha più la sua azione di catalizzatore, sottraendo un catalizzatore si riduce la velocità di reazione, ma perché da 0,3 in poi la velocità di reazione aumenta? torna ad aumentare, perché con l'aumentare dell'activity water aumenta il potere solvente dell'acqua che tende ad avvicinare i reagenti, e quindi all'aumentare dell'activity water, aumenta l'acqua legata e quindi la funzione solvente dell'acqua e quindi aumenta la reazione di perossidazione lipidica.

Il ferro metallico è un catalizzatore, (ecco perché si dice di non tagliare con un coltello di ferro un prosciutto piuttosto che un affettato che contiene lipidi) perché si potrebbero rilasciare piccoli atomi di ferro, i quali in condizioni e concentrazioni catalitiche, ossia pochissimo potrebbe perossidare i grassi, ad es. del salame. Se aumenta l'activity water cosa succede pur rimanendo in acqua sempre legata? Che quella poca acqua che ha una mobilità intermedia, perché non è proprio come il monostrato che è li appiccicato al nutriente polare e non si muove e non si congela e non si muove dal monostrato, man mano che ci si allontana dall'influenza del nutriente polare, l'acqua risente meno dei legami.

COSA SI VERIFICA ad activity water 0,2 -0,25-0,3?

si verifica che questa poca acqua legata che ha una minima **mobilità riesce ad idratare il ferro** metallico, il quale se è in forma idrata non è più catalizzatore della reazione di perossidazione lipidica e quindi diminuisce la velocità della reazione. A un certo punto si arriva ad avere un minimo …

PRIMA FASE → Si ha l'olio di oliva che non contiene acqua, man mano che aumenta l'acqua fino ad arrivare a 0,3 si ha una diminuzione, perché come se si sottraessero i catalizzatori, perché un piccolo quantitativo di metalli ci saranno nell'olio, quindi: si toglie il catalizzatore e se si toglie un catalizzatore di una reazione, la reazione va più piano. Poi l'activity water continua ad aumentare, poi raggiunge un minimo e qui la velocità di reazione invece di continuare a diminuire ad un certo punto aumenta perché prevale la funzione dell'acqua come solvente, quindi avvicina i reagenti favorendo la reazione. Quindi si può dire che fino a 0,3 prevale la funzione dell'acqua come idratante dei metalli pesanti e quindi sottrae i metalli pesanti dalla loro funzione. Quando si va oltre 0,3 ormai tutti i metalli si sono idratati, quindi la reazione non può continuare a diminuire, prevale la funzione solvente e la velocità di reazione aumenta.

Quindi sono state considerate le 6 curve del grafico.

PERCHÈ LA QUINTA CURVA, quella dell'imbrunimento da 0,75 ad 1 tende a decrementare? quindi PRESENTA UNA DIMINUZIONE? →

La reazione dice che si mette un gruppo carbonilico di uno zucchero, quindi un COOH con un gruppo amminico e si forma l'acqua. Quindi:

i reagenti sono A e B che danno C e D, quindi A e B sono lo zucchero e l'amminoacido, C e D sono il prodotto della condensazione e l'acqua. In chimica tutte le reazioni hanno un equilibrio, per cui si mette la doppia freccia, quando si aumenta un prodotto, l'equilibrio della reazione in che direzione si sposta? verso i reagenti (considerando la legge di azione di massa). Quando si aggiunge un reagente, l'equilibrio della reazione, si sposterà verso i prodotti, ma cosa succede alla velocità di reazione quando aumenta l'activity water, ossia aumenta l'acqua? è come se in questa reazione A+B che da C + D → è come se aumentasse il prodotto, quindi la reazione si sposta a favore dei reagenti e la velocità di reazione diminuisce ed ecco perché c'è il massimo e poi scende. La risposta è che l'acqua è il prodotto della reazione di imbrunimento non enzimatico, quindi aumentando, tende a diminuire la velocità in modo che si raggiunga nuovamente l'equilibrio, quindi la reazione torna verso i reagenti e la velocità della reazione diminuisce.

Riassunto che dice che:

Per activity water > di 0,6, quindi in presenza di acqua libera si ha lo sviluppo di microrganismi, mentre per le altre tre reazioni, imbrunimento non enzimatico, idrolisi e reazioni non enzimatiche possono avvenire anche in sola presenza di acqua legata.

Quindi l'activity water determina la stabilità dell'alimento, quindi conoscere l'activity water di un alimento è importante, perché se si ha un alimento con un'activity water 0,5, si può immaginare che in esso avvengano reazioni di perossidazione lipidica, reazioni di imbrunimento non enzimatico, reazioni di tipo enzimatico, ma non avvenga crescita microbica. Nel caso in cui sia presente un'activity water 0,8 si possono avere tutte queste reazioni tranne la crescita dei batteri.

COME SI PUÒ ABBASSARE L'ACTIVITY WATER, in quanto è stato visto che se l'activity water è bassa si ha una maggiore stabilità dell'alimento? e come si può diminuire l'activity water? ci sono due modalità per ridurre l'activity water:

- si allontana l'acqua, e non si può allontanare l'acqua che non è mobile, ma si potrà allontanare solo quella mobile e come si fa ad allontanare l'acqua? si può concentrare un prodotto alimentare, si può essiccare (pensando all'uva fresca che si degrada rapidamente anche in frigorifero, ma se si prende l'uva e la si espone ai raggi solari, alla T elevata, questa si essicca e si conserva, non in

frigorifero, ma a T ambiente in una busta di plastica perché l'acqua è stata tolta durante l'essiccamento e quindi non si ha più acqua libera per la crescita microbica
- un'altra tecnica utilizzata più frequentemente nel passato ed oggi limitata solo ad alcuni alimenti è la tecnica della liofilizzazione che permette di conservare le proprietà nutrizionali, perché la liofilizzazione consiste nel congelare l'alimento e nel far sublimare l'acqua congelata. Quindi l'alimento viene congelato, l'acqua viene ad essere congelata, e quella che si congela è l'acqua libera che durante la sublimazione viene ad essere eliminata, perché andrà a depositarsi sul condensatore del liofilizzatore e quindi si potrà passare con un activity water 0,9 ad un alimento con activity water 0,6 → quindi la diminuzione dell'activity water permetterà si conservare l'alimento evitando la crescita microbica, quindi una delle strategie per diminuire l'activity water è abbassare il contenuto di acqua allontanandola
- l'altra modalità è **l'immobilizzazione, immobilizzare** l'acqua vuol dire non rendendola più mobile e quindi rendendola non disponibile alla crescita dei microrganismi. È stato detto che il congelamento è una tecnica di immobilizzazione dell'acqua libera, ma oltre al congelamento ci sono anche altri metodi come:
- la **SALAGIONE E lo zuccheraggio.** La salagione è il caso del pesce, quindi il baccala o lo stoccafisso sotto sale, quella è la salagione e in cosa consiste? vuol dire cospargere l'alimento di sale? che è NaCl, quindi è come se si agisse aggiungendo dei nutrienti poalri al nostro alimento.

L'Acqua presente nell'alimento si porrà intorno ai cristalli di Sali in forma di monostrato, quindi è un'acqua che diventa immobilizzata, lo stesso criterio applicato nella salagione viene applicato anche nello zuccheraggio che è un'immobilizzazione dell'acqua, perché lo zucchero tende ad immobilizzare l'acqua che si forma in monostrato nei confronti del nutriente, quindi l'acqua monostrato non è mai mobile, ma è immobile e quindi l'acqua non è più disponibile per la crescita dei microrganismi.

Se un sale rappresenta parte del nostro alimento, il sale ovviamente è nell'alimento e si potrebbe parlare di immobilizzazione → nel pesce, piuttosto che nei capperi. Il cappero è un vegetale ricco di acqua e quindi si ha che è come se l'acqua passasse dall'alimento al sale e poi il sale viene eliminato e quindi è come se venisse allontanata. Di solito si utilizza il termine di immobilizzazione perché non è che l'acqua se ne va, in quanto l'acqua è pur sempre vicino all'alimento e nel caso dell'essiccamento l'acqua evapora e non ce n'è più.

L'AFFUMICATURA → in sostanza nell'affumicatura si ha un procedimento, è anche qui è una sorta di immobilizzazione dell'acqua, ma anche un allontanamento. L'acqua sostanzialmente nell'affumicatura viene immobilizzata per questa ragione: supponiamo di considerare lo speck, piuttosto che il salmone affumicato. Il pezzo di pesce viene salato, quindi è una sorta di salagione e viene sottoposto ai vapori, ai fumi, che deriva dalla combustione di legni aromatici, infatti, l'affumicatura ha un particolare profumo. L'odore di affumicato deriva da questo fumo che si sviluppa dalla combustione dei legni aromatici. Come avviene la conservazione degli alimenti affumicati? avviene per due ragioni, perché

Salando l'alimento l'acqua viene immobilizzata e inoltre perché avviene un essiccamento, in particolare ci sono delle vere e proprie camere dove avviene la combustione e l'alimento è posto vicino al calore, quindi a questo fuoco che provoca la combustione dei legni. Il riscaldamento che in parte c'è, la salagione e sostanze ad attività antimicrobica presenti nel fumo che si vanno ad impregnare sull'alimento affumicato portano ad avere una conservazione dell'alimento. Quindi mentre l'essiccamento, la liofilizzazione significano rpoprio togliere l'acqua dall'alimento, mentre la parte di salagione, zuccheraggio significa tenere li l'acqua, perché l'acqua non se ne va, rimane li, ma viene immobilizzata.

L'affumicatura è una via di mezzo tra la salagione e l'essicamento e permette anch'essa la conservazione dell'alimento, perché porta ad un abbassamento dell'activity water

Parte diversa da quella vista fino ad ora → acqua come **bevanda destinata al consumo umano:**

Bisogna parlare di due tipi di acqua, in quanto si ha la possibilità di bere due tipi di acqua:

- L'acqua potabile del rubinetto, che è l'acqua destinata al consumo umano, l'acqua della nostra rete idrica
- Poi si ha la possibilità di bere l'acqua minerale delle bottigliette sia essa naturale che gasata. Si considererà sia l'acqua destinata al consumo umano e le caratteristiche che deve avere, sia l'acqua minerale che è un'acqua un po' particolare, in quanto ottenuta da fonti di acqua e sorgenti di acqua pure.

La direttiva 98.83 rlativa alla qualità delle acque destinate al consumo umano:

Dice che le acque devono essere sostanzialmente salubri e pulite, quindi l'acqua del rubinetto è acqua così come deve essere se risulta dai controlli salubre e pulita, l'acqua del rubinetto è un'acqua che può essere usata per il consumo umano e ha delle caratteristiche non inferiore dal punto di vista nutritivo a quella minerale. Quindi si tratta di due concetti fondamentali, ossia quello di salubrità e di pulizia. Si osserva che l'acqua della rete idrica ottenuta dal rubinetto viene testata perché deve avere dei requisiti minimi per la contaminazione microbica e per i contaminanti di tipo chimico, come ad es. il contenuto di acrilammide, di benzene, di idrocarburi, di antiparassitari →deve essere inferiore a un certo livello perché questa sia considerata salubre e pulita. In modo del tutto analogo anche i contaminanti inorganici, cianuri, nitriti, nitrati piuttosto che i metalli pesanti, piombo, mercurio, cadmio, arsenico devono essere anch'essi sottolivelli di sicurezza in modo da garantire che l'acqua non svolga effetti negativi nei confronti della salute. Inoltre, questo decreto legislativo specifica i controlli a cui deve essere sottoposta l'acqua potabile per uso umano che viene distribuita tramite la rete idrica, controlli che devono es sere periodici che devono essere sempre eseguiti affinchè l'acqua presenti una salubrità e non presenta effetti negativi sulla salute, non si applica ad acque minerali naturali, perché quelle acque minerali, ottenute da una sorgente pura che hanno altre leggi che vengono applicate. Quindi l'acqua del rubinetto è un'acqua controllata, che è potabile, che si può assumere e anche dal punto di vista nutrizionale per l'apporto di Sali minerali è un'acqua che sicuramente va bene per il mantenimento della salute.

L'italia è uno dei maggiori produttori di acque minerali, in quanto Noi abbiamo moltissime fonti di acque minerali e siamo anche tra i maggiori consumatori di acqua in bottiglia. La direttiva che regola l'utilizzazione e la commercializzazione delle acque minerali è la direttiva 54 del 2009 che definisce anche le acque minerali come acque estratte sia da suolo di uno stato membro che da quello di un paese terzo importate nella comunità europea e riconosciute come acque minerali dall'autorità responsabile di uno stato membro. Quindi se si ha un'acqua o che viene prodotta in Italia esempio di stato membro o in Cina, pur sempre di acqua minerale si tratta, ma deve essere riconosciuta come tale dallo stato membro che la ha importata

DEFINZIONE DI ACQUA MINERALE NATURALE: come Acqua microbiologicamente pura, la quale abbia per origine una falda o un giacimento sotterraneo e provenga da una sorgente con una o più emergenze naturali o perforate → quindi questa è la definizione di acqua minerale naturale importante, tenendo a mente gli aspetti nella definizione, ossia microbiologicamente pura, falda o giacimento sotterraneo, che proviene da una sorgente con una o più emergenze naturali o perforate

Si distingue dall'acqua potabile per la natura di essere microbiologicamente pura e per il fatto di essere caratterizzata da un certo tenore di minerali, oligoelementi e anche a volte per alcuni effetti, quale ad es. tipico effetto diuretico e per la sua purezza originaria, perché se l'acqua deriva da una falda o da un giacimento sotterraneo, ovviamente è un'acqua pura che arriva in superficie ed è un'acqua caratterizzata da una sua purezza originaria.

Le acque minerali hanno un'azione salutistica.

La CLASSIFICAZIONE DELLE ACQUE MINERALI viene fatta sulla base della quantità e della qualità dei Sali minerali. Questa quantità di Sali minerali si calcola partendo da un residuo fisso, calcolato ponendo l'acqua ad una T pari a 180 gradi, quindi si fa evaporare l'acqua e sulla base dei residui di Sali minerali che rimane dopo l'evaporazione dell'acqua si classificano meglio le acque in:

- acqua minimamente mineralizzata, se il residuo è inferiore a 50 milligrammi litro
- oligominerale, se inferiore a 500 milligrammi litro
- mediominerale se è compresa tra 500 e 1500
- acque ricche di Sali se il contenuto è > di 1500 milligrammi litro

Questa classificazione è spesso oggetto di domanda d'esame, perché è bene sapere solo per cultura generale o anche in farmacia nel caso si chiedesse che acqua bisogna bere in funzione della presenza di patologie di tipo renali, di ipertensione, per ricostruire un latte in polvere per u nneonato che ha un emuntorio renale ancora poco sviluppare, è bene che si sappia quale acqua consigliare e per prima cosa bisogna conoscere la classificazione delle acque minerali. Quindi ci sono:

- le acque minimamente mineralizzate minore di 50
- oligominerale → minore di 500
- mediominerale compreso tra 500 e 1500
- maggiore di 1500, ricca in Sali minerali

Hai l'acqua con un residuo fisso a 180 gradi di 600 milligrammi litro che acqua sarà? con le varie risposte → acqua medio minerale.

CAPITOLO 3

Ci sono due tipi di acqua che si può consumare, dove l'acqua essendo un nutriente ovviamente diventa un alimento vero e proprio.

Si osserva la prima direttiva che parla dell'acqua minerale naturale, ossia l'acqua che è microbiologicamente pura che proviene da una falda o giacimento sotterraneo o da una sorgente che ha un'emergenza naturale o perforata. Quindi sono le acque minerali vendute in bottiglia che si differenzia dall'acqua potabile, quindi quella del rubinetto, perché sono caratterizzate da un tenore di minerali che dipende dalla sorgente da cui quest'acqua arriva e che sono caratterizzati da una purezza originaria. Quindi
Sono acque microbiologicamente pure all'origine, mentre l'acqua potabile invece è un'acqua che sostanzialmente che attraverso la purificazione che avviene nell'acquedotto diventa acqua pronta per il consumo anch'essa microbiologicamente accettabile altrimenti non sarebbe consumabile e che però non è caratterizzata da una purezza originaria.

QUALI SONO LE CARATTERISTICHE DELL'ACQUA MINERALE CHE DIFFERENZIANO L'ACQUA IN BOTTIGLIA RISPETTO ALL'ACQUA INVECE DI QUELLA DEL RUBINETTO?

L'ACQUA IN BOTTIGLIA è pura all'origine, perché deriva da una certa falda sotterranea pura all'origine, ha un certo tenore di minerali, di oligoelementi tipici della sorgente da cui deriva, mentre l'acqua potabile, quella dell'acquedotto è un'acqua che ha acquisito le caratteristiche che ha, a seguito di un certo trattamento che subisce a livello dell'acquedotto di filtrazione, di sedimentazione, di purificazione e che rendono l'acqua potabile anch'essa pronta al consumo.

Dal punto di vista nutrizionale, dato che si sta parlando di acqua che contiene i Sali minerali, l'acqua potabile è migliore di quella minerale? a volte si e a volte no. Ad es.:

- ➔ Se si vuole acqua calcica può essere che quella dell'acquedotto non sia calcica, quindi non abbia un elevato contenuto di calcio e quindi non sono nutrizionalmente equivalenti.
- ➔ Se si ha un'acqua oligominerale con un contenuto basso di Sali minerali, può essere che dal punto di vista nutrizionale non ci sia una grande differenza tra acqua del rubinetto e quella minerale. Per quanto riguarda la purezza originaria e quindi il fatto di avere una sorgente che essendo microbiologicamente pura da origine ad un'acqua pura, ovviamente anche questo non comporta una differenza tra acqua potabile e quella minerale a livello di proprietà biologiche dell'acqua, perché anche se non è microbiologicamente pura all'origine l'acqua dell'acquedotto lo dovrà essere quando l'acqua arriva nel rubinetto e viene da noi consumata.

Quindi siamo a delineare quelle che **sono LE CARATTERISTICHE DELL'ACQUA**. Quindi vi è una distinzione tra:

acqua minimamente mineralizzata, oligominerale, mediominerale, ricca di Sali minerali sulla base della quantità del residuo fisso, calcolata a 180 gradi celsius. Quindi si possono avere delle acque a bassissimo contenuto e quando saranno utilizzate? saranno utilizzate ad es. nel caso della ricostituzione dei latti in polvere, nel bambino, nel neonato l'emuntorio renale è fortemente immaturo e dare acqua ricca di Sali minerali sarebbe un errore al punto tale che i latti formulati sono ottenuti come base dal latte vaccino che viene fortemente depauperato di Sali minerali, perché l'emuntorio del vitellino supporta molti più Sali minerali di quelli che sopporterebbe l'uomo. Quindi un'acqua minimamente mineralizzata, è importante sapere qual è il parametro che la identifica, come il residuo fisso di 180 gradi celsius, minore di 50 milligrammi litro viene utilizzata nel caso dei neonati. Poi si ha l'acqua oligominerale, se si prende la bottiglietta che si ha vicino a noi, le nostre acque sono quasi sicuramente oligominerali, ossia il residuo fisso è inferiore a 50 milligrammi litro, poi si hanno le mediominerali e le ricche di Sali minerali con contenuto di residuo fisso compreso tra 500 e 1005 o maggiore di 1005.

Eravamo giunti a questa tabellina, al di la delle prime tre voci, riportate già nella tabella precedente, si hanno una serie di acque che hanno particolari caratteristiche, ad es. un'acqua contenente bicarbonato e per dire che contiene bicarbonato, il contenuto deve essere maggiore di 600 milligrammi per litro e per quali ragioni può essere utilizzata un 'acqua che contiene bicarbonato? è mai capitato di prendere il bicarbonato di sodio quando si è mangiato troppo? la famosa citrosodina può essere utilizzata in soggetti che hanno problemi di digestione

L'acqua solfatata

L'acqua clorurata

L'acqua calcica che potrebbe essere utilizzata da soggetti che hanno ipercolesterolemia che deriderano aumentare l'apporto di calcio. L'ipercolesterolemia porta a sconsigliare il consumo di latte e latticini e questi soggetti devono apportare maggiori quantità di calcio, quindi si può sostituire l'apporto di formaggi che portano con se tutta la componente lipidica compreso il colesterolo con un'acqua ad alto contenuto di calcio.

L'acqua magnesiaca

L'acqua fluorurata →Acqua contenente fluoro superiore ad 1 milligrammo litro ed è un'acqua che può avere una buona funzione per migliorare lo smalto dentale

L'acqua ferruginosa è un'acqua che contiene ferro bivalente superiore a 1 milligrammo litro ed è un'acqua ricca di ferro che può essere consumata dalle donne in gravidanza che possono avere la necessità di aumentare nella seconda parte della gravidanza, nel terzo trimestre l'apporto di ferro.

L'acqua acidula con un tenore di anidride carbonica superiore ai 250 milligrammi litro

L'acqua sodica CON un tenore di sodio superiore 200 milligrmami litro, fortemente sconsigliata ai soggetti ipertesi

Le acque indicate per la preparazione degli alimenti per lattanti, che sono **LE ACQUE MINIMAMENTE MINERALIZZATE** con un tenore di residuo secco inferiore ai 50 milligrammi/millilitro o le acque con un basso tenore di sodio inferiore a 20 milligrammi litro sempre per i soggetti ipertesi e si osserva anche che per quanto riguarda le menzioni e i criteri previsti dalla legge che regolamenta le acque ci sono anche come **due MENZIONI** →il fatto di avere effetti lassativi o diuretici.

Parlando delle acque oligominerali, in genere sono acque che si ottengono da sorgenti che si trovano in località montane, dove ci sono precipitazioni, siano esse di acqua piuttosto che di neve elevate, ed hanno percorsi preferenziali di acqua nella roccia, proprio per il dislivello, dato che si trovano in montagna arrivano rapidamente alla sorgente e pur passando all'interno della roccia, per la loro elevata velocità non riescono ad arricchirsi in Sali minerali. Queste acque oligominerali sono acque che stimolano la diuresi, e questo fatto è dovuto alla loro ipotonicità → e c'è quest'azione purificante per eliminazione di acido urico, sia di sostanze azotate che di Sali minerali.

Queste acque oligominerali in genere hanno una sorgente in una località montana e questo dislivello a livello della montagna porta al fatto che quando l'acqua arriva in sorgente, l'acqua non ha fatto in tempo ad arricchirsi di Sali minerali. Poi ci sono le acque medio-minerali o minerali e queste sono spesso di origine vulcanica oppure sono ottenute da acque superficiali che si infiltrano in un terreno poroso ed impermeabile e quindi si arricchiscono di Sali minerali.

Per cui il passaggio delle acque lentamente su queste superfici porose porta l'acqua ad arricchirsi in Sali minerali e si ottengono le acque mediominerali. Queste 4 menzioni riportate nella diapositiva, ossia:

- → indicata per la preparazione di alimenti per lattanti
- → indicata per le diete povere di sodio,
- → può avere effetti lassativi
- → può avere effetti diuresi

Sono le uniche 4 menzioni che si possono riportare in etichetta sulla base delle direttive 2009 ì/54 che regolamenta le acque minerali.

(domanda che può essere fatta)

Queste sono le uniche 4 menzioni che si possono vantare e più di queste non se ne possono vantare in etichetta, quindi se si va ad acquistare tramite canali come internet e si osservano etichette non conformi alla direttiva, si sa che sono sostanzialmente prodotti fuori legge, perché le uniche 4 menzioni disponibili sono quelle li riportate.

Questa diapositiva riprende i concetti riportati prima quando sono state considerate le varie tipologie di acque:

Acque contenenti bicarbonato, processi digestivi e tamponi sull'acidità gastrica, leggermente lassative, aumento dell'escrezione di acidi biliari con le feci, riduzione del colesterolo

Acque solfate → intervengono nell'assorbimento del calcio e le acque solfate hanno un'azione ANTI-PERCOLESTEROLEMIA e possono essere utili per quell'aspetto e non sono consigliate per i bambini perché appesantiscono troppo l'emuntorio renale

Acque clorurate → per la funzione epatica, intestinale e biliare

Acque calciche

Acque florurate in contrasto alla carie ed indicata nelle gravidanze nelle nutrici e bisogna evitare l'uso prolungato e quando si parlerà del fluoro, si parlerà anche della fluorosi

Acque sodiche

Acque magnesia che con azione debolmente lassativa

Acque ferruginose per soggetti che soffrono di anemia ferropriva e non sono indicate nel caso di soggetti con problemi gastroduodenali, perché un'acqua ferruginosa potrebbe indurre danni sulla mucosa gastrica, quindi sia a livello dello stomaco che del duodeno portando anche a delle microperdite ematiche che a lungo andare possono essere causa di ANEMIA

SALI MINERALI rappresentano circa il 6% del peso corporeo. Bisogna capire il contenuto di sale minerale all'interno dell'organismo umano, capendo qual è il contenuto di un nutriente, di uno qualsiasi nutriente negli alimenti e poi valutandone il fabbisogno nonchè le funzioni nutritive e biologiche che quel particolare nutrienti svolgono. Per quanto riguarda I Sali minerali sono il caso opposto rispetto all'acqua. L'acqua rappresentava il 55 -60 % e nel neonato addirittura il 75% del peso corporeo, quindi era una percentuale molto elevata e l'acqua era una molecola singola H2O, nel caso dei Sali minerali ci sono tantissimi elementi, con esattezza 60 elementi che rappresentano il 6% del peso corporeo

Alcuni elementi e la composizione dei vari elementi, macro e microelementi nel corpo umano. Nel calcio

Nel nostro corpo ci sono:

- → **Calcio** → dai 10 ai 20 g prokilo, su un uomo di 60 kilogrammi si ha circa 600 grammi, 1200 grammi di calcio e dove si trova tutto questo calcio? si trova nelle ossa, nei liquidi sia extra che intracellulari, quindi si trova distribuito in tutto l'organismo. Quindi il calcio è **un MACROELEMENTO**
- → **IL FOSFORO** è ampiamente rappresentano nell'organismo, perché il fosforo è anche lui presente nelle ossa → si ha un contenuto che varia tra i 360 grammi e i 1200 grammi
- → **Si ha il potassio, il sodio, il cloro ed il magnesio**

che sono i 6 macroelementi. Poi ci sono i **microelementi**

- → Il ferro, lo zinco, rientrano nei microelemnti per arrivare agli elementi in traccia

Il magnesio, presente nell'ultima colonna dei macroelementi, a volte è un macroelemento e altre un microelemento. Quindi il magnesio è considerato un macro o un micro elemento a seconda della corrente di pensiero

Si osservano il ferro, lo zinco, i lrame, il manganese, lo iodio, il molibdeno, il cromo, il selenio, il fluoro, il rame e lo stagno e si considereranno le loro proprietà. Sicuramente molto importante per l'organismo umano è il ferro e lo iodio, perché sono costituenti che pur essendo dei microelementi hanno un ruolo fondamentale, il primo nella respirazione, il discorso dell'emoglobina e il secondo come costituente degli ormoni tiroidei

QUALI SONO LE FUNZIONI DEI MACRO E DEI MICROELEMENTI? (Slides)

Trasporto di sostanze, biosintesi di ormoni ed enzimi, mantenitmento dell'equilibrio acido. base, di un adeguato bilancio idrico, trasmissione dell'impulso nervoso e regolazione della contrazione muscolare.

Queste sono solo alcune delle molteplici funzioni che i Sali minerali svolgono e la cosa interessante da dire parlando dell'apporto dei Sali minerali è che noi abbiamo macro e microelementi. Un macroelemento, come il sodio, potassio e il calcio deve essere apportato dalla dieta in elevate quantità, se si considera un microelemento scarsamente rappresentato nel nostro organismo questo dovrà essere apportato in piccole quantità

La cosa da ricordare è che l'apporto di un nutriente come i Sali minerali, ma della stessa acqua, dei carboidrati, dei lipidi e protidi è proporzionale alla quantità di quel nutriente nell'organismo

Noi siamo ciò che mangiamo →quindi siamo costituenti da nutrienti che sono o prodotti o a livello endogeno o assunti con la dieta e questi nutrienti se sono macronutrienti Devono essere apportati in grosse quantità, se sono micronutrienti devono essere apportati in piccole quantità. Quindi L'acqua deve essere apportata in grosse quantità, perché l'acqua è la parte preponderante del nostro organismo, così come il calcio rispetto al molibdeno è apportato in quantità maggiori, perché il calcio è un macroelemento, quello più rappresentato nel nostro organismo, più distribuito nel nostro organismo rispetto, ad esempio, al molibdeno e si ha bisogno di apportare quantità sufficienti di calcio per non avere una carenza di calcio.

Si osserva la serie di Sali minerali divisi in macro e microelementi dove a fianco di ognuno è stata riportata la funzione che il sale minerale presenta e quindi si ha la slide che serve a focalizzare bene il tipo di attività che il sale minerale presenta.

Si passa dal contenuto di Sali minerali presenti nell'organismo, macro e microelementi al contenuto di Sali minerali negli alimenti e si osserva che questo, come scritto nella parte bassa della diapositiva dipende dalla composizione del terreno, sia per alimenti di origine animale che di quelli vegetale perché anche per gli alimenti di origine animale, **quindi le carni:**

Il contenuto di Sali minerali dipende dal contenuto di Sali minerali dei foraggi che a sua volta dipende dal contenuto di Sali minerali del terreno. Quindi è importante conoscere la provenienza dell'alimento. Quindi un alimento per quanto riguarda il suo profilo di Sali minerali non è altro che lo specchio della composizione del terreno in cui l'alimento è stato prodotto, sia esso un alimento di origine vegetale che di origine animale.

LA GEOCHIMICA MEDICA:

Proprio perché c'è una stretta correlazione tra la composizione del terreno e la composizione dei Sali minerali dell'alimento, la composizione di Sali minerali dell'uomo, perché l'uomo prima della globalizzazione era legato al terreno dove viveva. Quindi vi è un forte legame tra il territorio di provenienza e la composizione in Sali minerali dell'organismo. La geochimica medica è una disciplina relativamente nuova che ha collegato gli effetti dei Sali minerali con la distribuzione geografica dei *problemi sanitari*.

Parlando di Sali minerali e di composizione del terreno, ma anche quando si parla di fattori ambientali non si parla solo ed esclusivamente di composizione del terreno, ma anche di inquinamento ambientale, inquinamento dell'aria ecc. Quindi questa geochimica medica ha permesso di correlare la salute umana alle caratteristiche geochimiche locali. In Cina c'è fluorosi e perché? perché la cina ha un'area particolarmente inquinata ricca di fluoro e la fluorosi è un evento che si verifica molto facilmente perché le acque sono ricche di fluoro a causa di questi inquinanti e così via. Il problema del fluoro e della fluorosi dovuta alle emissioni vulcaniche.

A Napoli quando c'è stata l'eruzione del vesuvio e l'evento di pompei, negli scavi fatti successivamente hanno rinvenuto soggetti che avevano problemi di fluorosi ossea, perché prima dell'esplosione l'aria era comunque satura di fluoro che veniva dall'emissione del vulcano. Quindi è stato possibile ritrovare in questi soggetti il problema della fluorosi proprio derivante da questo.

Poi si hanno problemi di avvelenamento da arsenico e fenomeni di carcinogenesi, quindi l'arsenico provoca carcinogenicità e l'arsenico è un inquinante ambientale e quando c'è un eccesso di questo inquinante si può avere un incremento dei fenomeni di avvelenamento da arsenico oppure possono esserci problemi di carenza, perché con il cosiddetto sale iodato non ci sono più carenze di iodio, perche nella salatura degli alimenti che avviene con il sodio discrezionale perché insieme al sodio abbiamo lo iodio e quindi non si hanno carenze, ma nel passato prima di questa fortificazione del sale comune da cucina, i paesi di montagna, lontani dal mare, in questi paesi di verificava l'ingrossamento della tiroide, ossia il cosiddetto gozzo oppure il morbo di kescan, particolare malattia che colpisce il sistema cardiovascolare dovuto a carenza di selenio, e dove si verifica? si verifica al nord della Cina, nella mongolia dove ci sono delle zone in cui c'è una carenza nel territorio di selenio e le popolazioni locali che vivono in quelle zone hanno questo morbo di kescian che porta ad una mortalità precoce dovuta ad una carenza di selenio

Quindi si osservano i tre concetti fondamentali che bisogna sapere quando si parla di Sali minerali, sono innanzitutto che devono essere geodisponibili, quindi nel territorio, nel terreno dove si crescono i vegetali e dove vivono gli animali, deve esserci una dispersione fisica e chimica perché i sali minerali devono essere dispersi nel terreno proprio perché vengano poi assunti dalle radici delle piante insieme all'acqua. Arrivano alle piante, tramite le piante agli animali e dalle piante e dagli animali arrivano all'uomo e per l'uomo sono stati identificati dei Sali minerali che sono tossici, come il piombo e il mercurio che sono Sali minerali tossici che non hanno una funzione biologica nell'organismo o per lo meno non è stata ancora individuata la funzione biologica nell'organismo.

Due aspetti fondamentali sono l'essenzialità e la biodisponibilità. L'essenzialità è intesa come impossibilità di sintetizzare il sale minerale, ad es, il soggetto è in grado di sintetizzare un carboidrato, come il glicogeno, siamo in rado di sintetizzare alcune vitamine, di sintetizzare l'acqua metabolica, quindi i famosi 300 mL che l'organismo produce con le reazioni metaboliche, di sintetizzare le proteine e di queste alcuni amminoacidi. Per i Sali minerali essendo di origine inorganica sono tutti essenziali, tutti quelli per i quali è stata individuata una funzione biologica essenziale.

CONCETTO DI BIODISPONIBILITÀ perché assumere dei Sali minerali con gli alimenti non significa che questi siano biodisponibili, possono essere assorbiti, posti in circolo, arrivare a livello del sito d'azione e svolgere la loro funzione. Quindi il concetto di biodisponibilità è un concetto molto importante che deve essere studiato per ciascun sale minerale

ESEMPIO per capire quanto è importante questo concetto:

Se si prende un mezzo di marmo, conterrà calcio, ma l'assunzione di un pezzetto di marmo non porta ad avere un assorbimento di calcio, quindi un introito di calcio -->> è semplicemente marmo assunto eliminato tramite il tratto gastrointestinale. Quindi è un esempio banale per assurdo, ma calza bene nel senso che il calcio da assumere deve essere biodisponibile perché se il calcio che si assume non è biodisponibile, ad es. è un sale insolubile, mai questo verrà assorbitoe portato in circolo raggiungendo il sito dove deve essere attivo.

Dividendo tra macro e micro elementi si ha un'idea abbastanza chiara dell'apporto del macro e micro elemento con la dieta, ossia un MACROELEMENTO potrà essere apportato in quantitò maggiori, rispetto ad un MICROELEMENTO che essendo meno rappresentato nell'organismo richiede ovviamente un fabbisogno minore?

Ma come si fa a sapere i livelli di assunzione raccomandati? **esistono i cosiddetti LARN**, che sono i livelli di assunzione raccomandati per la popolazione italiana suddivisi in fascia di età e in singolo elemento. Nell'uomo maschio tra i 30 e 59 anni l'apporto di calcio deve essere pari ad 800 milligrammi die. Se un giorno un soggetto adulto maschio di quest'età compresa tra i 30 e i 59 anni non apportasse 800 milligrammi die, quindi se non si assumesse questa quantità di calcio di tot milligrammi die per un giorno due giorni o per una settimana, ci sarebbe qualche problema?

A lungo andare si possono verificare delle carenze.

Se per un giorno, due, tre o anche una settimana, non si apportasse una quantità corretta di sale minerale per pochi giorni, non succede nulla, ma se l'apporto è continuamente troppo basso, prima o poi si verificano delle carenze, che si verificano in tempi tanto più lunghi quanto più piccolo è il turn over. Una sostanza con turn over molto lento darà origine delle carenze in tempi molto lenti. Una sostanza che ha un turn over molto rapido al contrario si verificheranno carenze in tempi molto più rapidi.

O tempi per i Sali minerali devono essere tempi piuttosto prolungati, se un soggetto non assume in assoluto o per molto tempo un sale minerale prima o poi si verifica una carenza, così come se un soggetto assume per un tempo piuttosto prolungato un eccesso di sale minerale, si può verificare un eccesso.

Questi LARN e anche gli intervalli di sicurezza e adeguatezza. Il magnesio non ha un larn e ha una sicurezza e adeguatezza di 150 -500 milligrammi e quindi si può assumere giornalmente questa quantità compresa tra i 150 e 500 per avere un effetto fisiologico adeguato. Si chiamano intervalli di sicurezza e di adeguatezza proprio perché hanno un minimo e un massimo. il minimo è connesso con la quantità da assumere per non avere una carenza, quindi una quantità che garantisca un'adeguatezza dell'assunzione e il massimo, ad es. il valore del magnesio di 500 milligrammi che è il massimo che teoricamente si deve assumere quotidianamente è connesso con una dose che è sicura. Quindi si chiamano intervalli di sicurezza e adeguatezza, perché rappresentano una dose minima e massima che è nel contempo adeguata e sicura, ossia garantisce di non avere delle deficienze, quindi è adeguata ed è sicura, ossia garantisce di non avere una tossicità che interviene in caso di apporto troppo elevato

Questo concetto dell'intervallo di sicurezza ed inadeguatezza permette di introdurre un concetto importante in chimica degli alimenti, ma anche in generale in ambito nutrizionale sul fatto che sostanzialmente intervalli di sicurezza ed inadeguatezza sono espressioni del fatto che è importante la quantità di nutriente apportato e soprattutto tutti i nutrienti e anche l'acqua possono svolgere, se apportati in quantità troppo elevata effetti tossici. Provando a bere 10 L di acqua, l'acqua non è tossica, ma se si dovesse per assurdo apportare 15 L di acqua al giorno, il soggetto muore perché si apporta troppa acqua.

Quindi è importante la dose del singolo nutriente apportato, perché una dose troppo elevata può portare ad avere effetti tossici e una dose troppo poco non adeguata, quindi una dose troppo bassa può portare ad avere delle deficienze.

Questo concetto è rappresentato nel diagramma di Beltram, nelle domande c'è sempre → questo diagramma è rappresentato per il selenio e il fluoro, ma potrebbe essere rappresentato per il sodio, il calcio, per il potassio, per il ferro, per il cromo, per il manganese, per lo stagno, per il rame e quindi per tutti i Sali minerali. Quando si parla di un grafico, la cosa più importante è definire l'ascissa e l'ordinata.

IN ASCISSA → vi è l'apporto di selenio piuttosto che di quello di fluoro,

mentre **IN ORDINATA** vi è la risposta biologica e cosa vuol **dire RISPOSTA BIOLOGICA**, ossia risposta dell'organismo all'apporto di una certa quantità di selenio piuttosto che fluoro.

Bisogna ipotizzare una risposta biologica ottimale qualora si abbia un apporto ottimale di sale minerale

Nel caso del SELENIO, se si apporta tra i 50 e 200 microgrammi, l'organismo risponde in modo ottimale perché è posto pari a 100 il massimo, quindi corrisponde al 95 %, quindi si tratta di una % elevata e si potrebbe a causa della dieta e del fatto che c'è un periodo in cui si mangia di meno, pochi vegetali si potrebbe apportare con la dieta una quantità molto bassa tra 10 e 50 microgrammi, quindi 20 volte la quantità ottimale, quindi 10 microgrammi →sono 20 volte meno la quantità ottimale, in questo caso, si ha una risposta biologica dell'organismo bassa, vuol dire che ad esempio nel caso specifico del selenio che ha prorpietà antiossidanti perché è base del glutatione si potrebbe avere una scarsa risposta antiossidante dell'organismo, potrebbe essere bloccata qualche funzione biologica e qualche funzione metabolica, questo significa avere una scarsa risposta biologica.

Quindi è improtante apportare la quantità giusta e se, se ne apporta troppo poco si va verso una deficienza. Si psserva il punto di intersezione con la retta della sopravvivenza, cosa significa?

Si potrebbe avere una bassa risposta, c'è un problema di tipo, insorgenza di patologie, perché se non funziona il sistema antiossidante, si avrà una situazione di stress ossidativo alla base di patologie cardiovascolari. Quindi in questa condizione aumentano alcune patologie → c'è sopravvivenza del soggetto fino a 10 microgrammi, da 10 microgrammi a 0 la curva tende ad andare a 0 fino ad una risposta biologica 0 che si ha in corrispondenza della retta della letalità.

Ovviamente se si ha una risposta biologica nulla è perché l'organismo è vicino alla morte, la curva a campana è perfettamente simmetrica, quindi la parte ascendente che si trova da un lato si trova perfettamente simmetrica nella parte discendente che si trova se si assume tra 200 e 1000 microgrammi di selenio o fra 1000 e 10 mila microgrammi di selenio. Quindi:

Se si assumono 10 mila microgrammi di selenio al giorno si ha una vera e propria tossicità, quindi l'organismo morirà a fronte di un effetto tossico. Anche nella zona tra 200 e mille c'è una tossicità che porta alla letalità, ma è una tossicità, ci saranno reazioni allergiche, problemi gastroointestinali, emorragie, vie emtaboliche bloccate. Per ogni sale minerale, si può costruire il Diagramma di Bertrad per ogni ogni sale minerale, che ha sempre la stessa identica forma a campana simmetrica, ma quello che cambierà l'ascissa, per cui se si dovesse considerare il fluoro l'apporto ottimale è tra 2 e 10 milligrammi che tra 10 e 20 è sicuramente troppo e tra 10 e 100 probabilmente il soggetto muore arrivati i 100 o si superano i 100 per un effetto tossico.

Tra 2 e 0,5, anche li il soggetto non sta bene, perché è troppo poco il fluoro e tra 0,5 e 0 il soggetto va incontro alla morte perché la risposta biologica diventa praticamente nulla e non si risponde con la dieta a fabbisogno minerale del nostro organismo. Nel caso di una carenza, sarà tanto più marginale, quanto più ci si sposta verso destra, infatti da 50 a 200 si ha lo stato fisiologico e da 200 a 1000 comincia ad esserci una dose tossica fino ad arrivare alla letalità aumentando ancora di più la concentrazione.

Quindi è importante saper spiegare il diagramma e dire che la concentrazione di un certo sale minerale che si deve assumere con la dieta, quindi la concentrazione nell'alimento è importante, perché è connessa a problemi di tossicità e dall'altro con problemi di essenzialità e tutti i Sali minerali sono essenziali e se non li si assume mai e poi mai con la dieta, l'organismo manifesta una deficienza tale che sconfina nella morte proprio perché l'organismo non è in grado di sintetizzarlo e quindi sconfina con la morte. Dal momento in cui non è in grado si sintetizzarlo, non è in grado di produrlo, non riesce ad introitarlo nell'organismo e non riesce ad utilizzarlo per le varie vie metaboliche previste per l'organismo.

SPIEGARE IL DIAGRAMMA. → questo grafico si poteva per il sodio, per il potassio e quindi gli altri Sali minerali

Questo diagramma da la possibilità di mettere in evidenza il concetto di essenzialità (parte sinistra del grafico) e quello di tossicità (parte destra del grafico).

Si suppone di partire da 0 e piano piano si sale, arrivando alla risposta 100 % e poi si riscende, quindi si parte da un apporto di selenio 0, si suppone che non si mangia e non si beve, non si assume nessun alimento e quindi si va incontro ad una carenza tale di selenio che non è compatibile con la vita. Nella pratica questa condizione quando può verificarsi? questo accade in uno stato di digiuno prolungato, ci sono delle malattie alimentari come ad esempio l'anoressia, il soggetto anoressico (patologia alimentare molto grave) che ha un disturbo alimentare, ad un certo punto ha proprio il fisico che piano piano si asciuga, si prosciuga perché non ha più muscolo rimanendo pelle e ossa e anche la pelle ha un aspetto grinzoso e le ossa si indeboliscono e diventano fragili e il soggetto muore, perché talmente tanta la carenza di nutrienti e non riesce a portare avanti le reazioni metaboliche di cui il soggetto ha bisogno. Quindi purtroppo questa condizione che si osserva in questo punto e se si dovesse estenere a tutti i Sali minerali, a tutti le vitamine, proteine e grassi →

Ad un certo punto, si avrebbe che un soggetto ha talmente tanta carenza di tutti i costituenti e nutrienti dell'organismo che il suo organismo, che è una sorta di laboratorio chimico non può lavorare per mancanza di reagenti. Quindi se si considera questa parte si ha una deficienza tale di uno o più Sali minerali, questo grafico può essere fatto per i Sali minerali, ma può essere fatto anche per altrinutrienti perché c'è un apporto ottimale, di grassi, di altre proteine → ecco perché le diete monoalimento sono assolutamente da evitare, se si mangia solo un frutto con un contenuto di proteina bassissimo che è carente di lisina e vari amminoacidi essenziali

si apporta un giusto quantitativo di Sali minerali, ma non si apporta vitamina D, zuccheri, lipidi, protidi e si capisce che questo grafico in questa parte dice che se la deficienza è spinta all'estremo è incompatibile con la vita. La parte della carenza, quindi tanto più ci si sposta verso destra, tanto più la carenza è minima, quindi se invece di assumete 50 microgrammi di selenio, se ne assume 40, l'organismo non sarà al 100 % di forma fisica, ma l'organismo è ben lontano dalla morte →è una carenza marginale che dovrebbe essere colmata, ma non è una carenza letale. Nessuna carenza può essere accettata a lungo. Se c'è una carenza marginale, si può ristabilire lo stato nutrizionale ottimale. Nessuna carenza è accettabile, in quanto se è una carenza è un qualcosa che non va bene. L'altro aspetto è che ristabilendo una dieta corretta questa carenza marginale viene rapidamente colmata, una carenza marginale di vitamine del gruppo B, nel caso di una dieta non equilibrata, una dieta monoalimento per cui si ha una carenza di vitamine, il soggetto va incontro a stanchezza, a apatia, se si ristabiliscono tutte le vitamine in quantità ottimale, il soggetto non è più in carenza

Nella zona di concentrazione ottimale, con gli alimenti si apporta la concentrazione ottimale, quindi si raggiunge lo stato di benessere totale dell'organismo. La curva è perfettamente speculare all'altro lato della curva, con la differenza che da un lato si va verso la letalità per un effetto tossico. Quindi sostanzialmente la parte centrale è quella di interesse, la parte di destra è quella della tossicità, quella di sinistra è quella della deficienza.

ALTRO ASPETTO FONDAMENTALE è il discorso di biodisponibilità, quindi la quota di alimento ingerita, trasportata al sito d'azione e convertita nella forma fisiologicamente o tossicologicamente attiva, perché c'è questo tossicologicamente, ad es. il piombo non è un metallo essenziale, ma un metallo pesante tossico. Il piombo c'è nel nostro organismo? il piombo nell'organismo umano purtroppo c'è così come nella foglia di insalata.

Il nostro organismo è immerso nell'ambiente inquinato. Il piombo nell'organismo non dovrebbe esserci, perché al piombo giustamente non è stata ancora riconosciuta alcuna azione biologica, ad es.il cromo era considerato un metallo tossico, così come il selenio, poi si è scoperto il ruolo del cromo come fattore di enzimi o il selenio con azione antiossidante, ma solo successivamente. Quindi il concetto è che sostanzialmente il sale minerale non dovrebbe essere presente se non come componente nell'organismo e se non ha un ruolo nell'organismo è un sale minerale tossico. Il mercurio, essendo tossico non dovrebbe esserci e nell'organismo di un soggetto giovane che mangia una o due volte a settimana pesce, dovrebbe esserci poco o niente di mercurio, ma se si mangiasse il pesce più volte alla settimana si potrebbe avere anche la presenza di mercurio non tossico che abbia un effetto tossico. Tecnicamente non dovrebbe esserci nemmeno nel pesce il mercurio, ma il mare è inquinato e a questo proposito si aggiunge che il mercurio presente nel pesce, tanto il pesce è grosso, tanto più si impiega tempo a digerire e accumulare mercurio

Il metilmercurio, ossia il mercurio inorganico è anche più tossico di quello organico, perché più biodisponbile.

Ci sono dei fattori INTRINSECI ED ESTRINSECI. Cosa vuol dire che la biodisponibilità è governata da fattori intrinseci ed estrinseci? significa che ci sono dei fattori legati all'uomo o legati all'ambiente che regolano la biodisponibilità

LA SPECIE ANIMALE influenza la biodisponibilità oppure l'età e il sesso influenzano la biodisponibilità, ad es. l'assorbimento di ferro cambia in funzione dell'età, così come la microflora intestinale è importantissima piuttosto che stati fisiologici particolare. In gravidanza si può modificare la biodisponibilità di alcuni Sali minerali, così come può modificarsi la biodisponibilità in funzione dell'attività fisica, agonistica svolta dall'organismo piuttosto che uno stato nutrizionale di salute e lo stress ambientale.

Quindi questi sono tutti FATTORI INTRINSECI, FATTORI FISIOLOGICI legati al nostro organismo e poi ci sono i FATTORI ESTRINSECI come la forma chimica, il cromo 6, la forma esavalente è solo un metallo tossico, non è il cromo 3 → lo stato di ossidazione del cromo da cromo 3 a cromo 6 → fa passare da nutriente a tossico. La solubilità, si considera un pezzetto di marmo, un sale di calcio, ma è solubile così come lo si assume, questo verrà eliminato

LA PRESENZA DI CHELANTI, ad es, l'acido fitico contenuto nella fibra insolubile, gli ossalati, l'ossalato di calcio è insolubile → sbagliato mettere insieme spinaci che contengono gli ossalati e calcio dei formaggi → si forma l'ossalato di calcio che non verrà assorbito mai. Se un antagonismo competitivo e non con altri metalli, quindi c'è un antagonismo trA ZINCO, RAME, FERRO → tutti metalli bivalenti positivi. Se si assume, per cercare di ridurre la sintomatologia delle malattie da raffreddamento degli integratori a base di zinco, si potrebbe andare incontro (in tempo prolungato e a dosi molto elevate, ad un'anemia ferropriva, perché si assorbe lo zinco in grande quantità, c'è un antagonismo competitivo con il ferro, passa lo znco perché in grande quantità, perché viene assunto tutti i giorni e il ferro non viene assorbito. Quindi Ci sono fattori intrinseci ed estrinseci, quindi legati agli alimenti che regolano la biodisponibilità dei Sali minerali.

CAPITOLO 4

Proseguendo con i Sali minerali:
MACROELEMENTI, i Sali minerali sono contenuti nel nostro organismo in una percentuale del 6%, quindi si può dire che si ha una parte minoritaria di Sali minerali: alcuni sono chiamati macroelementi, perché più rappresentati nel nostro organismo, altri vengono chiamati microelementi o addirittura elementi in traccia o ultratraccia se sono presenti in quantità molto piccole. L'apporto di Sali minerali con la dieta deve essere proporzionale alla quantità del minerale presente nell'organismo. Se si pensa al minerale che viene apportato di più sarà sicuramente il CALCIO, Il minerale che si apporta di meno si pensa al cromo, manganese che sono cosiddetti ultratraccia.

Si parla di SODIO:

di sodio nell'organismo ve n'è circa 1 kilo e mezzo, che è una bella quantità e il sodio dal punto di vista dietetico, si **divide in sodio discrezionale e quello non discrezionale**:

- **IL SODIO NON DISCREZIONALE** è il sodio che è naturalmente contenuto negli alimenti, se si prende una fetta di anguria, una fetta di insalata, di spinali, il sodio è naturalmente presente all'interno. Se si va a prendere una fetta di carne, ovviamente c'è del sodio naturalmente presente nella carne. Questo sodio, si può decidere di diminuirlo? no in quanto quanto ve n'è, resta, analogamente per l'acqua si può scegliere acqua povera di sodio, però nell'acqua un po di sodio è presente, quindi non si può pensare di bere acqua distillata e non si può pensare di togliere il sodio dall'acqua. In modo analogo se si va a prendere un alimento che deriva da un processo tecnologico di preparazione, si suppone di comprare una zuppa di legumi già preparata, anche in quel caso il sodio è presente nel prodotto alimentare e non si può decidere di abbassare la quantità di sodio apportata, →questo è il sodio non discrezionale, sodio che non è a discrezione del consuamtore, ossia sodio che non si può togliere dal prodotto.
- Al contrario esiste il **SODIO DISCREZIONALE,** il sodio del salino, quello che si mette sulle aptatine fritte, quello che si può può mettere nella cottura della pasta, nella bollitura della pasta, quello che si aggiunge durante la cottura della carne, quello è sodio discrezionale.

Il sodio nell'organismo è FORTEMENTE rappresentato, IL SODIO FA BENE O FA MALE? È un sale minerale che è rappresentato abbondantemente nel nostro organismo e per il quale si riesce a colmare il fabbisogno dell'organismo grazie solo al sodio non discrezionale, quindi si riesce a colmare il fabbisogno di sodio giornaliero, grazie al sodio naturalmente presente negli alimenti, quindi qual è il messaggio indiretto? bisognerebbe abolire se non ridurre al minimo il sodio discrezionale, quindi si può decidere di fare bollire la pasta con un cucchiaino di sale, ma se si ha un palato abituato a mangiar ei nsipido, non si avverte

Il sodio salino bisogna dimenticarlo, in quanto il sodio non discrezionale è sufficiente per colmare il fabbisogno di sodio nel nostro organismo. Quindi è importante ricordare questo aspetto: sodio discrezionale e quello non discrezionale.

IL CALCIO rappresenta è il 2% dell'organismo umano ed è un'elevata percentuale. Il 99% è contenuto in ossa e denti e si ha circa 1 kilo e 2 di calcio nell'adulto e per l'1% è contenuto nei tessuti molli e nel sangue, infatti se nelle sosa e nei denti il calcio ha una funzione plastica, quindi una matrice minerale del tessuto, perché fa parte della matrice minerale del tessuto osseo e ha per quanto riguarda il calcio presente nei tessuti molli che è solo l'1% ha la funzione di regolare l'eccitazione e la concentrazione del muscolo, regolare la permeabilità della membrana cellulare, liberare e attivare ormoni come insulina ed enzimi digestivi, attivare la protombina.

Quindi le funzioni svolte dal calcio nei tessuti molli e nel sangue sono molteplici e tutte assolutamente fondamentali. Ieri si è parlato **di biodisponibilità citando fattori intrinseci ed estrinseci:**

Quelli estrinseci sono correlati agli alimenti, **quelli intrinseci sono** correlati all'ambiente, all'età, alle condizioni fisiche di un organismo. Quindi i fattori intrinseci, in questo caso l'età è un fattore molto importante nella biodisponibilità del calcio, ad es. nelle donne in gravidanza ed in allattamento c'è un maggior fabbisogno di calcio e quindi vi è un aumento dell'assorbimento del calcio. Durante la gravidanza l'organismo della donna si modifica fortemente int tutti gli apparati e anche nella biodisponibilità nei confronti di certi nutrienti, quindi la donna in gravidanza poiché ha bisogno di un maggior fabbisogno di calcio, l'organismo della donna in gravidanza che ha un maggior fabbisogno di calcio porta ad avere un aumento dell'assorbimento del calcio stesso oppure altro fattore intrinseco, sempre l'età, ma che non riguarda la gravidanza e l'allattamento, bensì la terza età, ad es. negli anziani a causa di una riduzione della sintesi dell'1-25 didrossicolecalciferolo che è la vitamina D nella sua forma attiva c'è una riduzione dell'assorbimento del calcio. Una delle problematiche, patologie che colpiscono la terza età è l'osteoporosi, fragilità dell'osso che si verifica a cAUSA di perdita di massa ossea. Quindi anche la riduzione nell'assorbimento del calcio è un qualche cosa che è responsabile della diminuzione dell'assorbimento di questo sale minerale, quindi è molto importante considerare l'età che è i lfattore intriseco correlato all'assorbimento

Tra i fattori estrinseci **vi è l'antagonismo con altri metalli** → caso dell'introduzione prolungata di zinco ad alti livelli, perché deve introdurre zinco ad alti livelli? perché si potrebbe fare tramite un integratore alimentare. Lo zinco è noto per avere un'azione di protezione nei confronti di alcune patologie, quindi riduce l'assorbimento del calcio e si riduce in presenza di elevati livelli di zinco che è un catione bivalente positivo, si riduce l'assorbimento di calcio, ma anche di magnesio per competizione con i siti di assorbimento a livello intestinale quindi è importante ricordare che l'apporto dei Sali minerali deve essere bilanciato perché se si va ad apportare troppo di un sale minerale si può rischiare di avere un' antagonismo competitivo che porta a far assorbire il sale minerale presente in eccesso a sfavore dei Sali minerali presenti in difetto o in quantità minore.

D'altro canto, questa cosa dell'antagonismo con gli altri metalli si vedrà anche per lo zinco, il rame, stagno ed il ferro, quindi tutti cationi bivalenti positivi sono in competizione tra di loro e quindi se dovesse esserci un eccesso di assunzione di calcio per assurdo con la dieta, si potrebbe avere un antagonismo competitivi con altri cationi bivalenti positivi. Quando si può avere un eccesso di calcio con la dieta, quanto un eccesso di calcio con l'organismo?

Lo si può avere quando si ha un'assunzione impropria di vitamina D, si suppone di assumere tramite un integratore alimentare quantità troppo elevate di vitamina D. Con quantità troppo elevate di vitamina D si può arrivare ad un'assorbimento maggiore di calcio con la dieta maggiore e questo porta alla calcificazione di tessuti molli e questo è grave, perché la calcificazione dei tessuti molli porta anche alla morte.

C'è stato un caso in Giappone, molti anni fa DI LATTI per l' INFANZIA, un lotto di latti per l'infanzia nei quali si era sbagliato ad aggiungere la vitamina D, ed era stata aggiunta in quantità troppo elevata, nei lattanti che avevano assunto questo latte troppo ricco di vitamina D, ma per sbaglio, si erano verificati casi di morte, perché questi neonati avevano assunto troppa vitamina D, quindi avevano assorbito troppoc calcio, conseguente calcificazione dei reni che aveva portato ad un'insufficienza renale ed alcuni neonati erano morti. ALTRO CASO di **elevato apporto di calcio** è nei **soggetti affetti da ulcera peptica**, per cui in questi soggetti c'è un elevato contenuto di calcio e questo è grave perché può esserci la calcificazione dei tessuti molli.

Poi altri fattori estrinseci riguardano la presenza di altri nutrienti con la dieta, ad es. un adeguato apporto di PROTEINE con la dieta porta da un lato ad un aumento dell'assorbimento di calcio, ad un aumento anche della deposizione di calcio a livello osseo. Al contrario un eccessivo apporto di lipidi con la dieta porta ad una riduzione dell'assorbimento intestinale di calcio. Quindi dire che è necessaria una dieta corretta ed equilibrata che apporti le giuste quantità di proteine e di lipidi è molto importante perché permette di avere anche un corretto assorbimento del calcio. Un adeguato apporto di proteine con la dieta porta ad un aumento intestinale del calcio e anche una deposizione del calcio, perché le proteine, soprattutto se di alto valore biologico nutrizionale spesso si accompagnano alla vitamina D.

Le fonti di vitamina D sono sostanzialmente la carne ei formaggi perché sono alimenti che hanno un contenuto di deidrocolesterolo e colecalciferolo che poi viene trasformato nell'organismo, quindi una dieta corretta, influenza di altri nutrienti è molto importante in quanto c'è un bilanciamento tar tutti i nutrienti.

Un **altro fatto estrinseco è la presenza di chelanti** → AD ES. L'acido fitico piuttosto che quello ossalico, sono in grado di chelare i metalli bivalenti positivi. Quindi se si forma il fitato di calcio, il fitato di zinco, il fitato di rame o ossalato di calcio che sono insolubili. Questi non sono più direttamente utilizzabili dall'organismo e si trovano in forma non assorbibile

LA FORMULA DELL'ACIDO FITICO →CICLOESANO con degli OH ALCOLICI esterificati con acido fosforico e si ha appunto quello che è l'acido fitico, rappresentato da un alato come un composto antinutrizionale, quindi chelando i metalli bivalenti positivi porta ad averesostanzialemnte una diminuzione dell'assorbimento ed è anche un composto antiossidante che ha comunque un risvolto positivo.

IL CALCIO → è ovviamente il tipico nutriente apportato dal latte e dai latticini al punto tale che se si ricordano i 7 gruppi nutrizionalmente omogenei → vi è il gruppo di latte e derivati visono i latticini con i latte che è fonte di calcio.

IL MAGNESIO: è presente in tutti gli alimenti e quali sono gli alimenti che hanno un maggior contenuto di magnesio? sicuramente verdura e ortaggio e cereali integrali e **perché si parla di cereali integrali?**

IMPORTANZA DELL'ASSUNZIONE DEI CEREALI INTEGRALI → a quale nutriente si pensa maggiormente? È importante assumere i cereali integrali, mangiare fiocchi d'avena, mangiare pasta integrale o riso integrale perché? Si da un buon apporto di magnesio, se si dovesse pensare a qualcos'altro? → viene consigliato dai nutrizionisti di assumere degli alimenti integrali? perché sono ricchi di fibre, ma sono anche importanti per il contenuto di Sali minerali. Quindi i cereali integrali sono importanti in primis per il contenuto di fibre, ma sono anche importanti per il contenuto di Sali minerali (si sta parlando del magnesio, ma ne**lla PARTE CORICALE del chicco DEI CEREALI** ci sono concentrati Sali minerali e anche vitamine e quindi non soltanto per il contenuto di fibre. Quindi i cereali sono ricchi di fibra, ma non è solo fibra la parte corticale dei cereali, ma anche Sali minerali e vitamine. → è importante capire le fonti alimentari dei nutrienti che tanto sono per noi importanti.

IL MAGNESIO è molto presente nei vegetali ed in molti vegetali come parte della clorofilla, infatti è presente al centro del nucleo pirrolico della clorofilla, il magnesio assunto con i vegetali verdi, quindi quello presente nella clorofilla è un magnesio più biodisponibile, perché nel momento in cui si assumesse del magnesio Mg Pu, IN PRESENZA DI OSSALATI E FITATI, questo viene chelato ed eliminato dall'intestino, perché insolubile e viene via. Al contrario il magnesio che arriva come clorofilla, ossia al centro del nucleo pirrolico della clorofilla è come se fosse protetto dalla chelazione da parte dell'acido fitico e degli ossalati e quindi è più biodisponibile.

Questo concetto lo si vedrà del tutto uguale in tutto e per tutto, per il ferro cosiddetto eme, il ferro al centro dell'emoglobina pur essendo bivalente, quindi un ferro potenzialmente chelabile e potenzialmente potrebbe essere eliminato perché reso insolubile dalla chelazione con l'acido ossalico piuttosto che con l'acido fitico, invece lo si protegge all'interno del nucleo dell'emoglobina, quello porfirinico dell'emoglobina e quindi è facilitato il suo assorbimento.

Altre fonti di MAGNESIO, la frutta → dire che è fonte di magnesio è forse un po' impropio, in quanto la frutta è fonte di tutti i Sali minerali, così come i cereali e la verdura. Quindi la frutta e fonte di tuti i sali minerali e quindi anche di magnesio → carne e pesce per un 14 % → latte e derivati per un 12 %.

IL FERRO

Il ferro è lo 0,5 % del peso corporeo → si ha una quantità di ferro nell'uomo e nella donna che è dovuto più che altro alla presenza di emoglobina e di mioglobina, quindi il ferro è per il 75% come ferro EME e il 25 % come ferro NON eme come forma di deposito, come enzimi di trasporto come la lattoferrina che trasporta il ferro.

IL FERRO è presente sia negli alimenti di origine vegetale che animale. Negli alimenti di origine animale, il ferro è presente come ferro eme e costituisce la maggior parte del ferro presente in questi alimenti, come carne e pesce ed è assorbito per circa il 25%, quindi cosa si verifica? **Il ferro eme è un ferro non chelabile dai chelanti** perché è racchiuso nel nucleo porfirinico dell'emoglobina, è un ferro più biodisponibile. Il ferro eme all'interno di carne e pesce è rappresentato dal 40-50%, cosa vuol dire? che il 40-50% è nell'emoglobina o nella mioglobina ed il resto è ferro libero. L'assorbimento globale del ferro della carne e del pesce è del 25%. Nei vegetali, nelle uova, nel latte e nei latticini, il ferro è presente al 100 % come ferro non eme perché nelle uova non c'è l'emoglobina, così come non c'è nei latticini. Si osserva l'assorbimento e vi è una forchetta di percentuale di assorbimento molto ampia →nella carne vi è un secco 25 %, mentre nei vegetali è assorbito per dall'1 al 13%.

PERCHÈ NELLA CARNE vi è 50% di ferro eme e 50 % di ferro non eme e l'assorbimento è del 25 %, vuol dire che non c'è un grande assorbimento e anche il ferro eme che è pure più biodisponibile è comunque assorbito poco, globalmente se si mangia una bistecca, se si ha dentro 100 di ferro, si assorbe il 25%. Nei vegetali vi è solo ferro non eme, che non sta nel nucleo porfirinico, non è protetto dagli agenti chelanti ed è biodisponibile per una percentuale che varia dal 2 al 13 %. Il ferro non eme è quello che viene non accumulato, ma assorbito.

LA DOMANDA è: perché nella carne è stata data una percentuale secca del 25% e con i vegetali vi è un range di assorbimento ampio tra il 2 ed il 13, ed il 2 è pochissimo e il 13 è poco anche lui, ma un po' di più. Perché da un lato vi è un valore secco e dall'altro vi è una forchetta molto ampia.

Prendendo il caso **dei vegetali, delle uova, del latte, dei latticini perché è tra 2 e 13? è dovuto alla dieta.**

Se io assumo degli spinaci che contengono ferro, se si assume ferro con alimenti di origine vegetale, si ha la possibilità che gli altri nutrienti contemporaneamente presente al ferro non eme svolgano una funzione di chelazione o che portano a diminuire o aumentare il contenuto di ferro assorbito. L'età ha un effetto sia sull'assorbimento della carne, sia sull'assorbimento del ferro della carne, sia sull'assorbimento del ferro dei vegetali →l'effetto potrebbe essere uguale. Quindi la cosa importante è che sostanzialmente si ha che negli alimenti di origine animale c'è meno variabilità perché è minore la % di ferro il cui assorbimento viene modificato dai componenti della dieta.

Quindi se si legge, l'assorbimento del ferro non eme dipende dalla contemporanea presente di fitati, di fenoli e tannini che ne inibiscono l'assorbimento oppure di acido ascorbico che riducendo il ferro 3 a ferro 2, ne aumenta l'assorbimento. Quindi perché la forchetta è così ampia? la spiegazione è data dal fatto che il ferro non eme nei vegetali rispetto alla carne, si ha un assorbimento maggiore da un lato e minore dall'altro, ma la forchetta è ampia in tutti e due i casi → invece si è verificato un fatto →quindi bisogna **comprendere l'influenza della matrice alimentare**

ACCOPPIAMENTO SPINACI CON FORMAGGIO → che non funziona, mentre mangiare spinali con limone che contiene vitamina C è sicuramente un'ottima idea, perché la vitamina C con l'azione riducente porta a ridurre il ferro 3 in ferro 2 che è più bio disponibile.

FATTORI INTRINSECI → ETÀ, ma è importante sull'assorbimento di ferro non eme, quindi quello meno biodisponibile, infatti nell'anziano vi è una riduzione di secrezione gastrica di acido cloridrico e quindi vi è un pH meno acido che sfavorisce l'assorbimento di ferro. Quando si parla di fibra prebiotica, utilizzata dai microrganismi del microbiota intestinale per la produzione di butirrato, acido propionico e acetico, si dirà che la fibra prebiotica, proprio perché a livello colonico si ha un pH acido e non basico, quindi è un pH che sfavorisce l'assorbimento ad es. del ferro, al contrario la presenza dei metaboliti, dei batteri, ossia acidi carbossilici, come acido butirrico, propionico che sono sostanzialmente acidi carbossilici, quindi acidi grassi a corta catena, favorisce l'assorbimento di ferro anche a livello colonico (cosa che non avverrebbe normalmente perché a livello coloncio vi è un pH basico)

Quindi l'assorbimento di ferro è favorito dal pH acido, a livello dello stomaco, negli anziani, per una riduzione della secrezione gastrica di acido cloridrico c'è un aumento di pH e una riduzione del ferro non eme, ossia quel ferro che al contrario del ferro eme è meno biodisponibile

LA BIODISPONIBILITÀ DEL FERRO È UNA SORTA DI BILANCIO tra una serie di fattori che possono essere causa o di incremento o di decremento dell'assorbimento, quindi carenze di ferro →sideropenia e in italia le carenze di ferro sono molto diffuse. Ci sono facili popolazioni a rischio come i neonati pretermine, i lattanti gli adolescenti, le donne in età fertile, le donne in gravidanza che sono fasce di popolazione a carenza di ferro e sono particolarmente sensibili alla carenza di ferro e quindi per queste fasce di popolazione sarà necessario un corretto apporto con la dieta.

Si fa un'osservazione su questa lista di popolazioni a facile perdita di ferro → i neonati pretermine sono dei neonati che nascono o prima della fine della gestazione o piccoli alla nascita con un peso inferiore ai 2,5 kilogrammi e i neonati pretermine hanno un fabbisogno molto amggiore di Sali minerali in generale, ma soprattutto di ferro pur nel rispetto di un emuntorio renale immaturo che quindi non deve essere troppo gravato. Quindi non bisogna uamentare necessariamente in modo sproporzionato l'apporto di Sali minerali, ma bisogna apportare Sali minerali fortemente più biodisponibili, quindi basse quantità, ma più biodisponibili.

PERCHÈ LE DONNE IN ETÀ FERTILE sono a maggiore rischio di carenza di ferro, perché c'è una perdita ematica che comporta perdita di sangue, di emoglobina e deve ristabilirsi la quantità di ferro dopo le perdite ematiche che avvengono con i l ciclo mestruale

CROMO → c'è il cromo 3 del quale solo recentemente si è compresa l'importanza, proprio perché la % di cromo assorbita è molto bassa, e dipende dallo stato nutrizionale e dall'apporto con la dieta. Un tempo, proprio perché la % di cromo assorbita era particolarmente bassa, si pensava che il cromo fosse un metallo non essenziale, oggi si è capito che il cromo è un metallo essenziale, ma bisogna dividere tra cromo 3 e cromo 6. Il cromo 3 è stossicoolo ad alte dosi, mentre il cromo 6 è tossico anche a piccolissime dosi, quindi in questo caso lo stato di ossidazione è estremamente importante → il ferro3 non è certo tossico, ovviamente cromo 3 e cromo 6 si sta parlando del giorno e della notte, si sta parlando di un metallo essenziale e fortemente tossico, provoca dermatiti, ulcere cutanee e carcinomi. Il ruolo è stato compreso solo recentemente perché si pensava che essendo scarsamente assorbito fosse un metallo tossico e non essenziale, oggi si sa che agisce potenziando l'azione dell'insulina e aumentando il metabolismo dei carboidrati in particolare, infatti è possibile osservare prodotti dimagranti che contengono il cromo che ha quest'azione a livello del metabolismo dei carboidrati

IL RAME, anch'esso ha un doppio stato di ossidazione, ed è presente come 1+ o 2+ ed ha enzimi importanti come la superossido-dismutasi, la SOD che è molto importante in quanto in grado di neutralizzare i composti radicalici dell'ossigeno che causano stress ossidativo. IL RAME interviene nel metabolismo energetico e interviene nella produzione del tessuto connettivo, nella sintesi di peptidi neuroattivi, nella catena respiratorio, nella funzionalità cardiaca quindi il rame ha tantissime funzionalità e fa parte di tutti questi enzimi e facendo parte di tutti questi enzimi, il rame interviene in qualche maniera in tutte queste vie metaboliche →qual è la maggiore fonte di rame con la dieta? Sicuramente alcuni tessuti come la carne è una buona fonte di rame, all'interno della carne in genere, il fegato, cervello, sangue, cuore e reni sono fonte di rame, in quanto sono ricchi di rame. Oggi giorno Il cervello dei bovini non è più permesso come alimento e questo si è verificato da quando c'è stato il problema della mucca pazza, patologia che ha colpito i bovini parecchi anni fa → si tratta di un'infezione che si andava a concentrare a livello del cervello che è stato abolito come alimento.

L'assorbimento del rame anche in questo caso ha una forchetta molto ampia e la ragione è quella di prima, perché ovviamente se gli altri alimenti assunti contemporaneamente con le fonti di rame sono tali da portare ad una chelazione del rame, ovviamente l'assorbimento sarà basso, perché poco rame sarà disponibile all'assorbimento, al contrario se tanti alimenti saranno disponibili all'assorbimento, allora daranno una maggiore disponibilità all'assorbimento del rame, allora si avrà una % di assorbimento maggiore che si avvicina addirittura al 70 %, quindi una percentuale molto alta.

Le carenze di rame sono presenti nei neonati pretermine, bambini malnutriti, qualora ci sia una nutrizione parenterale, è difficile possano instaurarsi delle carenze e quando c'è un antagonismo competitivo con lo zinco.

IL RAME DA TOSSICITA? Ovviamente si

Il diagramma di Beltrand pur cambiando le unità di misura/i numeri presenti sull'asse delle ascisse è applicabile a tutti i Sali minerali e nutrienti. Il rame può essere tossico, sia con una tossicità acuta che cronica se ingerito accidentalmente tramite bevande, perché un tempo si utilizzavano per la preparazione di bevande come la birra ecc.. dei contenitori di rame. Un tempo nei birrifici non c'era l'acciaio, ma c'era il rame, botti di rame che portavano la birra da una vasca all'altra di fermentazione.

Se la bevanda era una bevanda di tipo acido queste condutture di rame piuttosto che i contenitori di rame, rilasciavano il rame e si beveva la birra insieme al contenitore o al tubo perché il rame veniva rilasciato dalle tubazioni, contenitori, quindi dai bicchieri nella bevanda.

Bere del vino con un pH pari a 3-3,5 in un calice di rame è assolutamente sconsigliato altrimenti si beve anche il camice, quindi è improtante che non ci sia ingestione accidentale con questi contenitori. Oggi giorni tutte le condutture di rame dei birrifici sono stati sostituiti dall'acciao. Prima si utilizzava il paiolo di rame per la preparazione di alcuni alimenti, ma spesso non erano alimenti acidi e non c'era rilasciato di rame. È passata alla storia l'intossicazione di un'intera comunità africana che erano in una zona dell'africa in cui vi erano delle popolazioni autoctone e primitive che preparavano una sorta di bevanda fermentata che era una specie di birra in contenitori di rame ed è passata alla storia, la storia di questa tribù che era stata decimata a causa di questa tossicità acuta da rame dovuta al fatto che preparavano questa bevanda all'interno di contenitori. Oltre alla tossicità acuta da ingestione accidentale di bevande rame, può esserci un'ingestione volontaria e anche una tossicità di tipo cronico.

La distribuzione del verderame che altro non era che solfato di rame ai fini di evitare la presenza di insetti, funghi e microrganismi che potevano portare ad una degradazone di alcuni vegetali come i pomodori e quindi si distribuiva il verde rame che altro non era che il verderame oppure sull'uva per evitare che la presenza di microrganismi portasse alla degradazione di grappoli di uva, quindi bisogna stare attenti alla presenza di questo solfato di rame e lavare accuratamente questi vegetali affinchè non ci sia solfato di rame sui vegetali

ZINCO:

Nell'uomo vi è una piccola quantità di zinco che si trova prevalentemente nel muscolo striato, nelle ossa, nella cute e nel sangue e sicuramente la carne è una buona fonte di zinco, quindi le maggiori fonti sono rappresentate da carne uova pesci e latte e dal 10 al 40 % di zinco alimentare viene assorbito a livello intestinale. I fattori intrinseci ed estrinseci → i chelanti lo diminuiscono, l'antagonismo competitivo lo diminuiscono e al contrario le proteine animali lo favoriscono. I fattori intrinseci sono connessi con l'assunzione di farmaci e interagiscono negativamente con l'assorbimento di diuretici, tetracicline e contraccettivi orale.

È meglio l'assunzione di integratore monominerale, ossia quello di calcio, ferro o zinco o è meglio l'integratore multiminerale? se c'è antagonismo tra i diversi minerali contenuti negli integratori alimentari, a questo punto, quali realmente sono assorbiti?

a questa domanda in un caso e nell'altro ci sono vantaggi e svantaggi, ecco perché non c'è una vera risposta è meglio l'integratore monominerale o multiminerale, anche se tutto sommato in questo contesto francamente proprio per la presenza dell'antagonismo competitivo, i multiminerale (la maggior parte di integratori alimentari sono multiminerale) è un tipo di approccio che è migliore, perché apportando tutti i Sali minerali contemporaneamente non c'è il rischio, tutti e in modo in b, ilanciato, perché se si osserva l'etichetta di un integratore multiminerale non si osserva che il rame, lo zinco, il manganese, il cromo vengano apportati nella stessa quantità, ognuno viene apportato nella quantità corrispondente ai livelli di assunzioni raccomandati, ossia ai famosi LARN.

Quindi effettivamente questo antagonismo competitivo c'è, è un problema e probabilmente l'assunzione di un multiminerale è la risposta giusta, perché lei indipendentemente dalla dieta che già dovrebbe colmare il fabbisogno, si apporta un surplus di Sali minerali che comunque sono apportati in modo bilanciato, quindi sono assorbiti tutti in quantità bilanciate.

AD ES: Partendo dal calcio che ha la necessità di essere assorbito. L'organismo sa quanto assumere dei componenti della dieta che noi introduciamo, se introduciamo una dieta corretta e se si dovesse bere la birra con dentro il rame, è ovvio che non è una dieta normale, ma è una contaminazione di una bevanda chimica con il rame e l'organismo di fronte a quantità eccessive di rame va a finire che assorbe molto rame, ALLORA l'organismo di fronte a quantità eccessive di rame ovviamente a causa della saturazione con il rame dei siti di assorbimento a livello intestinale va a finire che assorbe un sacco di rame.

Così come accade con gli alimenti e con gli integratori alimentari che appunto contengono non tutti i Sali minerali nelle stesse quantità, si osserva sull'integratore → Quando si osservano i Sali minerali, questi sono presenti in quantità differenti e sono presenti nelle quantità giuste in relazione ai livelli di assorbimento previsti.

Si parla invece **dello IODIO** che è un MINERALE importantissimo perché gli ormoni tiroidei lo contengono nella molecola, quindi se si ha una carenza iodica è un problema, perché se si devono sintetizzare gli ormoni tiroidei di cui lo iodio è componente, non si possono sintetizzare gli ormoni tiroidei → quindi tutto quello che è regolato dagli ormoni tireoidei, come la termogenesi, il metabolismo glucidico, protidico, lipidico, quindi la sintesi proteica, quella del colesterolo, il tutto va ad essere squilibrato, la carenza iodica, oggi giorno, grazie al sale iodato è molto rara, perché il sale iodato costa un po' in più del sale normale.

Il sale iodato è a tutti gli effetti un alimento fortificato che è appunto un alimento he si può assumere senza accorgerci di assumere iodio, si assume questo elemento, quindi è molto importante. La carenza iodica a cosa porta? La carenza iodica porta ad un malfunzionamento della tiroide e a problematiche di tipo di apprendimento, di capacità di memoria, di attenzione. Quindi è molto importante che non ci sia carenza iodica. La problematica si manifesta ancora oggi nelle donne in gravidanza,

perché se c'è una marginale carenza iodica nella donna durante la gravidanza, è stato dimostrato che il neonato della donna che ha avuto queste carenze in età scolare manifesta difficoltà di apprendimento, quindi si comprende che è assolutamente importante evitare questo aspetto (si diceva che u bambino che non andava bene a scuola, era un bambino che dal punto di vista caratteriale ha difficoltà, ma oggigiorno si è data una spiegazione a questo comportamento particolare di bambini che hanno difficoltà ad apprendere nella lettura, ad apprendere a scrivere e si è andati a capire che un eventuale carenza iodica in gravidanza poteva tradursi in una carenza nel neonato che continuava a manifestarsi anche in età scolare.

Sono stati fatti degli studi e bisogna stare attenti a questo discorso della carenza iodica. Lo iodio è facilmente assorbito a livello dell'intestino tenue come ioduro dove poi è trasportato nel plasma dove arriva al sito d'azione, vengono sintetizzati gli ormoni tireoidei che svolgono la loro azione.

QUALI SONO I FATTORI INTRINSECI ED ESTRINSECI che regolano la biodisponibilità? sono le sostanze gozzigene che sono i tiocianati, gli isotiocianati che si trovano nei cavoli, nei cavolfiori, quindi nei vegetali del genere delle brassicacee. Queste sostanze riducono la captazione dello iodio inorganico alimentare che è la maggiore fonte dello ioduro → quindi un rimedio è il sale iodato, perché aumentando l'apporto di iodio anche in presenza di una dieta ricca di vegetali può esserci un adeguato assorbimento. Tra i fattori intrinseci vi sono i sulfamici che impediscono o riducono l'assorbimento dello iodio

IL SELENIO → il glutatione, alcune metalloproteine, le perossidasi sono tutti componenti delle nostre difese antiossidanti e ci sono territori nel mondo nei cui terreno non c'è selenio o una quantità molto piccola di selenio →LA **PATATA SELENELLA** è ricca di selenio, perché il terreno viene concimato con Sali di selenio

Il contenuto di alimenti siano essi di origine animale che vegetale dipende dal contenuto di selenio presente nel terreno, quindi in Canada piuttosto che nella penisola scandinava, piuttosto che nella mongolia a Nord della Cina, ci sono terreni che sono poveri di selenio. Nei paesi occidentalome in finlandia, il canada i si cucina con il selenio, mettendo il selenio nel terreno in modo che gli alimenti che ne derivano siano alimenti a normale contenuto di selenio.

Al contratrio in Cina vi era quel famoso villaggio dove tutta la popolazione era colpito dal morbo di kescan che deriva dalla carenza cronica di selenio. Quindi è importante ricordarsi dell'aspetto del selenio, che è un microelemento e non se ne ha bisogno molto, ma il giusto. Noi non abbiamo carenze di Selenio perché in Italia tutti i vegetali prodotti sono tutti ad alto contenuto di selenio, quindi anche le carni, perché l'erba di bovini e ovini ha un giusto contenuto di selenio, quindi anche le carni hanno un giusto contenuto di selenio, perché si rischia la patata selenella, un integratore multiminerale con il selenio e di prenderci una dieta corretta e poi vengono fuori dermatiti che non si sa da cosa derivano e sono sono dermatiti da eccesso di selenio

QUANTO È ASSORBITO? dipende dalla forma del nutriente, nel passato relativamente al selenio si usavano dei Sali inorganici di selenio e menomale perché si mettevano dentro quantità di selenio abbastanza elevate e questi Sali erano poco assorbiti altrimenti si avevano molte dermatiti ed intossicazioni da selenio.

Oggi si utilizzano dei seleniati inorganici che sono più biodisponibili e per questo si è fortemente diminuita la quantità di selenio presente negli integratori, perché se se ne mette troppo poi c'è quel famoso squilibrio di cui si parlava anche prima.

IL FLUORO è importante perché è presente nei denti e nelle ossa e serve per ll'integrità dello scheletro e la prevenzione delle carie. Per qquanto riguarda i denti → La profilassi con il fluoro, è cominciata già prima di quando eravamo piccoli, quindi sicuramente è stata fatta una profilassi con il fluoro, ha aiutato a ridurre l'incidenza della carie. I denti o meglio lo smalto dei denti è costituito da idrossiapatite. Se si assume del fluoro, l'idrossiapatite diventa fluoroapatite, a differenza dell'idrossiapatite è più resistente all'attacco degli acidi, ecco perché si fa la profilassi con il fluoro che ha la funzione di essere particolarmente importante perché dall'idrossiapatite si passa alla fluoroapatite, più dura e resistente -all'attacco degli acidi

IL PROCESSO CARIOGENO → la carie è una patologia che colpisce i denti, i quali a causa dell'azione degli acidi prodotti dai microrgsnismi cariogeni, come lo streptococcus mutans, lo streptococcus obrinus e altri streptococci cariogeni → da origine ad una demineralizzazione, prima dello smalto, poi dell'intero dente che che porta alla formazione della lesione cariosa.

Mangiamo:

Parte dei carboidrati vengono trasformati in quelli che sono i carboidrati che costituiscono la placca dentale che si depone sul dente e nella placca si depositano i microrganismi cariogeni. Quando si assume il saccarosio che è l ozucchero più cariogeno che esiste, i microrganismi cariogeni utilizzano i lsaccarosio producendo acido lattico, in qualità di acido lattico, è un acido carbossilico, è un acido che porta ad avere la demineralizzazione dello smalto, poi quella del dente, la formazione della placca dentaria vera e propria. Questo è il processo della carie, che è un processo molto importante e se la carie non è curata può portare addirittura alla perdita del dente.

La fluoroapatite essendo più resistente dell'idrossiapatite p particolarmente importante perché permette di avere uno smalto più resistente all'azione dell'acido lattico. Quindi se si ha la fluoroapatite lo smalto è più resistente all'azione demineralizzante dell'acido lattico e pertanto si ha una maggiore resistenza alla formazione della carie, ma se da un alto il fluoro è improtante per denti e ossa, d'altro canto se si si assume troppo fluoro non va bene, perché si può avere la cosiddetta fluorosi che può avere due livelli, quella dentale, che è un qualche cosa che porta ad averemacchie gialle sui denti, quindi se l'apporto di fluo è elevato e quindi la fluorosi dentale, porta a macchie gialle sui denti che provocano un inestetism oche non rappresentano un pericolo per la salute

Se la fluorosi è quella OSSEA, che si verifica in paesi incui ci osno i vulcani →in quanto è stata trovata la fluorosi ossea nei resti delle persone di pompei, la fluorosi ossea al contrario è un problema importante perché la fluorosi ossea è un problema che al contrario è un problema perché porta ad una deformazione delle ossa e ad un problema di fragilità ossea.

CAPITOLO 5

Cosa sono gli alimenti, quali sono gli alimenti nutrizionalmente omogenei, si è parlato della parte relativa all'acqua dando grande importanza all'activity water, differenza tra acqua potabile e minerale, classificazione di acqua minerale, acque minerali con particolari proprietà anche se sono alcune possono essere riferite in etichetta, sono stati considerati i Sali minerali con il concetto di essenzialità e tossicità e si è parlato dei singoli Sali minerali.

Ora che si parlerà delle vitamine, se ne considerano dal punto di vista delle proprietà che essere hanno nell'organismo e si parlerà delle fonti alimentari e della sensibilità delle vitamine alla luce, all'ossigeno, alla T tali per cui il contenuto di vitamine in un prodotto alimentare può cambiar e in seguito alla tipologia di conservazione o di trattamento tecnologico di preparazione o di trattamento casalingo /culinario e poi si considereranno le singole vitamine

Quando si parlerà dei carboidrati piuttosto che quando si parlerà dei lipidi e delle proteine si farà una classificazione tenendo conto della struttura chimica. Nel caso delle vitamine non è possibile fare una tipologia di classificazione che tenga conto della struttura chimica, perché le vitamine hanno delle strutture chimiche estremamente eterogenee, quindi cosa hanno pensato i chimici degli alimenti quando si doveva introdurre il concetto di vitamine? Essi hanno pensato di classificarle sulla base non della struttura chimica, bensì di una proprietà chimica -fisica, ossia delle proprietà di idro o lipofilia. Quindi per classificare le vitamine, si utilizza questo concetto, ossia si dividono le **vitamine in vitamine liposolubili e quelle idrosolubili.**

LE VITAMINE LIPOSOLUBILI sono **la vitamina A, la vitamina D, quella E e quella k**

Le vitamine IDROSOLUBILI sono quelle **del gruppo B e la vitamina C**

Quindi le vitamine sono degli importantissimi **nutrienti organici, sono dei micronutrienti.**

COSA È UN MICRONUTRIENTE AI FINI DELL'APPORTO?

Quindi si hanno dei nutrienti che sono dei macronutrienti e dei micronutrienti, quando si dice che le vitamine sono dei micronutrienti, **qual è la ricaduta diretta** ai fini dell'apporto di questi nutrienti?

Dato che sono dei micronutrienti devono essere assunti in quantità inferiore rispetto ad altre sostanze che comunque devono essere assunte e per questo si definiscono micro, perché il nostro organismo è costituito da piccole quantità di questi nutrienti ed il fabbisogno vitaminico sarà un fabbisogno relativamente modesto.

I Sali minerali e le **vitamine sono due micronuetrienti** → quando si parla invece di acqua, di carboidrati lo zucchero che è in circolo nel sangue, in quanto nel sangue c'è lo zucchero e nel fegato c'è il glicogeno. Si pensa alle proteine. Le proteine → noi siamo proteine, quindi l'**APPORTO DI PROTEINE DEVE ESSERE ELEVATO.**

La classificazione la si fa sulla base di una proprietà chimico-fisica e perché? perché dal punto di vista chimico le vitamine hanno una formula di struttura estremamente eterogenea e non si può dire che sono esosi, pentosi. Gli amminoacidi in natura sono decine e centinaia, ma quelli che servono per le nostre proteine sono 20, poi si possono suddividere in essenziali e non, su una base di una non struttura chimica, ma di una proprietà biologica

LE VITAMINE SONO TUTTE ESSENZIALI e sono tutte con struttura chimica diversa, non si possono classificare in base all'essenzialità, alla struttura comune, allora si pensato di classificarle sulla base delle proprietà chimico-fisica, lipofilia ed idrofilia.

Perché oggi giorno si parla molto di vitamine e ormai **Da QUALCHE DECENNIO CI SONO GLI INTEGRATORI ALIMENTARI A BASE DI VITAMINE?**

Perché si ha la necessità di supplementazione di vitamine? perché ci sono un gruppo di popolazione che sono a rischio di carenze marginali e chi sono? In primis chi ha un'alimentazione sbilanciata e cosa vuol dire avere un'alimentazione sbilanciata? significa ad esempio ASSUMERE UNA DIETA che non prevede la presenza di tutti i 7 gruppi nutrizionalmente omogenei, oppure perché ci sono dei soggetti che fanno attività fisica di tipo agonistico che comporta una forte accelerazione del metabolismo e questo comporta di poter avere delle carenze, o abitudini voluttuarie tali da indurre carenze, come ad es. il fumo e l'alcolismo →quindi un abuso di alcol porta una deplezione di vitamine del gruppo B. Anche le terapie farmacologiche o situazione patologiche e terapie croniche, ad es:

LA CELIACHIA che è una patologia connessa con una particolare sensibilità al glutine, un'intolleranza al glutine → ovviamente si ha anche una problematica di carenze di vitamine, perché il soggetto che ha la celiachia ha una capacità di assorbire i nutrienti che è limitata ed alterata, oppure stati parafisiologici **particolari come in gravidanza e nell'allattamento li dove c'è la necessità di assumere le vitamine in quantità superiore rispetto allo stato di non gravidanza**

Bisogna capire che è molto importante assumere le vitamine nella giusta quantità perché ci sono tante condizioni, anche banali non di patologia, ma semplicemente condizioni particolari che portano ad avere un incremento del fabbisogno di vitamine.

Dire che un'alimentazione non estremamente corretta può portare ad una carenza di vitamine, ma potrebbe avere senso dire che a seguito di una dieta corretta si ha comunque una carenza di vitamine? si perché vi possono essere tante variabili che possono alterare l'assorbimento o anche potrebbero esserci fattori esterni che influenzano la presenza di vitamine negli alimenti.

Le patate vanno conservate in frigorifero, esse sono ricche di vitamina C, si raccolgono verso fine agosto e poi il raccolto è annuale e si raccolgono l'anno successivo e cosa succede? la patata viene raccolta come tubero, una volta all'anno e si continua a consumare fino a luglio dell'anno successivo. Se vengono consumate adeguatamente mantengono il loro contenuto di vitamina C, al contrario se vengono conservate non adeguatamente, ossia a T troppo calde perdono il loro contenuto di vitamina C. Cercando di fare una generalizzazione di questo concetto Le condizioni climatiche e di coltura, la conservazione, a mondatura, il lavaggio, la cottura e la temperatura applicata e il tempo oppure i trattamenti, ad es. il trattamento con solfiti, la scottatura nel caso della necessità di inattivare gli enzimi denaturandoli al fine che non ci sia un'azione enzimatica nel prodotto congelato, la sterilizzazione, la raffinazione → ovviamente possono portare a diminuire il contenuto di vitamine negli alimenti. Quindi le condizioni climatiche o di coltura sono molto importanti, ma anche il trasporto secondo la catena del freddo, dal campo all'azienda dove vengono lavorati i prodotti, la mondatura ed il lavaggio → il fatto di tagliare, non si taglia mai un vegetale a prima di lavarlod es. l'insalata non si taglia mai la foglia di insalata e poi la si lava, perché tagliandola, ovviamente si tagliano le cellule vegetali che si rompono e il contenuto delle cellule viene a perdersi nell'acqua di lavaggio, poi viene mutata

La cottura al forno è molto gradevole che porta a piatti estremamente palatabili con proprietà organolettiche molto favorevoli e d'altro canto è di solito una cottura a T molto elevata, quella del forno è quella di 180 -220 gradi, mentre la cottura in pentola a pressione è favorevole, è più breve perché permette di avere un mantenimento di vitamine che sono abbastanza termolabili. Quindi sia il Tempo che la Temperatura sono parametri fondamentali.

Le vitamine che già sono contenute negli alimenti in piccole quantità, la raffinazione degli alimenti che viene fatta è tale per cui si hanno nel piatto prodotti con uno scarso contenuto di vitamine o perché le perdono durante il trasporto dal campo alla tavola o perché i trattamento a livello industriale o casalingo ne comportano il depauperamento → quindi cnon è detto che mangiare la mela o le patate comporti l'assunzione di tutte le vitamine che sono tipiche di questi alimenti, perché dipende dal loro trattamento, quindi dal trattamento che questi alimenti subiscono per diventare il cibo sul nostro piatto.

Pensiamo alle PROTEINE →quando le proteine sono cotte troppo, cosa può succedere? denaturazione, le proteine sono una serie di amminoacidi legati uno all'altro con legame peptidico → le proteine hanno una struttura primaria, secondaria che è un primo arrotolamento piuttosto che una conformazione spaziale della proteina, la struttura ternaria e quella quaternaria. Quando si cuociono gli alimenti proteici, ad es. la carne, ovviamente la cottura facilita il processo digestivo e quindi l'assimilazione degli amminoacidi, perché la carne cotta è già in parte digerita proprio perché si è avuta una denaturazione delle proteine, se però il trattamento termico a cui l'alimento è sottoposto è troppo spinto, non c'è un effetto di aumento della digeribilità del prodotto, ma c'è un effetto di diminuzione, perché una cottura troppo spinta porta alla formazione di legami intra ed intermolecolari che gli enzimi digestivi devono andare a rompere, quindi cuocendo troppo si rendono le proteine meno biodisponbili. Quindi la ragione per cui si ha meno possibilità di avere amminoacidi dalle proteine deriva proprio da questo.

Se invece si considerano le vitamine, nel caso delle vitamine si può andare incontro ad una degradazione delle vitamine, quindi formano dei legami intermolari, siccome si degradano, non si hanno più nell'alimento, quindi nella forma originaria

Si considera un altro caso, ad es. gli zuccheri, se avviene la caramelizzazione degli zuccheri, non è che quando si raffredda il caramello si ha lo zucchero semolato. Li interviene una reazione di caramelizzazione, che è una reazione di disgregazione dello zucchero, quindi sono varie, a seconda del nutriente, le ricadute che possono esserci e non si può generalizzare. In alcuni cibi questo può succedere, quindi possono essere varie le cause e tutte contribuiscono ad una riduzione.

I FAMOSI LARN, così come si è parlato dei livelli di sicurezza ed adeguatezza dei LARN DEI SALI MIENRALI, lo si può fare per le vitamine:

LA VITAMINA B1

LA VITAMINA B2

LA VITAMINA PP

LA VITAMINA 6

Sono assunte in quantità diversa a seconda della vitamina.

I LARN ci permettono di distinguere tra fasce di popolazione, ad es. la persona adulta di sesso maschile e si h all'apporto per questa fascia di popolazione. Così come si ha per questa fascia, lo si ha anche per altre fasce di popolazione come i bambini, la donna in gravidanza, la donna in età fertile, la donna in allattamento. Così come nei Sali minerali si ha il livello di assunzione di nutrienti raccomandato, allo stesso anche per le vitamine si hanno i larn, e così come per i Sali minerali si avevano gli intervalli di sicurezza ed adeguatezza che erano gli intervalli massimo e minimo per cui la vitamina era sicura ed era in quantità sufficiente per avere il soddisfacimento del fabbisogno vitaminico, si hanno gli intervalli di sicurezza ed inadeguatezza, per l'acido pantotenico, per la vitamica K e E piuttosto che per la biotina.

LE VITAMINE LIPOSOLUBILI

LA VITAMINA A →spesso e volentieri le vitamine sono suddivise a seconda dell'origine → vi è la vitamina A di origine animale presente negli alimenti di origine animale. Negli alimenti di origine animale vi è già la forma biologicamente attiva di vitamina A, ossia il retinolo. Negli alimenti di origine vegetale non vi è il retinolo, ma vi è una provitamina, precursore della vitamina A nella forma biologicamente attiva, ossia i carotenoidi, nello specifico il beta carotene che si trova nei pomodori ed ortaggi di colore giallo-arancione che sono convertiti in retinolo a livello della mucosa intestinale. Quindi si apporta la vitamina A come forma biologicamente attiva, ossia il retinolo o come provitamina ossia il beta carotene convertito in retinolo nella mucosa intestinale con gli ortaggi.

A COSA SERVE LA VITAMINA A? essa ha numerose funzioni nel nostro organismo → è importante per la differenziazione cellulare, la carenza porta ad auna cheratinizzazione del tessuto epiteliale, che è come se morisse, viene cheratinizzato, quindi non si differenzia e non viene rigenerato. La vitamina A è molto importante per la risposta immunitaria →

Le infezioni virali per essere superate brillantemente richiedono un sistema immunitario attivo, e il famoso SARS COV 2 è così pericoloso soprattutto nei soggetti immunodepressi o che hanno una risposta immunitaria molto scarsa. Nei soggetti giovani, se sono in salute, essi superano brillantemente l'infezione di tipo virale, proprio perché l'organismo si organizza per rispondere all'infezione. Sicuramente uno stato nutrizionale adeguato e quindi anche un corretto apporto di vitamine, molto delle quali influenzano la risposta immunitaria è ottimale per avere una risposta adeguata contro le infezioni virali. Quindi la carenza di vitamina danneggia i tessuti che non sono più un'efficace barriera contro i patogeni, emopoiesi, ossia assunzione di ferro e vitamina A facilita la risoluzione dell'anemia cosiddetto ferropriva. La vitamina A interviene nel emccanismo cosiddetto dell'azione dei bastoncelli della retina e quini interviene nel meccanismo della visione, infatti per assurdo una carenza molto spinta di vitamina A porta alla possibilità di avere un forte abbassamento della vista fino alla cecità. In più la vitamina A è importante che per la sua azione antiossidante.

LA CARENZA porta ad un diminuito adattamento alla luce di bassa intesnsità, la cosiddetta eneralopisa, ossia proprio porta il soggetto a non vedere più quando c'è una scarsa luce al tramonto, quindi c'è scarsa luce e il soggetto fa fatica a vedere. La carenza porta anche alla secchezza della congiuntiva e della cornea e questo comporta danni all'occhio che si poi si possono tradurre nella cecità totale. Se da un certo punto di vista la carenza è una cosa molto grave, anche la tossicità, anche l'eccesso può essere altrettanto grave, in quanto si può avere una tossicità acuta con dosi che sono veramente dosi molto elevate, ad es. 300 milligrammi die, ossia si sta parlando di quantità elevatissima di vitamina A e poi si può avere anche una tossicità cronica per stoccaggio del fegato.

Il DISCORDO della carenza e dell'eccesso di vitamina A →introduce una considerazione di carattere generale che si fa relativamente alle vitamine

Le vitamine sono tutte essenziali e sono importantissime per il nostro metabolismo, in quanto fungono da cofattori di molti enzimi, nel caso di VITAMINA A per assurdo non si dovesse assumere vitamina A, il nostro organismo manifesta segni molto gravi come la perdita della vista, ma come si può GENERALIZZARE questo discorso della carenza e dell'eccesso di vitamine?

Lo si può generalizzare IN QUESTI TERMINI →Le vitamine liposolubili tendono ad accumularsi nei lipidi del nostro corpo, quindi nel tessuto adiposo, tendono ad accumularsi nel fegato e quindi le vitamine liposolubili tendono a dare più tossicità che carenza e questo cosa vuol dire? che se si assumono le vitamine liposolubili, queste tendono ad accumulari nell'organismo e nel caso in cui la dieta non apportasse per un breve periodo la quantità di vitamine richieste dal LARN, non si andrà incontro immediatamente ad una carenza perché queste vitamine vengono piano piano rilasciate dal tessuto adiposo ed entrano nel metbaolismo.

Se da un lato l'assunzione troppo elevata porta a tossicità, perché accumulandosi nel nsotro organismo non vengono eliminate e quindi portano ad una tossicità cronica, d'altro canto le vitamine liposolubili difficilmente danno origini a carenza. La condizione esattamente inversa si verifica con le vitamine idrosolubili, essendo idrosolubili, queste se assunte in eccesso sono eliminate tramite l'emuntorio renale e quindi cosa succede? se si prende troppa vitamina C, non accade nulla, se si prendono troppe vitamine del gruppo B, non succede nulla sostanzialmente perché quello che c'è in eccesso viene eliminato con l'emuntorio renale

- Se da un lato le vitamine liposolubili difficilmente danno tossicità, d'altro canto le vitamine idrosolubili danno problemi di carenza, perché le vitamine idrosolubili non danno problemi di tossicità, ma danno problemi di carenza?

perché se non si assumono non si dice adeguatamente nelle giuste quantità, ma per tempi anche molto brevi non si assumono nelle giuste quantità, si può andare incontro ad una carenza. Quindi la vitamina A ha dato la possibilità di introdurre il concetto di apporto con la dieta, del problema della tossicità dovuta ad eccesso e della carenza dovuta a difetto di assunzione

Le due tipologie di vitamine si comportano in modo diametralmente opposto → quelle liposolubili possono dare problemi di eccesso, ma difficilmente danno problemi di carenza, quelle idrosolubili difficilmente danno problemi di eccesso, perché quella goccia in più viene eliminata e più frequentemente danno carenza.

Parentesi generale

LA VITAMINA A → La donna in gravidanza → dosi maggiori di 6 milligrammi die potrebbero avere effetti teratogeni sul feto, in quanto è in grado di produrre malformazioni a carico del feto

Nella donna in gravidanza i livelli di vitamine vengono controllati → la cosa importante p che bisogna stare attenti nella supplementazione di vitamina A -->dosi maggiori di 6 milligrammi die sono molto alte, quindi non è così facile raggiungere queste dosi e con l'assunzione di integratori alimentari in eccesso proprio perché vale spesso l'errata idea che una capsula fa bene e 3 ancora meglio, con una dieta normale o che predilige alimenti ricchi di vitamina A già nella forma biologicamente attiva, quindi alimenti di origine vegetale come uova, latte, o il fegato → si può avere un eccesso di assunzione di vitamina, quindi è molto importante fare attenzione a questo, perché mentre nei paesi nordici dove può avere un senso l'assunzione di integratori, perché le verdure giallo arancioni magari vengono consumate meno, al contrario →Li dove l'apporto è già più che sufficiente, bisogna stare attenti a non assumere la vitamina A sconfinando in dosi che provocano malformazioni al feto.

Questo studio esaminava dei bambini nepalesi di età compresa tra i 9 e 13 le cui madri erano stati supplementare di vitamina A presentavano un volume respiratorio, e una capacità respiratoria significativamente più alta rispetto ai bambini le cui madri erano state inserite nel gruppo placebo

Si diceva che è importante evitare carenze, ma si sta parlando di un paese come il Nepal, paese in via di sviluppo, dove l'alimentazione della donna in gravidanza non è come quella della donna in gravidanza dei paesi sviluppati, dei paesi occidentali dove non ci sono carenze. Quindi se ha un senso la supplementazione di vitamina A qualora ci siano delle carenze, proprio perché in questo modo →I bambini in età adulta registrano, hanno migliori prestazioni a livello respiratorio, d'altro canto bisogna stare attenti al fatto che se invece l'assunzione della vitamina della donna in gravidanza è adeguata, non bisogna apportarne quantità troppo elevate. Relativamente alla vitamina A, anche la vitamina A come tutte le vitamine liposolubili è abbastanza stabile al calore.

VITAMINA E è sensibile all'O, ai metalli pesanti, ma è abbastanza stabile al calore. Anche la vitamina A come tutte le vitamine liposolubili è abbastanza stabile AL CALORE. La vitamina E è abbastanza presente negli oli oleaginesi, si trova nell'olio di germi di grano, nell'olio di girasole, nell'olio di soia, nell'olio di vinaccioli e perché la vitamina E si trova in questi semi oleaginosi, perché la vitamina E ha un'azione antiossidante ed oltre ad avere un'azione vitaminica, la vitamina E è un antiossidante, quindi è una vitamina che è presente nei semi oleaginosi, li dove ci sono dei lipidi, proprio perché la vitamina E in questa maniera svolge sui lipidi dei semi oleaginesi un'azione antiossidante. La vitamina E è presente sotto forma di tocoferoli, è presente in varie forme, alfa, beta ecc. La forma alfa è quella dotata di maggiore attività vitaminica. I tocoferoli, proprio per la loro struttura chimica sono antiossidanti perché si ossidano al posto dei lipidi che invece sono protetti dall'ossidazione. Osservando i vari tocofenoli e passando dall'alfa al delta si ha una diminuzione dell'azione vitaminica ed un aumento dell'attività antiossidante. Quali sono le funzioni che hanno le vitamine e quella E nello specifico, quindi i rocoferoli → I tocoferoli cosi come agiscono da antiossidanti nei semi OLEAGINOSI, Analogamente i tocoferoli agiscono come antiossidanti anche nell'organismo umano. Le carenze di vitamine di tipo E e di tipo liposolubili sono basse e sono rare, ma sono presenti nei neonati pretermine, che sono sempre quelli a carenze di minerali, nei neonati pretermine sono state riscontrati scarsi livelli di vitamina E perché hanno delle riserve tissutali scarse, perché a livello della placenta il passaggio dei tocoferoli è piuttosto scarso.

La TOSSICITÀ →Nel caso delle vitamine liposolubili è stato detto che se assunte troppo possono essere tossiche, perché si accumulano nei tessuti. La vitamina E tra quelle liposolubili è quella meno tossica, perché provoca tossicità solo per quantità veramente enormi, si sta parlando di 2 grammi al giorno. Il tipo di disturbi che provoca una dose così elevata di vitamina sono solamente disturbi gastrointestinali.

LA VITAMINA D è una vitamina a cui oggi giorno viene data grandissima importanza, è considerata praticamente un ormone i cui recettori sono presenti in tutto l'organismo. La vitamina D non solo è connessa al maggiore assorbimento del calcio e quindi al trofismo osseo, ma la vitamina D ha importantissimi risvolti a livello cardiovascolare, a livello tumorale → qualcuno ha parlato anche di utilizzo di vitamina D nel COVID 19, ma le evidenze sono ancora molto scarse →la vitamina D è sensibile all'ossigeno e alle radiazioni ed un po come tutte le vitamine liposolubili è abbastanza stabile al calore e alle basi. Anche per la vitamina D → ci sono due tipi di vitamine, quella di origine vegetale e l vitamina D di origine animale

IL COLECALFEROLO, quindi la vitamina D3 che deriva dal colesterolo → vi è la classica struttura tipica ciclopentanoperidrofenantrenica. Per quanto riguarda la vitamina D di origine animale, si trova si trova nell'uovo, nei formaggi, nel latte e nel burro e nei pesci. Oltre alla vitamina D colecalfierolo D 3 di origine animale → vi è anche l'ergocalciferolo che è la vitamina D2, ossia quella di origine vegetale

Le vitamine sono essenziali e qual è la definizione di nutriente essenziale? è un nutriente che deve essere introdotto per forza con la dieta. La vitamina D3, quindi colecalciferolo viene sintetizzata grazie alle radiazioni solari nella pelle a partire dal 7 deidrocolesterolo.

Le vitamine sono essenziali, quindi la definizione di nutriente essenziale è che devono essere introdotti con la dieta perché non siamo in grado di sintetizzarli. Quindi le vitamine dobbiamo necessariamente introdurle con la dieta perché non siamo in grado di sintetizzarle, ma si sta dicendo che la vitamina D3 colecalciferolo viene sintetizzata nella pelle, allora non p vero che non è sintetizzata, è sintetizzata, a tuttavia la vitamina D3 è sintetizzata a partire dal 7 deidrocolesterolo grazie alle radiazioni luminose, ma è essenziale lo stesso. La risposta è-- > è essenziale lo stesso perché la sintesi endogena non è in grado di sopperire completamente al fabbisogno di vitamina D3 dell'organismo → quindi è una questione di quantità, ossia si può sintetizzare, perché la si sintetizza a partire da questo derivato del colesterolo grazie alle radiazioni luminose nella pelle, ma quella che si sintetizza non basta per soddisfare il fabbisogno e quindi bisogna assumere comunque con le uova, burro, pesce, formaggio ecc.. la vitamina D → quindi è UN PROBLEMA DI QUANTITÀ

La forma biologicamente attiva della vitamina D è quella diidrossilata, ossia la 1-25 diidrossi colecalciferolo che subisce due idrossilazioni: una a livello epatico e una a livello renale. La funzione classicamente attribuita alla vitamina D è quella dell'assorbimento del calcio e del fosforo, infatti:

la vitamina D aiuta a riassorbire a livello renale il calcio e quindi favorisce il processo di mineralizzazione a livello osseo. Si parla di carenze e di tossicità acuta. Se si ha una diminuita concentrazione sierica di calcio e fosforo, ovviamente si ha una carenza → il RACHITISMO è una manifestazione della carenza di vitamina, perché se non si assume vitamina D, si ha un minore assorbimento di calcio, quindi non è favorito il trfismo osseo, ossia la mineralizzazione ossea e quindi le ossa purtroppo si curvano come accade nel rachitismo. La vitamina D se è carenze provoca anche debolezza muscolare, dolore e deformazione delle ossa e i gruppi di popolazione a rischio di carenze sono i neonati e gli anziani.

RACHITISMO → nozione di carattere storico, la vitamina D viene anche prodotta dall'organismo, quindi in parte si sintetizza, in parte è assunta con alimento. Cosa si era verificato nel periodo della rivoluzione industriale? cosa era successo? già i bambini andavano a lavorare nelle industrie che non erano con la luce, erano spesso e volentieri grandi strutture al chiuso, dove lavoravano anche ragazzi e bambini in fase di sviluppo.

I dati storici dicono che nel periodo della rivoluzione industriale ci fu un aumento del rachitismo, perché i bambini non è che cambiarono la loro dieta, ma passarono dalla vita di campagna a quella all'interno delle industrie per tantissime ore al giorno, non certo le 8 ore di oggi e stando al buio stavano meno alla luce del sole, quindi producevano meno vitamina D → la loro dieta era rimasta la stessa e pertanto non si riusciva a far fronte al fabbisogno di vitamina D dell'organismo in crescita ed è per questo che si verificò tutto questo problema del rachitismo

Il fatto che tra il gruppo di popolazioni a rischio di carenza ci siano i neonati e gli ansiani è anch'esso connesso con la scarsa produzione endogena di vitamina D, perché nei neonati ovviamente non è che vengono esposti al sole subito e in tutti i paesi è possibile esporli alla luce del sole e negli ansiasi la pelle cambia la sua consistenza e anche la sua capacità di essere produttrice di vitamina D, perché recepisce meno i raggi solari, gli ansiani sono spesso più coperti e magari sono in case di cura, stanno più in casa che fuori e pertanto la produzione endogena di vitamina D può calare

Un altro gruppo di popolazione che può essere in carenza di vitamina D può essere rappresentato dalle donne mussulmane, in quanto queste donne non sono esposte alle radiazioni solari, sono estremamente coperte e possono andare incontro a carenza di vitamina D, così come le popolazioni del nord europa, li dove le giornate di sole sono molto rare. D'altro canto, la vitamina D è una vitamina di tipo liposolubile e assunta in quantità troppo elevata è un problema, tra le vitamine di tipo liposolubili, la vitamina D è quella più tossica che provoca un aumentato assorbimento di calcio. Se viene assunta accidentalmente o volontariamente in quantità troppo elevate →La vitamina D può portare ad avere una tossicità acuta con calcificazione dei tessuti molli, a insufficienza renale se la calcificazione avviene a livello renale, può portare a problemi cardiaci e quant'altro e quindi bisogna stare attenti con l'apporto di vitamina D, perché

L'apporto di vitamina D può essere, se eccessiva causa di disturbi gastrointestinali, perdita di calcio, ipercalciuria nefrocalcinosi, fino ad avere la morte se si ha la calcificazione dei tessuti molli.

Questa vitamina è particolarmente interessante, ha un ruolo fondamentale anche in numerose patologie extrascheletriche, infatti interviene in alcuni tumori, nelle malattie del metabolismo, del sistema cardiovascolare ed immunitario. La vitamina D ha un ruolo nella modulazione della risposta immunitaria. Spesso in molte forme di tumore si riscontracno bassi livelli ematici di vitamina D, ecco perché la carenza di vitamina D è considerato come un fattore di rischio di alcune malattie tumorali, nonché di alcune patologie cardiovascolari del sistema immunitario.

Bassi livelli di vitamina D sono stati riscontrati in soggetti che soffrono di malattie reumatiche e nei soggetti che hanno sviluppato tumori → ecco la correlazione tra bassi livelli di vitamina D e questa tipologia di malattie. Allora:

Si è pensato fosse importante fare la supplementazione di vitamina D, tuttavia nonostante ci siano tanti integratori alimentari della vitamina D, si hanno ancora dei dubbi sulla supplementazione di vitamina D o meno e sulla possibilità che essa provoca degli effetti indesiderati. Vi è un'associazione tra deficit di vitamina D ed ipertensione, insufficienza cardiaca, cardiopatia ischemica e anche qui i risultati delle ricerche dicono che c'è una correlazione, anche se non si conoscono bene i meccanismi di questo deficit di vitamina e insorgenza delle patologie e la vitamina D gioca un ruolo molto importante anche nella salute e nella prevenzione di patologie extrascheletrico.

L'ultima vitamina di tipo liposolubile: → LA VITAMINA K che è sensibile alle radiazioni, alle base, agli agenti riducenti, è stabile all'ossigeno, all'umidità e agli acidi. La vitamina K così come la vitamina A e D può essere di origine animale o di origine vegetale.

La presenza di vitamina K negli alimenti di origine animale non è dovuta alla produzione da parte degli animali della vitamina K, bensì è dovuta al fatto che è prodotta dai microrganismi presenti in questi alimenti, si trova nelle verdure a foglie verde scura e si chiama fillochinone. La vitamina K 2 è quella di origine animale che si ritrova nella carne e nei lattici → si chiama K da K coagulation, è un fattore di una carbossilasi che attiva proteine plasmatiche tra cui la protombina che servono per la coagulazione. Quindi una carenza di vitamina K cosa comporta? comporta delle emorragie, quindi è molto importante avere un giusto di vitamina K per evitare delle emorragie.

La vitamina K ha un turn over piuttosto elevato e se da un canto la vitamina D, considerata prima è particolarmente tossica se assunta anche leggermente più elevate, proprio perché porta al riassorbimento del calcio e poi si accumula nei tessuti, al contrario la vitamina K, avendo un elevato turn over si avvicina un po' in più alle vitamine idrosolubili, perché non delle forme di deposito. La carenza è abbastanza rara ed è dovuta al malassorbimento di lipidi, alla terapia antibiotica prolungata dato che è prodotta dalla microflora intestinale, è presente nei soliti neonati soprattutto quelli pretermine ed è tossica se assunta in quantità elevate. Determina un'alterazione dei sistemi ossidoriduttivi degli eritrociti, determina anche l'ittero

LE VITAMINE IDROSOLUBILI si dividono in due tipologie:

- quelle del gruppo B, b1, B2, B5, B6, B8, B9, B12 e la vitamina PP
- poi vi è la vitamina C

LA VITAMINA B1 è la TIAMINA che è sensibile alle radiazioni ed è coinvolta nel metabolismo energetico, non a caso i livelli di assunzione raccomandati vengono definiti in base all'apporto energetico. Se si ha un apporto energetico elevato, bisogna assumere quantità maggiori di tiamina, l'assorbimento di tiamina avviene a livello duodenale → è tra le prime vitamine che viene ad essere depletate qualora ci fosse un abuso di alcol. L'assorbimento intestinale viene notevolmente ridotto, gli alcolisti hanno tanti problemi ed il problema della carenza di vitamine del gruppo B è un problema importante, perché il metabolismo in carenza di vitamine del gruppo B viene fortemente alterato. La carenza di tiamina in genere è dovuta proprio al fatto che è una vitamina idrosolubile e come tale

La tiamina non è immagazzinata, perché le vitamine idrosolubili non sono immagazzinate, quindi se viene assunta in eccesso viene eliminata, se assunta in difetto manca all'organismo. I sintomi da carenza compaiono dopo pochi giorni di dieta che è carente di tiamina, per cui la tiamina è una vitamina che deve essere assunta giornalmente in dosi adeguate, perché se nn è asunta in dosi adeguate la carenza si manifesta subito. Nei paesi sottosviluppati, la carenza di tiamina si manifesta in una patologia nota come beriberi. Questa patologia è una patologia che porta ad alterazioni del sistema nervoso, nonché con danni cardiovascolari. C'è una patologia, che si chiama ENCELOPATIA DI VERNIKE che è dovuta ad una carenza di vitamina B1 CHE SI MANIFESTA ANCHE NEI PAESI OCCIDENTALI, li dove la carenza non dovrebbe esistere.

Quest PATOLOGIA, l'encefalopatia di vernicke si manifesta nei soggetti che fanno abuso di alcol, perché assumono tiamina in quantità sufficiente con gli alimenti, però siccome non riescono ad assorbire la tiamina hanno una deficienza di tiamina. Quindi si ha una deficienza cronica nei paesi sottosviluppati, perché non mangiano adeguatamente, in quanto il beriberi è tipico dell'estremo oriente dove mangiano solo riso, come nelle zone rurali della Cina c'è il problema del beriberi perché mangiano solo riso e non assumono tiamina, ma nei paesi sviluppati dove c'è una dieta normale, la gente non muore di fame quindi ha una dieta normale, ma l'abuso di alcol o di droghe porta a delle lezioni della mucosa intestinale con un assorbimento non adeguato che si traduce in una tossicità e quindi nelle patologie che hanno dei danni a livello del SN.

LA VITAMINA B2 → è una delle vitamine sensibili alla luce e parlando delle fonti di vitamina B2, si considera il lievito di birra, che è fonte di questa vitamina il latte, il fegato, il rene, il cuore di diversi animali, le uova piuttosto che i vegetali a foglia verde. Se non si conoscono le fonti vegetali di vitamine del gruppo B, se si dice lievito di birra siamo sicuri di non sbagliare mai. Per cui qualora venisse chiesta una fonte di vitamine del gruppo B, se si dice lievito di birra, siamo sicuri che questo alimento contiene vitamine del gruppo B. Le vitamine, soprattutto la vitamina B2 che è presente nei vegetali a foglia verde è presente in concentrazioni che si differenziano a seconda della stagione. Nella stagione estiva sono presenti in quantità maggiore e nella stagione invernale sono presenti in quantità minore

Questa differenziazione stagionale del contenuto di vitamine soprattutto del gruppo B negli alimenti non si manifesta solo negli alimenti di origine vegetale, ma anche in quelli di origine animale → ad es. il formaggio se è preparato da latte invernale sarà un formaggio meno ricco di vitamine del gruppo Bed in particolare di riboflavino, mentre sarà più ricco di vitamine del gruppo B e di riboflavina se srà ottenuto da latte estivo. La riboflavina è importante → si è sicuramento sentito parlare del FAD e dell'FMN, ossia flavin mononucleotide, e il flavindinucleotide. Questi due cofattori intervengono nelle reazioni di ossidazione, quindi sono importanti nella decarbossilazione ossidativa dell'acido piruvico, nell'ossidazione degli acidi grassi, nell'ossidazione degli amminoacidi, nel trasporto degli elettroni nel mitocondrio nella catena respiratorio

CARENZA DI VITAMINA B2 → la carenza di solito è piuttosto rara ed è associata ad una carenza generalizzata delle vitamine del gruppo B, i sintomi da carenza sono arresto della crescita, alterazioni della cute, stomatite, in quanto sono associate alla differenziazione delle cellule e quindi piccole lesioni a livello del cavo orale. Queste stomatiti sono dovute alla difficoltà di rigenerazione dei tessuti e sono dovute ad un'alterazione nell'alterazione della vitamina. La deficienza di vitamina B2 provoca la deficienza secondaria di ferro, di triptofano e di vitamina PP. La vitamina B2 come gran parte delle vitamine idrosolubili non da facilmente fenomeni di tossicità, ma da fenomeni di carenza, quindi non da effetti tossici e quando assunta in quantità troppo elevate è eliminata con l'emuntorio renale

LA VITAMINA B2 è anch'essa sensibile al calore, come gran parte delle vitamine idrosolubili, deriva dalla dieta, non si è in grado di di sintetizzarla, vi è una produzione endogena non dovuta da noi, quindi ai nostri processi metabolici, ma dovuta alla microflora intestinale. Quindi la microflora intestinale è in grado di produrre la vitamina B8 → negli alimenti di origine vegetale è meno biodisponibile, perché è legata con le proteine e la carenza è in genere piuttosto rara e si possono avere carenze quando c'è un malassorbimento generalizzato, come il CELIACO che assorbe male perché ha la mucosa gastrointestinale alterata con gli enterociti appiattiti, perché ovviamente sono infiammati. In un'ottica di carenza generale di vitamine del gruppo B, vi è anche un carenza di vitamina B8 che non fa eccezione, ma una carenza generale di vitamina B8 non è facile da riscontrare. Si possono avere delle carenze marginali e i ragazzi che per aumentare il trofismo muscolare oltre all'esercizio fisico in palestra assumono l'albume, l'albume dell'uovo va cotto, perché contiene una proteina che è in grado di legare la biotina e quindi di renderla indisponbile,Quindi se all'interno di una dieta corretta desidera aumentare l'apporto proteico assumendo l'albume dell'uovo che è praticamente solo proteine e acqua e si ricordi bene che l'albume dell'uomo va cotto in modo da denaturare le proteine dell'albume ed in questo modo non legare in modo irreversibile la biotina sottraendola all'assorbimento. Ovviamente la biotina anche è idrosolubile e pertanto sarà più facile avere una carenza, un'ottica di alterato assorbimento delle vitamine piuttosto che avere una tossicità. Sono stati rilevati infatti effetti tossici con dosi di 10 milligrammi al giorno.

L'ACIDO PANTOTENICO è la vitamina B5 e tra le vitamine idrosolubili del gruppo B s è quella più stabile alla cottura, sono tutte piuttosto termolabili, perché sono più stabili alla cottura le vitamine liposolubili, però tra le vitamine idrosolubili, la più stabile. Tra le proteine èpiù stabili al calore vi è la vitamina B5. L'apporto avviene tramite la dieta oppure tramite la microflora microbica intestinale → la B5 è estremamente diffusa in natura, per cui non c'è una carenza specifica di questa vitamina e può esserci una carenza dovuta ad un generale malassorbimento e non effetti anch'essi tossici.

Relativamente al discorso della produzione di vitamine del gruppo B da parte della microflora intestinale → integratori di probiotici, i cosiddetti lattobacilli, i bifidobatteri, i cosiddetti fermenti lattici →spesso i probiotici sono associati con la somministrazione di vitamine del gruppo B, perché queste vitamine del gruppo B che sono prodotti del metabolismo dei microrganismo biotici →a volte vengono **somministrati con questi microrganismo obiotici perché ne hanno bisogno per il metabolismo** →se si considera la composizione di qualche prodotto probiotico, vi è quest'associazione con le vitamine del gruppo B per favorire l'attecchimento del probiotico vengono fornite vitamine del gruppo B che sono metaboliti importanti per la crescita di questi microrganismi.

L'acido folico, del folato e dell'importanza (problematica della spina bifida) e la sua supplementazione nelle donne prima della gravidanza, ossia in fase PERICONCEZIONALE. Con lo iodio si è fatta la supplementazione con il sale iodico → controindicazioni di questa particolare supplementazione della popolazione.

CAPITOLO 6

L'acido folico è una vitamina molto importante perché è estremamente diffusa in natura, tuttavia è abbastanza poco biodisponibile e c'è una gran parte della popolazione che risulta essere carente di acido folico. I folati sono sia negli alimenti di origine animale che in quelli di origine vegetale. Alimenti comuni come le arance, diminuiscono l'assorbimento dell'acido folico fino all'80% e per i legumi diminuzione del 20%. Gli stati carenziali sono estremamente diffusi tra gli anziani, prevalentemente di sesso maschile, ma anche femminile.

COSA COMPORTA LA CARENZA DI ACIDO FOLICO NELL'ADULTO IN GENERALE?

L'acido folico è strettamente connesso con la divisone cellulare e porta dei danni alle cellule che hanno un elevato turn over, come quelle del midollo osseo quindi la carenza di acido folico può portare ad anemia, problematiche a **livello di ematocrito → questo nella popolazione adulta.**

Nei soggetti e quindi donne in gravidanza →l'acido folico è fondamentale e può portare ad avere delle malformazioni nel feto ed in particolare può portare alle patologie della spina bifida dovute ad una non corretta chiusura del tubo neurale, poiché la carenza di acido folico è assai diffusa nella popolazione e la carenza di acido folico in gravidanza è un fattore di rischio per la patologia della spina bifida. Queste patologie della spina bifida sono patologie che si verificano abbastanza frequentemente, Quindi l'acido folico è una vitamina estremamente essenziale, viene prodotto dalla microflora intestinale, anche in piccole quantità.

Il fabbisogno di acido folico in gravidanza raddoppia ed è 400 microgrammi, proprio perché il feto utilizza le risorse materne. Le patologie del tubo neurale sono patologie molto gravi, perché una mancata chiusura del tubo neurale può portare a non sviluppare il cervello, quindi la cosiddetta ANENCEFALIA e può portare ad avere delle malformazioni a livello della scatola cranica e a livello della spina dorsale.

Quando si chiude questo tubo neurale? in generale si chiude dopo circa 30 giorni dal concepimento e a volte il range di date sono tra il 17ettesimo ed il 19 esimo giorno dal concepimento, quindi cosa si verifica?

Qualora la gravidanza non sia una gravidanza programmata, la chiusura del tubo neurale può avvenire quando la donna non sa di essere ancora in gravidanza, quindi se la persona ha una carenza di acido folico e quindi la gravidanza non è programmata e la persona non sa che prima di concepire deve portare il suo stato nutrizionale relativamente all'acido folico ad un livello ottimale può avvenire una chiusura non completa o parziale del tubo neurale ed avere un feto che sviluppa queste malformazioni congenite.

L'idrocefalo è una delle patologie che si possono verificare ed in genere queste patologie sono caratterizzate da gravi disabilità fisiche e mentali che possono essere corrette con interventi chirurgici o meno e a seconda dell'entità, del grado di gravitò della patologia, si può avere paralisi degli arti inferiori, difficoltà di controllo degli organi interni: intestino e vescica, difficoltà nello sviluppo, ritardo mentale, difficoltà nell'apprendimento, l'idrocefalo o l'anencefalia per cui il cervello si sviluppa in modo incompleto o addirittura non si sviluppa per niente ed ovviamente il bambino non nasce se ha un aborto spontaneo proprio perché il bambino non può nascere, nasce morto o nasce e muore subito dopo la nascita.

Quindi si può dire che si tratta di patologie molto invalidanti che addirittura possono sfociare nella morte del bambino, ma sono patologie che sono compatibili con la vita a costo di una gravissima difficoltà. In italia nascono circa 200 bambini con la spina bifida e moltissimi bambini ovviMENTE MUOIONO PRIMA DELLA NASCITA o subito dopo la nascita e l'80-90% dei bambini con la spina bifida sopravvive fino all'età adulta trascinandosi tutta questa gravissim disabilità mentale e fisica con gravissimo peso sulle famiglie, sulla spesa sanitaria, quindi un vero e proprio dramma che può essere se non evitato completamente, almeno ridotto.

Tubo neurale → può portare allo svilupppo di malformazioni al cervello, alla scatola cranica e alla spina dorsale → perché è la parte del feto che da origine alla spina dorsale, alla scatola cranica e al cervello. → tubo neurale dal punto di vista dello sviluppo della genesi degli organi, ma può comprotare anche dell'insorgenza di scoliosi? Problemi di scoliosi sono problemi quasi sempre connessi con postura non adeguata o problemi a livello osseo→ sono patologie molto gravi.

La cosa che più lascia perplessi tutti → integrare la dieta prima della gravidanza, ossia in fase periconcezionale, ossia intorno al concepimento riduce del 70% i casi di spina bifida. Quindi se nascono 200 bambini all'anno, se si potresse fare questa supplementazione, che vorrebbe dire prendere una compressina ed avere questa riduzione, vorrebbe dire portare da 200 bambini a 60, quindi si sta parlando di numeri di questo genere →i 60 bambini sarebbero comunque sfortunati, ma si sta parlando comunque di una riduzione del 70 % che è comunque tantissimo. Quindi tutte le donne in età fertile che non hanno una terapia anticoncezionale sicura, bisogna fare una supplementazione con acido folico → si prendono tanti integratori alimentari, tanti prodotti perché non prendere l'acido folico quando c'è una donna in età fertile con una terapia anticoncezionali sicura. →è assolutamente fondamentale qualora si programmi una gravidanza, ma non sempre viene programmata, ma oggi giorno con i metodi contraccettivi a disposizione sarebbe il caso di programmarla e quando viene programma una gravidanza e sarebbe opportuno iniziare almeno 3-4 mesi prima del concepimento assumere acido folico.

Poiché questa cosa è nota da tantissimo tempo, quindi è una cosa consolidata →La cosa che bisogna precisare è che negli USA hanno deciso di supplementare acido folico in tutta la popolazione, mettendo acido folico nei prodotti cerealicoli, quindi nei prodotti a base di cereali, questo ha portato ad una forte riduzione dell'incidenza della patologia della spina bifida. Spesso carenze di acido folico sono associate a carenze di vitamine B12 e anch'essa, ossia la carenza di vitamina B12 è un fattore di rischio di malformazioni e anche di alcuni Sali minerali, tra cui lo zinco.

Praticamente è importante fare questa supplementazione per cercare di ridurre l'incidenza di questa patologia. Ci sono delle persone che hanno particolare rischio di avere figli con patologie del tubo neuronale? Ci sono sicuramente persone che hanno una familiarità:

Ad es. una donna che ha avuto un aborto spontaneo, può essere che tale aborto sia dovuto a patologie del tubo neurale nel feto e a maggior ragione donne che hanno avuto un aborto spontaneo, se decidono di intraprendere una nuova gravidanza devono essere assolutamente supplementate con acido folico e anche con vitamina B12→Poi anche le donne che hanno avuto precedenti gravidanze con malattie del tubo neurale e le donne affette da diabete mellito, obesità e epilessia → sono questi i fattori di rischio. Quindi →Se 400 milligrammi è la quantità da fornire alle donne che normalmente devono essere supplementate di acido folico prima della gravidanza, se ci sono questi fattori di rischio, l'acido folico può essere aumentato anche a 600 o 800 microgrammi.

L'acido folico lo si trova in natura in molti alimenti e anche in molti alimenti fortificati e la fortificazione con acido folico in Italia o in Europa non è assolutamente obbligatoria (le fette biscottate o altri alimenti che vengono fortificati con acido folico, ma la fortificazione non è assolutamente obbligatoria)

Negli stati uniti hanno fatto questa fortificazione obbligatoria nei prodotti a base di cereali, tuttavia questo tipo di approccio non è considerato utile perché se da un lato apportato ad una diminuzione dal 20 al 50% delle patologie del tubo neurale, d'altro canto sembra aver portato ad un incremento di alcune forme di cancro e quindi sostanzialmente non ha molto senso fare una supplementazione su tutta la popolazione, ma ha più senso farla sulla donna in gravidanza, in età fertile senza una terapia anticoncezionale sicura. Questo riguarda il fatto che in italia non c'è l'obbligo della fortificazione, anche se sul mercato ci sono prodotti come le fette biscottate, ma anche i cereali della prima colazione, succhi di frutta e latti.

LA FUMONISINA è una micotossina (nella diapositiva si osserva la formula di struttura) ed è in grado di inibire il metabolismo dei folati inibendo l'ingresso dei folati nelle cellule → questa fumonisina, agendo su questi geni che codificano per la sintesi di due trasportatori dei folati nella cellula, hanno questo ruolo di inibire l'ingresso del folato nella cellula. Ad.es.

Se si assumono dei cereali che sono contaminati, e vi è questa fumonisina, micotossina prodotta dai funghi della specie fusarium all'interno delle granaglie, quindi dei cereali, si ha che si può fare la supplementazione con acido folico, con la quantità giusta di acido folico, poi si assumono degli alimenti che sono contaminati, si comprende che tutta la nostra supplementazione non ha comportato nessun risultato.

Quindi cosa si può sostanzialmente dire? Che è un problema quello della contaminazione con la fumonisina e pertanto è opportuno ridurre i livelli massimi di fumonisima ammessi anche a rischio di perdere delle derrate alimentari. (pecoraro scannio tornato da una riunione europea felice per aver innalzato i livelli massimi di fumonisina →purtroppo questa politica che da un lato giovava agli agricoltori che potevano immettere sul mercato cereali di uso umano che non avevano requisiti di sicurezza guadagnandoci perché un cereale di uso umano ha un costo maggiore rispetto a quello di uso animale, ma d'altro canto l'assurdità di una politica di questo genere che indipendentemente dal colore è, ma la cosa importante è la problematica di immettere sul mercato alimenti scarsamente sicuri che inibendo il metabolismo dei folati potevano rendere inefficace la supplementazione con acido folico ed aumentare l'incidenza di questa patologia per cui è molto importante in gravidanza l'assunzione di alimenti sicuri oppure l'importanza di una supplementazione anche valori maggiori di quelli consigliati dei 400 microgrammi.

LA VITAMINA B6 è tra le vitamine del gruppo B che sono tutte piuttosto sensibili al calore piuttosto stabile, la B6 è presente come piridossina, piridossale e piridossammina e viene sintetizzata dalla flora microbica intestinale →spesso vengono fatte delle associazioni tra probiotici e vitamine, poiché le vitamine essendo dei prodotti della microflora intestinale, sono prodotti che servono ai probiotici per riprodursi. --> ecco perché c'è la presenza di vitamine nei probiotici e la carenza di vitamina B6 è piuttosto rara ed è legata a carenza generalizzata di vitamine del gruppo B che a sua volta è dovuta a carenza di vitamine dovute ad un malassorbimento. In particolare la vitamina B6 deve essere opportunamente trattata perché può reagire con la lisina e non essere più biodisponibile, per cui quando si ha l'associazione tra vitamine e proteina B6 può esserci questo legame con la lisina e sviluppare una carenza di vitamina B6 (se da unla carenza è rara ed è legata al fatto che non viene assunta o viene assunta in forma non biodisponibile, d'altro canto dal momento in cui viene reintrodotta, di solito i disturbi da carenza scompaiono), i sintomi registrati in carenza di vitamina B6 sono dei danni di tipo neurologico, convulsioni che regrediscono quando la vitamina viene sostanzialmente reintrodotta con la dieta. Oltre alla vitamina B2, molto importante è la vitamina B12 che viene sintetizzata solo da batteri funghi ed alghe e pertanto la vitamina B12 si ritrova solo negli alimenti di origine animale, pertanto la vitamina B12 è una vitamina che è carente nei soggetti vegani e quindi sono soggetti che non assumono alimenti fermentati o che hanno una carica microbica come la carne, il formaggio ecc…

Ricordando che l'assorbimento della vitamina B12 aumenta con il diminuire delle dosi assunte e se si assume una scarsa quantità di vitamina B12, l'organismo la reputa tanto importante che si organizza per una maggiore sintesi. L'assorbimento della vitamina B12 avviene soprattutto a livello dell'ileo e prima di essere assorbita, deve legarsi ad un fattore intrinseco che è una glicoproteina che ne permette un assorbimento piuttosto elevato pari al 75% se si ha un'assunzione bassa di vitamina B12. Perché la vitamina B12 è così importante così come l'acido folico? La vitamina B12 è così importante perché interviene in tantissime reazioni come coenzima, interviene nella divisione cellulare ed è importante in tutti quei tessuti che hanno un rapido turn over. La carenza di vitamina B12 può provocare die danni a livello del SN. Cosa Si può dire in relazione delle fasce di popolazioni a rischio?

- Sicuramente I vegani, ossia i vegetariani stretti
- gli anziani che prediligono alimenti di origine vegetali in quanto più digeribile rispetto ad alimenti di origine animale
- Le donne vegetariane in gravidanza→ come tutte le donne devono assumere l'acido folico, ma devono anche assumere la vitamina B12, importante per evitare malformazioni nel feto

VITAMINA B è la NICOTINAMMIDA o ACIDO NICOTINICO o VITAMINA PP, CHE STA PER PELLAGRA PREVENTIVE → la carenza di vitamina PP porta alla pellagra che è caratterizzata da lesioni a livello del sistema nervoso centrale e a livello del tratto gastroenterico. Se la carenza è grave perché porta ad avere la pellagra, d'altro canto si ha che la vitamina PP è una di quelle vitamine per le quali dosi troppo elevate possono avere effetti tossici.

Cosa è stato detto sul discorso vitamine liposolubili ed idrosolubili.

LE VITAMINE LIBOSOLUBILI →danno raramente carenza e più frequentemente tossicità perché si accumulano nell'organismo, al contrario le vitamine idrosolubili dando scarsa tossicità, perché vengono eliminate con l'emuntorio renale, però danno problemi di carenza

La vitamina PP fa eccezione, perché sedata in dosi elevate può causare danni al fegato e al SN in quanto tende ad accumularsi nell'organismo.

LA VITAMINA C, insieme alle vitamine del gruppo B è una vitamina

Le vitamine idrosolubili sono le vitamine del gruppo B e la vitamina C che è fortemente instabile al calore ed era l'esempio della vitamina C e delle patate per cui bisognerebbe conservare le patate in frigorifero che sono ricche di vitamine C quando sono raccolte dal campo, ma poi quando passa l'intero anno in attesa del nuovo raccolto, se non vengono conservate adeguatamente perdono tutto il loro contenuto di vitamina C. Ad es. quando si fa una spremuta di arancia, la spremuta deve essere consumata immediatamente perché la vitamina C contenuta nella spremuta di arancia è termolabile e si libera in soluzione del succo d'arancia, la vitamina e sei lascia il succo all'aria aperta, quindi alla T ambiente si ha una degradazione, anche per la vitamina C si ha un assorbimento che aumenta al diminuire delle dosi. A basse dosi di vitamina C l'assorbimento diventa più basso e si riduce fino al 15 %.

Il sito di assorbimento è a livello di stomaco ed intestino tenue mediante il processo di diffusione passiva. Quindi c'è una sorte di difesa dell'organismo, per cui anche se si assume la vitamina C come se fosse una caramella, questo non rappresenta per l'organismo un problema di tossicità perché la vitamina C è scarsamente assorbita ad alte dosi.

Nel plasma si trova prevalentemente acido ascorbico al' 90% -95% e l'acido deidroascorbico, quindi vi è la coppia redox ed è per questo che la vitamina C è coinvolta nei processi metabolici che comportano una ossidoriduzione ad es. è coinvolta nel metabolismo del ferro, infatti aumenta il metabolismo del ferro, aumenta l'assorbimento del ferro, perché con la sua azione riducente trasforma il ferro 3 in ferro 2 che è più biodisponibile. In più la vitamina C è coinvolta nel metabolismo del collagene, nella riparazione dei tessuti e in altri processi metabolici

Questo studio:

Per comprendere come le vitamine, così come succedeva per la vitamina D che solo oggi si è compreso il ruolo nella protezione di alcune forme di cancro, nella protezione di malattie cardiovascolari, anche per la vitamina C stanno continuando gli studi perché ovviamente le vitamine come micronutrienti essenziali sono caratterizzate da attività biologiche molto interessanti. La vitamina C è una vitamina importante anche per possibili applicazioni future. Questo studio è stato condotto sugli animali, non è stata ancora sperimentata quest'azione contro la sepsi batterica nell'uomo. Questo studio ha dimostrato che inducendo la sepsi batterica che è mortale in animali da esperimento e somministrando vitamina C si previene la formazione di trombi e di coaguli evitando la morte del soggetto, perché se la sepsi batterica porta alla formazione dei coaguli, con il blocco del flusso sanguigno e quindi morte del soggetto, ma è importante continuare a studiare l'attività delle vitamine per cercare di individuare altre proprietà che queste potrebbero avere.

La vitamina B12 è coenzima di enzimi, ed è la cianocobalamina.

I glucidi rappresentano il PRIMO DEI TRE MACRONUTRIENTI ORGANICI. Fino ad ora è stat considerata l'acqua, ossia il nutriente organico, i Sali minerali che rappresentano un micronutriente inorganico, vitamine che sono un micronutriente organico e I GLUCIDI, PROTIDI E LIPIDI che sono macronutrienti organici.

Quando si introducono nella chimica degli alimenti i nutrienti si cerca di fare una classificazione di tipo chimico. La prima classificazione è quella in:

- **GLUCIDI DISPONIBILI** → quelli dai quali a seguito della digestione si ottiene glucosio
- **GLUCIDI NON DISPONIBILI** → quelli dai quali a seguito della digestione non si ottiene glucosio

Un glucide da cui si ottiene il glucosio è ad es. l'amico →Quando si mangiano la farina, la fecola di patate cereali di vario genere che contengono amico, il nostro organismo possiede gli enzimi per scindere il legame glicosidico che lega le molecole di glucosio che costituiscono l'amido e dall'amido si ottiene il glucosio. Al contrario se si considera la fibra, dalla fibra non si riesce ad ottenere glucosio, quindi la fibra è un carboidrato, un glucide non digeribile e quindi non essendo digeribile non è assorbito, non passa in circolo e quindi i lcarboidrato viene eliminato con le feci oppure viene fermentato a livello della microflora intestinale, quindi a livello colonico, quindi DISPONIBILI enon DISPONIBILI è un concetto improtante, eprchè fa riferimento al potere nutrizionale della tipologia di carboidrato che si va a considerare.

Oltre alla caratterizzazione sulla base del potere nutrizionale (quindi disponibile da glucosio, non disponibile non da glucosio), si possono dividere i glucidi sulla base del grado di polimerizzazione →e si avrà

- **MONOSACCARIDI** →quindi un solo zucchero → il glucosio, il fruttosio, il galattosio ed il ribosio
- **I DISACCARIDI** → **il saccarosio** (ossia lo zucchero da cucina formato da glucosio + fruttosio), ma vi è anche il lattosio che è il disaccaride del latte che è glucosio + galattosio)
- **OLIGOSACCARIDI che sono costituiti da un numero di unità zuccherine compreso tra 3 e 9**
- **POLISACCARIDI** →il caso dell'amido che è un polisaccaride che è uno zucchero disponibile ad elevato numero di unità zuccherine

Sulla base del grado di polimerizzazione, si possono distinguere i carboidrati in carboidrati semplici che sono mono, di ed oligosaccaridi dai carboidrati complessi che sono i polisaccaridi.

Questo tipo di classificazione, ossia POLISACCARIDI semplice e POLISACCARIDI complessi sulla base del grado di polimerizzazione, questo tipo di classificazione si ha anche all'interno dei cosiddetti carboidrati non disponibili. Per cui si hanno disaccaridi, polialcoli, oligosaccaridi che non sono disponibili e polisaccaridi che non sono disponibili → esempio cellulose, emicellulose, le pectine, i glucomannani e così via e si considereranno nel dettaglio

PROPRIETÀ CHIMICO FISICHE DEGLI ZUCCHERI. Quando si considera la singola unità zuccherina, si osserva che è costituita da un gruppo aldeidico o chetonico a seconda che si ha un aldoso o un chetoso e da gruppi alcolici primari e secondari.

Considerando una molecola di questo genere con tanti gruppi OH, con il gruppo emiacetalico è una molecola estremamente solubile. Se si considera ad es il saccarosio e si mette un cucchaiio di saccarosio in un bicchiere di acqua, vi si scioglie subito perché la molecola è fortemente polare per la presenza di gruppi idrossilici che sono tali da conferire proprietà polari alla molecola. Quindi sostanzialmente gli esosi, i pentosi, i disaccaridi o anche gli oligosaccaridi sono molecole solubili in acqua. Se si mette un cucchiaio di farina o di fecola in acqua? si scioglie la farina in acqua? cosa succede? La farina in acqua non si scioglie e questo è dovuto al fatto che nonostante l'acqua sia una molecola con tantissimi gruppi -OH (si può osservare uno spezzone di acido dove le molecole di zucchero sono centinaia, a causa dell'elevato peso molecolare l'amido in acqua non si scioglie e gelifica, quindi quando ad es in laboratorio di analisi si prende l'amido e lo si stempera in acqua scaldandolo, non è che si scioglieva l'amico, ma semplicemente gelificava.

Quindi le prorpietà chimiche-fisiche degli zuccheri sono connesse con la strutturachimica, quindi con la presenza di gruppi polari, ma anche con il peso moelcolare, per cui: a basso peso molecolare sono estremamente solubili in acqua, mentre l'alto peso molecolare rende la molecola compelssa e non solubile in acqua.

Nella farina oltre ai carboidrati ci sono le proteine, ma anche se si considerasse l'amido puro quindi privato delle proteine, anche quello non si scioglie, quindi gelifica ma non si scioglie e questo è dovuto all'elevato peso molecolare della molecola che non può permettere che si sciolga.

La FORMA LINEARE DEL GLUCOSIO, quella chiusa ACICLICA con il gruppo emiacetalico e sotto il fruttosio

Si osserva il fruttosio, si possono avere sia degli aldosi (si osserva il gruppo aldeidico) che dei chetoesosi, come il caso del fruttosio, quindi si può dire che il glucosio è molto solubile in acqua, l'amido o la cellulosa sono poco o totalmente insolubili e sono sostanze anche termosensibili. Se si sottopone al trattamento termico gli zuccheri semplici, si ottiene lo sviluppo della reazione di caramellizzazione, reazione irreversibile di disidratazione e se invece si sottopone l'amido a trattamento termico si ha la gelatinizzazione del prodotto.

I PRINCIPALI ZUCCHERI DI INTERESSE ALIMENTARE:

Il glucosio, che si chiama anche destrosio o zucchero universale perché sostanzialmente è lo zucchero più diffuso in natura, si trova libero nella frutta o legato a formare gli oligo-disaccaridi e polisaccaridi ed anche costituente dei glucidi complessi. Ad es. il glucosio è costituente dell'amido, della cellulosa e del glucogeno e quindi il glucosio è il mattoncino di partenza per la sintesi di moltissimi carboidrati, siano essi disponibili -non disponibili, siano essi semplici o complessi come i polisaccaridi

IL FRUTTOSIO è lo zucchero tipico di frutta e del miele, perché il fruttosio che è un chetoesoso si trova nel miele? perché le api possiedono un enzima che si chiama invertasi che porta all'idrolisi del legame glicosidico del saccarosio, per cui il fruttosio si ottiene per idrolisi del saccarosio e quindi nel miele è presente la miscela equimolare fruttosio-glucosio che deriva dall'azione dell'invertasi sul saccarosio.

Il fruttosio ha una particolarità, ossia quello di essere un dolcificante alternativo al saccarosio. Il fruttosio ha la particolarità di essere più dolce del saccarosio, quindi posto uguale a 1 il potere dolcificante del saccario, a parità di peso, il fruttosio è più dolce. Il miele è molto dolce e può essere utilizzato come dolcificante alternativo al saccarosio, così come il fruttosio contengono zuccheri che hanno un potere dolcificante maggiore, quindi:

Per dolcificare una bevanda si può utilizzare una quantità minore di zucchero, quindi di fruttosio ed avere un apporto di calorie inferiore rispetto al saccarosio

Il fruttosio si utilizza come alternativo al saccarosio, anche se il fruttosio non è proprio consigliabile come zucchero alternativo, perché mentre grazie alla matrice in cui si trova all'interno della frutta il fruttosio non ha effetti negativi se è un fruttosio consumato, proprio perché non viene consumato all'interno della sua matrice alimentare, il fruttosio può dare dei problemi e se ne parlerà più avanti, quando si parlerà dei dolcificanti alternativi.

IL GALATTOSIO è lo zucchero che insieme al glucosio costituisce il lattosio. Il lattosio è l'unico disaccaride di origine animale e non ci sono altri disaccaridi di origine animale. Il galattosio si trova non solo nel latte come lattosio, ma si trova anche in molti alimenti di origine animale ed in particolare si trova a formare i glicosidi, ad es.

I polifenoli che sono componenti bioattivi non nutrienti, ma come nutrienti ad attività nutraceutica. I polifenoli sono spesso non presenti liberi in natura, bensì presenti in forma di glicosidi e tra gli zuccheri che formano questo legame glicosidico c'è soprattutto il glucosio ed il galattosio. L'assunzione di galattosio nel caso del neonato che assume il galattosio a partire dal lattosio del latte è importante perché il galattosio si trova nel sistema nervoso, quindi il sistema nervoso ha tra i suoi componenti il galattosio, che si trova nella mielina, quindi in lacune strutture del SN è rappresentato il galattosio, quindi non a caso lo zucchero del latte è il galattosio perché il neonato per avere lo sviluppo del SN ha bisogno di assumere lattosio che poi diventa glucosio e galattosio, proprio perché il galattosio è un componente del SN.

DISACCARIDI → quello più noto e conosciuto è il saccarosio che è costituito da glucosio + fruttosio che da origine al cosiddetto zucchero invertito quando viene trattato enzimaticamente con invertasi, che porta ad avere l'idrolisi del legame glicosidico che si instaura tra il C1 e il C2 dello zucchero rispettivamente del glucosio e del fruttosio e quindi si ha la formazione dello zucchero invertito che ha un potere dolcificante superiore. Alla temperatura di 100 gradi si forma il caramello, il saccarosio ha una biodisponibilità molto elevata, perché è un disaccaride e basta che durante la digestione venga rotto un unico legame glicosidico per avere i due zuccheri liberi, ossia il glucosio ed il fruttosio.

HA DEGLI EFFETTI NEGATIVI? il fatto di essere così prontamente digeribile lo rende negativo perché aumenta il picco glicemico quando si mangia una bevanda zuccherina, si ha un forte incremento del picco glicemico, in quanto è prontamente digeribile, si scinde in glucosio e fruttosio. Il glucosio è subito assorbito ed aumenta il picco glicemico del sangue. Non è solo questo lo svantaggio del glucosio, in quanto un altro svantaggio è dato dal fatto che è cariogeno, controindicato per i diabetici e favorisce l'obesità ecco perché è spesso sostituito con i dolcificanti alternativi.

IL LATTOSIO da la possibilità di parlare **dell'intolleranza al lattosio** → patologia che può essere primaria o secondaria. PRIMARIA ed è piuttosto rara l'intolleranza primaria al lattosio e vuol dire che l'organismo non ha la lattasi, che è enzima che si trova sull'orletto a spazzola degli enterociti e che porta ad avere una mancata digestione del lattosio che causa problemi di tipo gastrointestinale, come dolori addominali e diarrea.

L'intolleranza al lattosio può essere non solo di origine primaria, ma anche di origine secondaria e quindi può essere un'intolleranza secondaria di una patologia.

Durante le influenze virali di tipo gastrointestinale, in quel caso l'infiammazione che si verifica a livello della mucosa intestinale poiché la lattasi è espressa sull'orletto a spazzola dell'enterocita, la lattasi viene ad essere inefficiente, quindi si perde questa capacità di idrolisi del lattosio ed il lattosio provoca questa intolleranza. Cosa si può dire di quest'intolleranza al lattosio? l'intolleranza al lattosio può anche essere acquisita e i soggetti che non assumono lattosio, possono perdere quest'espressione della lattasi sull'orletto a spazzola dell'enterocita divenendo incapaci di metabolizzare il lattosio. (l'intolleranza al lattosio è abbastanza diffusa). L'intolleranza al lattosio ci da l'opportunità di indicare quali sono gli alimenti che hanno un elevato naturale contenuto di lattosio Sono sicuramente il latte ed i formaggi freschi e non stagionati perché nei formaggi stagionati il lattosio viene durante la stagionatura digerito ed utilizzato dai microrganismi che inducono la fermentazione durante il processo di caseificazione e pertanto non si ha più lattosio, ma si forma dalla metabolizzazione di solito acido lattico, come avviene dalla fermentazione dello yogurt oppure si formano altri metaboliti che derivano dal trattamento, dal processo di caseificazione che porta a precipitare le caseine ed essendo un lattosio solubile rimane nel siero ed ecco perché i formaggi stagionati hanno di solito un contenuto di lattosio molto basso, quindi per i soggetti che hanno intolleranza al lattosio ci sono comunque dei latticini che possono essere consumati e possono ovviare a questo problema. Oggi ci sono mozzarelle senza lattosio, quindi varie tipologie di formaggi freschi nei quali il lattosio viene allontanato. Se una persona ha un'intolleranza al lattosio può fare anche utilizzo dei cosiddetti latti DELATTOSATI che non sono proprio latti senza lattosio, ma a ridotto contenuto di lattosio. I latti delattosati contengono galattosio? contengono glucosio e galattosio, quindi hanno lo stesso potere nutrizionale del latte normale e di solito sono anche un po' più dolci, perché il lattosio ha un potere dolcificante basso rispetto al glucosio e quindi quando si idrolizza la molecola del lattosio, si forma il glucosio e quindi si avrà un sapore più dolce. I latti delattosati, quindi ridotto contenuto di lattosio hanno lo stesso identico potere nutritivo del lattosio, perché non è che il latte viene privato di lattosio, bensì il lattosio viene semplicemente idrolizzato e l'idrolisi avviene con la lattasi e spesso si tratta di lattasi immobilizzata su particolari sistemi per cui viene immessa la lattasi nel latte e questa porta all'idrolisi del lattosio, si forma glucosio e galattosio e poi la lattasi viene estratta. Quindi è interessante dire che il potere nutrizionale die latti delattosati è sostanzialmente uguale al potere dle alte con lattosio, ma il lattosio è praticamente già digerito, quindi il lattosio è presente nel latte delattosato in forma dei due monosaccaridi, quindi è un lattosio digerito.

A proposito sempre di lattosio e poiché il lattosio è dato dall'unione di glucosio + galattosio, bisogna ricordare di non confondere l'intolleranza al lattosio con la galattosemia (due cose asolutamente differenti). La galattosemia è una malattia metabolica per la quale l'organismo non è in grado di metabolizzare il galattosio e quindi non viene trasformato in glucosio, ma in galattitolo che è tossico e che porta ad avere danni a livello della vista, a livello del cervello, perché si deposita a livello celebrale e questa è una malattia metabolica che è rara:

un bambino galattosemico che ha la galattosemia, cosa dovrà assumere, un latte speciale o un latte semplicemente delattosato?

Sostanzialmente un latte particolare e nono solo un latte delattosato, ma un'altra tipologia di latte che può portare quell'introito glucidico. Quindi il latte delattosato contiene il lattosio digerito quindi anche il galattosio e pertanto non si potrebbe dare il latte delattosato al bambino galattosemico, altrimenti questo sviluppa tutta la tossicità dovuta al mancato metabolismo del galattosio, alla formazione del galattitolo e quindi a tutte le altre problematiche, al contrario al bambino galattosemico sarà necessario dare un latte che contenga glucosio e piccolissime quantità di galattosio che vadano a formare tutta quella parte del SN che è necessaria per il bambino, ma non galattosio in eccesso, altrimenti si forma il galattitolo.

- OLIGOSACCARIDI sono particolarmente distribuiti nei legumi, si hanno TRISACCARIDI come ad es il raffinosio, lo ostacchioso
- I TETRASACCARIDI come il verbascosio e questi oligosaccaridi possono essere anche presenti come glicosidi, così come i polifenoli sono legati come i glicosidi al glucosio ed al fruttosio e al galattosio, possono essere legati anche a due o tre unità monosaccaridiche e dare origine a questi glicosidi

Di solito gli oligosaccaridi non sono disponibili, arrivano inalterati al colon e nel colon vengono fermentati dalla microflora intestinale per produrre gli acidi grassi a corta catena come l'acido acetico, proprionico e butirrico che sono così importanti per i ltrofismo degli enterociti e gli oligosaccaridi pur non essendo disponibili, pur non essendo fonte di glucosio e quindi non sono da considerarsi fonte di nutrienti, sono comunque molto importanti, perché **possono avere attività PREBIOTICA?**

Vuol dire che aiutano la crescita dei batteri a livello dell'intestino. Ci sono **ben 4 criteri che servono a definire la FIBRE PREBIOTICA** →La fibra prebiotica è un carboidrato non disponibile che favorisce la crescita selettiva PER I microrganismi eubiotici, non si vogliono far crescere i microrganismi patogeni, ma si vogliono far crescere i microrganismi eubiotici e questa è una definizione di fibra prebiotica. I prebiotici si vedranno nel dettaglio nella lezione dedicata a questa particolare categoria di componenti.

I POLISACCARDI possono essere **etero o omopolimeri**

- **ETEROPOLIMERI** significa ottenuti da unità zuccherine differenti
- **OMOPOLIMERI** sono ottenuti da una singola unità zuccherina, ad es. l'amido, il glicogeno e cellulosa sono omopolimeri in quanto sono costituiti solo ed escusivamente da glucosio. La differenza tra questi 3 polisaccaridi sta nei tipi di legami

ETEROPOLIMERI sono le pectine, i glucomannani, sono l'inulina che è costituita comunque da un'untià di glucosio + il fruttosio, quindi si hanno sia polimeri costituiti da unità zuccherine uguali, ad es glucosio, e sia polimeri costituiti da unità zuccherine differenti.

Cominciando dall'amido: che è un omopolimero, che quindi l'unità zuccherina di base è il glucosio e l'amido è presente in natura in due forme → una lineare che è l'amilosio e una forma ramificata che è l'amilopectina che coesistono nello stesso cereale e quindi nello stesso seme di cereali.

L'AMILOSIO è la forma lineare, quindi si immaginano lunghe catene di glucosio legate con un legame 1-4 alfa glicosidico. Sottolineando la tipologia di legame, ossia 1-4 alfa glicosidico perché è un legame che i nostri enzimi digestivi sono in grado di scindere, ecco perché l'amido è un carboidrato disponibile

L'amilopectina AL CONTRARIO è LA PORZIONE RAMIFICATA DELL'AMIDO e su catene stile amilosio, ossia catene lineari ad un certo punto si introduce un legame 1-6 che porta ad avere la ramificazione. L'amido nella pianta è un materiale di riserva ed è costituito da semi, è presente nei semi, nei cereali, nei tuberi, nei legumi e nelle radici, ad es. la farina di magnocca è una farina di amido ottenuta dalla macinazione delle radici della magnoca.

LE FORMULE DI STRUTTURA DELL'AMILOSIO E AMILOPECTINA → si osserva questa lunga catena di glucosio legata con legame 1-4 alfa glicosidico grazie alla presenza dei numerosi gruppi OH tende ad avvolgersi a spirale proprio per l'instaurarsi legami a H tra gli OH presenti nella catena lineare. L'amilopectina è la parte ramificata dell'amilosio e su queste piccole catene, corte catene lineari va ad inserirsi il legame di tipo 1-6, quindi mentre l'amilosio tende ad avvolgersi a spirale, l'amilopectina tende ad assumere questa forma ad alberello, quindi dendritica che influenza molto la digeribilità dell'amido che tende ad accumularsi come materiale di riserva formando dei granuli. Inizialmente è interessante realizzare che granuli di diversa origine hanno forme edimensioni diverse → ad es. l'amido di riso se visto al microscopio è costituito da granulini, piccoli di amido tondi e di forma omogenea, quindi tutti piccoli e tondi, mentre l'amido di frumento è costituito da granuli grossi, alternati a granuli più piccoli a volte di forma tondeggiante, a volte di forma ovale e a volte irregolare.

La differenza tra l'amido inteso come amilosio e l'amilopectina è proprio nella conformazione spaziale → è importante andare a sapere all'interno dei vari cereali e dell'amido di diversa origine la % di amilosio e di amilopectina, perché l'accesso degli enzimi digestivi in grado di scindere il legame glicosidico e quindi di permettere di ottenere dall'amido il glucosio → l'accesso degli enzimi ai siti in cui deve avvenire l'idrolisi del legame non è ugusle se si considera amilosio o amilopectina (e lo si osserva anche dalla precedente diapositiva dove l'amilosio è avvolto a spirale mentre l'amilopectina si presenta con una forma dendritica come se fossero le dita di una mano). Nell'amilosio proprio perché è avvolto strettamente a formare quest'elica, infatti l'amilosio è poco digeribile e al contrario l'amilopectina viene digerita meglio proprio perché l'enzima riesce ad attaccare il legame glicosidico al suo sito catalitico e in questo modo c'è l'idrolisi del legame glicosidico, quindi conoscere la % di amilosio all'interno dei vari alimenti vuol dire conoscere anche la digeribilità dell'amido nei vari alimenti. Sicuramente l'amido dei ereali che contiene il 25% di amilosio che vuol dire il 75% di amilopectina, l'amido dei cereali sarà più digeribili e si otterranno maggiori quantità di glucosio dall'amido dei cereali perché l'amilosio è poco e l'amilopectina invece è tanta, al contrario l'amido dei legumi è sicuramente meno digeribile perché la quantità di amilosio è preponderante, ossia il 65% contro il 35% di amilopectina che si sa essere più digeribile e la fecola di patate è particolarmente più biodisponibile proprio perché il contenuto di amilosio è basso e non a caso per il baby food, si utilizzano le farine latte di magnoca e di riso proprio perché il contenuto di amilosio è basso e l'amido è più facilmente aggredibile dagli enzimi digestivi e il bambino fa meno fatica a digerire l'amido dal quale può ottenere una quantità maggiore di glucosio.

Non sol oper i prodotti pper i bambini, ma in generale l'amido dei legumi che ha un elevato contenuto di amilosio è sicuramente poco digeribile e da origine alla porzione amido resistente che è quella parte di amido che nonostante ci siano tanti enzimi che idrolizzano l'amido ed è il cosidetto amido resistente, spesso presente in alimenti integrali in quanto è una porzione di amido che da massa al nostro alimento, ma che non viene poi digerita.

Nella digestione dell'amido sono tanti gli enzimi coinvolti, alcuni enzimi indrolizzano il legame alfa 1-4 glicosidico, altri il legame 1-6 alfa glicosidico, altri idrolizzano il legame dell'ultimo glucosio e altri sono invece in grado di idrolizzare il legame alfa 1-4 glicosidico all'interno della singola molecola. Quindi la digestione dell'amido richiede più tipologie di enzimi ed esistono degli enzimi, o meglio delle porzioni di amido che nonostante la varietà di enzimi presenti non sono digeriti e costituiscono l'amido resistente →si considera il fatto che l'amido non è solubile in acqua e gelatinizza.

LA GELATINIZZAZIONE DELL'AMIDO → è dovuta al fatto che il gran vino di acqua tende ad assorbire acqua e quando avviene la cottura dell'amido c'è l'innalzamento della T ed il gran vino che ha assorbito l'acqua. Inizialmente esplode, quindi c'è una vera e propria alterazione della struttura cristallina dell'amido, perdita della struttura cristallina dell'amido, ecco perché l'amido deve essere cotto, non si pul mangiare la farina cruda, proprio perché solo l'amido che ha subito questo processo di gelatinizzazione è attaccabile dai cosiddetti enzimi amiolitici, quindi la cottura dell'amido è quello che ci permette di ottenere la gelatinizzazione, pardita della struttura cristallina, la formazione di catene che siano disposte all'attacco degli enzimi amiolitici.

Vi sono quindi queste parti dell'amido che non sono attaccabili dagli enzimi digestivi e l'amido resistente si divide in 4 tipologie di amido che sono tutte da ricondurre a glucidi non disponibili. RS sta per resistant starch, si ha il primo 1-2-3 e 4 e l'RS1 è l'amido contenuto nei semi dei legumi e dei cereali consumati interi e questo non può essere raggiunto dagli enzimi amiolitici, ecco perché è un amido resistente.poi vi è l'RS2 che è l'amido non gelatinizzato, l'RS3 che è quello che ha subito retrogradazione che è quel fenomeno che si verifica quando si mette il pane raffermo in forno che inizialmente diventa morbido, ma poi si ricombatta, si riaggrega in forma cristallina, divenendo durissimo e non attaccabile dalle amilasi oppure l'RS4 che sono gli amidi modificati che vengono utilizzati come additivi alimentari per le caratteristiche tecnologiche di aumentare la viscosità piuttosto che rallentare la digeribilità dell'amido e così via.

Questa riporta la % di amilosio ed amilopectina, poi tanto maggiore è la presenza di amilopectina tanto maggiore è la tendenza alla retrogradazione che è quel fenomeno di gelatinizzazione e poi l'amido gelatinizzato è più predisposto all'attacco degli enzimi amiolitici e la T di gelatinizzazione ha un range più ampio quando c'è una maggiore quantità di amilopectina rispetto a quando si ha una quantità maggiore di amilosio, ad es. nel barise ad alto amilosio si ha poca amilopectina, un'alta alla retrogradazione e si ha una

T bassa, ma di gelatinizzazione molto alt a, ossia 170, quindi è necessario applicare un T più alta per avere la possibilità di digerire quest'amido.

Gli alimenti di origine vegetale che hanno maggior contenuto zuccherino.

CAPITOLO 7

L'amido è un OMOPOLIMERO GLUCIDICO A BASE DI GLUCOSIO presente in due forme che sono una forma lineare e una ramificata. L'amilosio proprio perché è una catena di molecole di glucosio legate con legami 1-4 alfa d glicosidico, l'amilosio è una catena lineare e la presenta di gruppi idrossilici, che sono gli OH alcolici del glucosio porta all'instaurarsi di legami a H che tendono a far avvolgere a spirale. Una catena così avvolta sarà difficilmente accessibile agli enzimi glicolitici e pertanto l'amilosio sarà la parte dell'amido meno digeribile.

Al contrario l'amilopectina presenta un'altra struttura, ci sono spezzoni lineari, si osservano le molecole di glucosio legate una all'altra con legami alfa 1-4 glicosidico e a queste si intervallano delle ramificazioni dove il legame è 1-6, ossia viene coinvolto l'atomo di C in 1 e l'OH alcolico primario del C in 6.

Quindi si avrà un CH2OH e a fonte dell'eliminazione di una molecola di acqua si forma questo legame glicosidico che porta alla ramificazione. Avendo questa forma ad alberello che è più aperta rispetto a quella avvolta su se stessa dell'amilosio c'è una maggiore possibilità da parte degli enzimi glicolitici di favorire il legame tra il sito catalitico e la molecola e portare all'idrolisi del legame glicosidico.

Invece ci si sofferma sulla digestione dell'amido:

Bisogna immaginare che dall'amido bisogna ottenere glucosio e che non tutti i legami glicosidici saranno rotti durante la digestione e pertanto ci sarà una frazione dell'amido che si chiama amido resistente, perché non viene idrolizzata ed è quindi resistente all'idrolisi del legame glicosidico, quindi il processo digestivo è molto più complesso. Quindi il processo è complesso vuol dire che deve esserci la rottura del granulo e perché l'amido tende a raggrupparsi in granuli. A questa rottura del granulo dovrà far seguito un attacco da parte dei vari enzimi in modo tale d ROMPERE il maggior numero di legami glicosidi per ottenere da essi il glucosio che ha funzioni nutritive ed energetiche.

Perché se si assume la farina cruda, non si riesce a ricavare da essa glucosio? perché la farina cruda non è digeribile e non ava incontro al processo di gelificazione che invece avviene durante la cottura. Ecco perché la digestione è possibile solo dopo cottura ed in presenza di acqua, quindi con la gelatinizzazione del granulo, che consiste nel fatto che il granulo assorbe Acqua, quindi tende a rigonfiarsi e con l'innalzamento della T, il rigonfiamento aumenta. Ad un certo punto esplode il granulino e si ha una vera e propria alterazione della struttura cristallina che viene persa per trasformarsi in una struttura amorfa che permette l'attacco degli enzimi amiolitici che possono tagliare il legame 1-6 della ramificazione, che possono tagliare il legame 1-4 nella parte terminale e all'interno della catena, quindi ci sono più enzimi e ognuno dei quali ha una specificità non solo di legame 1-4 piuttosto che 1-6, ma anche di posizione, quindi glucosio terminale o tagliare all'interno della catene e quindi si ottiene il granulo.

È possibile avere la digestione completa dell'amido? la digestione completa è possibile solo ed esclusivamente se si operasse a livello di provetta e nel nostro organismo la digestione completa dell'amido non è possibile e c'è una parte che si chiama AMIDORESISTENTe che è una parte importante dell'amido, perché avere diverse tipologie di amido resistente hanno funzioni diverse

VI È LA CLASSIFICAZIONE DELL'AMIDORESISTENTE che è una parte improtante dell'amido, perché avere diverse tipologie di amidoresistente, queste hanno a volte funzioni diverse:

Quello contenuto nei semi dei legumi dei cereali che non può essere tagliato dagli enzimi amiolitici è un amido che potrebbe essere utilizzati in prodotti utilizzati per il dimagrimento perché comunque viene fornita massa all'alimento, ma dall'alimento non si traggono calorie, quindi glucosio. Poi ci son ogli amidi modificati utilizzati come addensanti e questo può essere utilizzato per ottenere budini e creme più dense rispetto a quelle che invece si potrebbero ottenere utilizzando dell'amido normale e non amido resistente.

Si cerca di capire la % di amilosoio e amilopectina, nonché la tendenza alla retrogradazione, quel fenomeno che si ha quando si ha il passaggio di struttura cristallina, quindi quando da una struttura amorfa torna ad essere cristallina. Nel frumento l'amilopectina prevale così come come nel mais, così come anche nell'atapioca con percentuali variabili. Si ha es. delle varietà di mais ad alto contenuto di amilosio ed in queste varietà particolari, la tendenza alla retrogradazione sarà molto alta perché è da attribuirsi all'elevata presenza di amilosio e anche la T di gelatinizzazione avrà un massimo più alto e tenderà ad essere più alta. Il riso ha un'elevata digeribilità e c'è un contenuto di amilosio molto basso, 83 di amilopectina e solo 17 di amilosio, quindi dall'amilosio ci si aspetta di ottenere più glucosio rispetto al frumento dove il contenuto di amilopectina è più basso rispetto al riso.

ALTRI ALIMENTI → erano presenti fonti tipiche di amido, cereali, radici e tuburi come la patata, mentre altri alimenti che contengono glucidi, non solo glucidi come l'amido, ma in generale zuccheri → ad es. lo zucchero raffinato è saccarosio, è lo zucchero quasi puro e la piccola % che manca per arrivare al 100 % è rappresentata da ceneri, quindi da Sali minerali residui

IL RISO BRILLATO anche lui apporta grandissime quantità di carboidrati

LE BANANE, tra la frutta fresca sono quelle che apportano il maggior contenuto di zuccheri, quelli semplici, come glucosio e fruttosio

L'UVA ha un alto contenuto rispetto alle altre frutte

le mele piuttosto che le arance e il pesce che hanno sicuramente contenuti inferiori

La lattuga dove il contenuto è piuttosto basso, perché è molto elevato il contenuto di Sali minerali, di acqua ecc..

Quindi si possono distinguere gli alimenti in quelli che hanno un alto contenuto glucidico →sicuramente i cereali, i legumi, la pasta, pane, legumi dove la maggior parte di carboidrati è rappresentato da carboidrati complessi, quindi dall'amido ed alimenti a basso contenuto glucidico come la frutta e la verdura che hanno pochi carboidrati, ma sono carboidrati di tipo semplice come mono e disaccaridi e per quanto riguarda gli alimenti di origine animale, quelle che contengono il lattosio come alimenti come il latte che hanno il maggior contenuto di carboidrato

Va detto che l'apporto maggiore dovrebbe essere soprattutto in carboidrati complessi, ossia pasta, pane, riso, patate e meno in carboidrati semplici, derivati del latte che contengono lattosio piuttosto che prodotti dolciari, o frutta e miele che contengono carboidrati semplici.

In particolare, si osserva che l'organismo dovrebbe assumere molti più carboidrati complessi, per cui sostanzialmente sono in grado di far innalzare il picco glicemico meno rispetto a quelli semplici, quindi mettono meno l'organismo meno sotto stress dal punto di vista di risposta insulinica e aiutano meglio l'organismo ad utilizzare gli zuccheri. Nell'etichettatura i glucidi hanno un valore medio di 4 kilocalorie per grammi, mentre i polialcoli non sono glucidi, ma si vedrà negli edulcoranti alternativi al saccarodio sono degli alcoli nei quali il gruppo carbonilico sia esso aldeidico o chetonico viene ridotto a gruppo alcolico, hanno un apporto di 2,4 kilocalorie per grammo

Quali sono le necessità nutrizionali di carboidrati? si dovrebbero assumere 180 grammi die di glucosio, quindi inteso come amido e non come glucosio zucchero semplice per soddisfare il fabbisogno energetico del sistema nervoso ed eritrociti e si pensa di assumere questa quantità di glucosio sia a partire da carboidrati complessi, sia a partire da alcuni amminoacidi e dal glicerolo che possono far produrre all'organismo glucosio a partire da essi.

Quindi l'assunzione raccomandata di carboidrati, quindi l'apporto ottimale di carboidrati dovrebbe essere quello che fornisce il 55-65 % dell'energia totale della dieta e di questo 55-65% solo il 10 % da carboidrati semplici, ossia mono e disaccaridi. Quindi la dieta dovrebbe essere tale da rispondere a queste indicazioni. Una dieta assolutamente priva di carboidrati è salutare? no, una dieta povera di glucidi porta ad accumulo di corpi chetonici, eccessivo utilizzo di proteine tissutali, perdita di Sali minerali, in particolare il sodio. Quindi la dieta corretta nonostante i carboidrati abbiano un apporto calorico importante l'apporto di carboidrati senza i quali una dieta non è bilanciata e le diete che sono a base di proteine e che non prevedono l'assunzione di carboidrati possono in prima istanza far dimagrire, ma non sono a lungo andare delle diete che hanno dei risvolti pesanti sulla salute dell'organismo

CAPITOLO DEGLI EDULCORANTI ALTERNATIVI AL SACCAROSIO → si parlerà di cellulose, pectine ed emicellulose che sono anch'esse dei carboidrati. Si introducono gli edulcoranti alternativi al saccarosio, perché sono additivi alimentari i importanti comunemente utilizzati con la dieta.

Si parlerà di edulcoranti che si conosce benissimo → bisogna fare una parentesi sui recettori del gusto, perché gli edulcoranti sono dei dolcificanti, quindi sono molecole che si utilizzano per conferire sapore dolce agli alimenti, i recettori del gusto si trovano all'apice delle cellule gustative, ci sono i bottoni gustativi. Si osserva la cellula gustativa ed in alto il bottone gustativo e sono distribuiti sulle papille della lingua, sul palato molle del cavo orale e si percepisce il sapore. Esistono differenti tipi di papille gustative, ci sono quelle circumvallate, che hanno sostanzialmente una data forma, quelle fogliate fungiformi, filiformi

- LE PRIME TRE sono delle papille gustative che permettono di percepire il gusto
- LE FILIFORMI, al contrario sono delle papille che - sono più coinvolte nella percezione tattile, quindi nel ruvido, liscio, duro e molle → quindi nella percezione tattile che si ha nel cavo orale. Quindi queste sono le varie papille che si trovano sulla lingua
- LE FUNGIFORMI si trovano più sulla punta della lingua, ai lati ci sono le fogliate e IN FONDO AL cavo orale ci sono le circumvallate.

La conformazione che si osserva con una barra fa comprendere che questa mappa del gusto che un tempo era utilizzata, per cui il dolce si percepiva con la punta, il salato e l'acido sulla parte laterale e l'amido al fondo del cavo orale non è più valida ed è ormai più di un decennio che si è scoperto che questa mappa non ha più valore → la si riporta perché alcuni pensano che la percezione del gusto sia diversa a seconda della zona della bocca, ma non è così perché la mappa del gusto classica che si conosceva tanti anni fa, oggi giorno non è più valida. Sulla base delle conoscenze attuali ci sono 5 gusti, dolce salato, amaro, l'acido e l'umami, che è uno dei 5 gusto, ma a cosa corrisponde? al glutammato, ad es. il dado per fare il brodo o condire i piatti, l'estratto di carne, l'umami è il sapore di glutammato, quindi il sapore di dado per brodo.

"senza glutammato" sulle etichette, per indicato che non c'è il glutammato che è utilizzato come additivo alimentare, quindi siccome c'è un'indicazione di limitare gli additivi alimentare e così via e quindi dire che il sapore di un affettato, di un prosciutto non è dovuto alla presenza di un glutammato monosodico, ma del naturale aroma dell'alimento rende il prodotto più pregiato.

Ci sono due tipi di recettori di membrana che sono:

- I CANALI IONICI che permettono di percepire il salato e l'acido

I RECETTORI ACCOPPIATI A PROTEINE G che permettono di recepire il dolce, l'amaro e l'umamii. Oggi non c'è più la mappa del gusto che è stata superata, ma ci sono i recettori del gusto che servono a determinare e a percepire il sapore che può essere acido o salato, dolce, salato o umami, ma non è più localizzato in una parte precisa della lingua, ma la percezione è in funzione del fatto che le molecole finiscano a livello dei canali ionici o dei recettori accoppiati a proteine G.

Questo è il cerchio, il percorso che viene fatto affinché si abbia la percezione di un gusto dove si osserva che si introduce in bocca un composto con un certo sapore, questo interagisce con il recettore, c'è una liberazione di un neurotrasmettitore che portano ad evere los timolo nervoso e si ha la percezione del gusto e il cervello percepisce attraverso la liberazione di un neurotrasmettitore che in bocca si ha una molecola con sapore acido, dolce o amaro e così via.

Il recettore del sapore dolce è costituito da due subunità, la T1R2 e T1R3 → che quando si uniscono danno la risposta alla sostanza dolce, quindi è il dimero che riesce a percepire le sostanze dolci che si inseriscono nel cavo orale, quando si assume lo zucchero, il saccarosio piuttosto che qualsiasi altra molecola che ha sapore dolce.

Fatta questa parentesi breve su come si percepiscono i sapori, quindi la presenza di questi bottoni gustativi presenti in cima ai recettori del gusto che danno la possibilità di percepire il sapore dolce, amaro e così via

La ricerca nel campo dei dolcificanti è molto attiva, perché ovviamente il saccarosio che pure è lo zucchero naturale presente in alimenti, frutta e nello zucchero da cucina ovviamente ha dei problemi, perché il saccarosio è cariogeno, perché il saccarosio quando si ingerisce vuol dir ingerire 4 kilocalorie per grammo, perché quando si ingerisce il saccarosio, la digestione del saccarosio è molto rapida e si ha un rapido innalzamento del picco glucidico. Proprio per questi motivi si è cercato di trovare dei sostituti del saccarosio da impiegare negli alimenti per apportare il sapore dolce

La ricerca in campo di dolcificanti è molto attiva, perché si ha la necessità di preparare alimenti per diabetici, piuttosto che alimenti per la riduzione del peso corporeo quindi a basso contenuto calorico, piuttosto che prodotti non cariogeni, prodotti farmaceutici senza zucchero, quindi non bisogna pensare agli edulcoranti solo come alternativi al saccarosio negli alimenti, ma ANCHE UNO SCIROPPO PER LA TOSSE, o una qualsiasi forma di dosaggio di integratore alimentare liquida a cui si vuole dare il sapore dolce affinchè venga assunta da persone adolescenti piuttosto che bambini al di sopra dei 3 anni. Quindi è necessario proprio per tutti questi prodotti cercare di trovare dei dolcificanti alternativi, ma quali sono le caratteristiche che un dolcificante alternativo al saccarosio deve avere per essere considerato un dolcificante adeguato?

- ASSENZA DI TOSSICITÀ basata su evidenze scientifiche sperimentali i dolcificanti dal punto di vista della legislazione sono prodotti che vengono ad essere inquadrati nell' ambito degli additivi alimentare ed in quanto tali gli additivi alimentari per essere utilizzati negli alimenti devono essere considerati assolutamente sicuri alle dosi di impiego e devono essere fatti studi tossicologici molto accurati per dimostrare la completa e totale assenza di tossicità, quindi questo è il primo aspetto fondamentale → quindi gli edulcoranti sono degli additivi alimentare e come tali per poter essere utilizzati devono essere ritenuti safe alle dosi di impiego
- SECONDO ASPETTO → NON DEVONO INTERFERIRE CON IL LIVELLO DI GLUCOSIO NEL SANGUE, perché una delle problematiche proprio del saccarosio è il fatto che il saccarosio interviene proprio nell'incremento del picco glicemico e quindi se si vuole avere un'azione di non incremento del picco glicemico con tutto quello che comporta e quindi la sindrome metabolicA CON IL fatto che il nostro organismo non è in grado di rispondere a questo incremento del picco glicemico in modo adeguato o perché produce poca insulina o perché ha un'insulino resistenza, quindi l'insulina c'è, ma non riesce a svolgere la sua funzione, quindi non deve interferire con il livello di glucosio nel sangue quanto assunto
- **Deve avere delle proprietà sensoriali** il più possibile simili a quelle del saccarosio. Il saccarosio ha una dolcezza che compare in modo immediato che poi si esaudisce anche in tempi relativamente brevi, non lascia retrogusti, quindi il saccarosio ha delle proprietà alle quali noi siamo abituati e che devono essere mimate al meglio possibile dagli zuccheri che assumiamo
- **Non devono esserci retrogusti**, uno dei problemi tipici della saccarina è la presenza del retrogusto amaro, metallico. Quindi la presenza di retrogusti sicuramente non è gradita.

- **Devono essere stabili agli altri ingredienti** → si suppone di dover immettere un dolcificante in un succo di arancia che per la presenza di acido citrico, per la presenza di vitamina C, acido ascorbico, ha un pH acido e chiaramente si dovrebbe avere una molecola che è stabile al pH acido, quindi la stabilità agli altri ingredienti è fondamentale
- **Stabilità anche ai trattamenti termici come la cottura** →Se si deve utilizzare un dolcificante in un prodotto da forno, che viene sottoposto ad un trattamento termico di 180-200 gradi per mezz'ora e 40 minuti, che è un tempo medio di cottura, questo è un problema se il prodotto non è stabile dal punto di vista termico
- **UNA BUONA SOLUBILITÀ** → se si ha un prodotto da mettere in un caffè piuttosto che in una bevanda o nel latte o in un qualsiasi alimento liquido bisognerà che sia solubile affinchè sviluppi il suo sapore
- COSTO COMPETITIVO, perché se il prodotto è troppo costoso, o perché il processo produttivo è costoso o perché la fonte è costosa, si comprende che non è possibile commercializzarlo su larga scala

La legge che regolamenta gli edulcoloranti, nel 94 è stata adottata questa direttiva che è stata emendata ben per tre volte e nell'allegato 8 sono riportati i livelli massimi di impiego di ogni edulcorante ipocalorico in una data categoria alimentare. Essendo stata emendata più volte è stata portata ad anche se dal 94 ad oggi sono trascorsi 26 anni è stata emendata e quindi ha dei contenuti attuali. Per quanto riguarda il suo recepimento, si osserva il decreto ministeriale del 96 dove c'è la definizione di edulcolante come sostanza utilizzata per conferire un sapore dolce ai prodotti alimentari o per la loro edulcorazione estemporanea.

In questo decreto erano riportate anche le diciture che possono essere scritte in un'etichetta ad es. senza zuccheri aggiunti che significa che non ci sono monosaccaridi o polisaccaridi aggiunti. Una confettura senza zuccheri aggiunti significa che ha solo gli zuccheri aggiunti della frutta utilizzata e non ha monosaccaridi, polisaccaridi aggiunti oltre a quelli già presenti nel frutto oppure quelli a ridotto contenuto calorico, ossia un contenuto calorico ridotto di almeno il 30 % rispetto all'alimento normale. Sempre in questo decreto ministeriale sono riportate anche le diciture edulcorante da tavola a base di fruttosio piuttosto che a base di aspartame e di ciclamati,

Se si ha l'aspartame bisogna specificare che contiene fonti di fenilalanina perché l'aspartame è costituito anche da fenilalanina e per quanto riguarda i polioli bisogna sempre scrivere che un consumo eccessivo può anche indurre un effetto lassativo. Prendendo le caramelle che contengono xilosio, piuttosto che solbitolo ecc.. che sono dei polialcoli si osserverà che un consumo elevato può avere effetti lassativi.

Si osserva che nel 2008 è uscito il testo unico degli additivi alimentari, si osserva che è riportato, che ha subito delle ulteriori modifiche, è riportata la lista degli edulcolranti che appartengono alla categoria degli additivi alimentari e sono a tutti gli effetti degli additivi alimentari e sono affiancati dalla sigla dell'edulcorante, quindi dal numero E che permette di dire che il solbitolo che è l'E 425 piuttosto che il malnitolo che è l'E421 o l'aspartame che è l'E 451. Quindi a tutti gli effetti come tutti gli additivi, conservanti, stabilizzanti, addensanti, i conservanti, gli antiossidanti sono tutti additivi alimentari e ognuno ha il suo numero E e gli edulcoranti come additivi hanno anche loro il loro particolare numero

La lista → isomalto, la saccarina, la taumatina, l'aspartame, il lattitolo, l'oxilitolo.

Oltre a riportare la lista con tutti i numeri degli additivi vi è anche una delle tabelle che indicano il livello massimo che può essere in milligrammi litro, milligrammi kilo a seconda che l'alimento sia liquido o solido e li dove non c'è tossicità ed il caso dei polioli non è riportata la quantità massima che si può riportare a meno del fatto che poi viene detto in etichetta che quantità eccessive possono avere effetti lassativi che regrediscono nel momento in cui si sospende l'assunzione in quantità eccessiva dei polioli.

Infatti, i polioli riportano la dicitura "quantum satis ", ossia "quando è necessario", quindi non è indicato "devo avere per caramella max 100 milligrammi o 50 milligrammi". Vengono indicate, come nel caso del licopene è riportato 30 milligrammi litro piuttosto che kilo, quindi si ha un quantum satis che è testimonianza del fatto che non c'è effetto tossico e non viene indicata una dose massima da avere e non avere effetti tossici.

Al contrario si osservano altri dolcificanti che li hanno, i polioli, che non sono tossici, non viene dato il limite massimo e al contrario L'ACISULFAME se ne da una quantità di 500 grammi litro, l'aspartame la quantità di 2 grammi litro o kilo

L'acido ciclamico e i suoi Sali come il ciclamato di sodio e di calcio → 500 milligrammi, la stessa cosa con la saccarina piuttosto che il neotame, addirittura 60 milligrammi. Quindi si osserva come ci sono diverse quantità ed il neotame addirittura ne ha due, poiché qualora venga utilizzato come esaltatore di sapidità ed in questo caso viene utilizzato per aumentare il sapore dolce di altri dolcificanti, deve essere utilizzato in quantità minuscole, perché si sta parlando di due milligrammi kilo.

Tutte queste quantità si sono ottenute dagli studi tossicologici che sono stati fatti prima dell'inserimento della sostanza all'interno delle liste degli additivi positivi permessi, quindi sono stati fatti degli studi, è stata individuata una dose che non causa effetti tossici e si arriva a non avere un effetto tossico della sostanza a quella dose di impiego, quindi si può usare un livello massimo oltre il quale non si può andare.

I PUNTI FOCALI: sono le motivazioni che spingono la ricerca ad individuare nuovi dolcificanti, prodotti non cariogeni, non calorici, che non innalzano il picco glicemico. Quali sono le caratteristiche che un dolcificante deve avere per poter avere una possibilità di immissione in commercio e sono state viste tutte le caratteristiche epoi dal punto di vista della legislazione dove si vanno a collocare → si collocano tra gli additivi alimentari. Quindi:

Partendo dalla direttiva del 94, più i recepimenti degli anni successivi, e arrivando alla direttiva sugli edulcoranti alternativi al saccarosio che sono stati collocati tra gli additivi alimentari proprio perché vengono applicate le stesse identiche regole che si applicano per gli additivi alimentari come conservanti/stabilizzanti che si fanno le prove tossiche che permettono di stabilire che alle dosi di impiego il prodotto è assolutamente sicuro.

La classificazione degli edulcoranti

Se si fa una torta e si mettono 100 gr di farina, mezzo bicchiere di latte, 1 uovo, 50 grammi di zucchero, poiché in base al principio di lavoisier, nulla si crea, nulla si distrugge e tutto si trasforma e a meno dell'eventuale acqua che si allontana dal processo di cottura si avrà un certo peso alla fine. Nella torta alla fine, al di la dell'acqua che si perde per la cottura, si devono ritrova i 100 grammi di farina e 50 grammi di zucchero + i grammi di proteine presenti nell'uovo piuttosto che i componenti presenti nel latte. Se anziché dello zucchero, si mettesse dell'aspartame o della saccarina, il potere dolcificante della saccarina è 50 -100 volte superiore del saccarosio, perché se la saccarina è più dolce si suppone di 50 volte basterebbe 1 grammo di saccarina se si considera il potere dolcificante. Si può fare la stessa torta mettendo gli stessi ingredienti ed 1 grammo di saccarina, quanto prodotto otterrebbe? di meno, quantitativamente è di meno, ma il potere dolcificante è uguale o maggiore, ovviamente in un prodotto da forno quando si aggiunge lo zucchero.

Il concetto è che lo zucchero aggiunto nel prodotto da forno ha la funzione di fornire della massa, quindi se si aggiunge dello zucchero semplice? come zucchero da cucina o un dolcificante come la saccarina, a livello di peso si ha lo stesso risultato o no? no, quindi in un prodotto da forno bisogna aggiungere qualcosa che produca massa. Se si vuole dolcificare una tazza di latte o caffè e anziché aggiungere un cucchiaino di zucchero si aggiungono 30 o 60 milligrammi di saccarina, basta per dolcificare il prodotto? basta, quindi in questo caso la massa non è importante come prima.

Sulla base di queste due osservazioni, **i dolcificanti** si suddividono **in due categorie**:

- **Quelli intensivi** che sono molto dolci, che hanno un potere dolcificate decine o centinaia di volte superiori al saccarosio e basta aggiungerne piccolissime quantità per avere il sapore che servono per dolcificare bevande, yogurt, un caffè o altri prodotti di questo genere.
- Al contrario ci sono alimenti come prodotti da forno nei quali non serve solo il sapore dolce, ma anche fornire massa → nel caso della caramella lo zucchero fornisce massa, ma non serve solo a dare il sapore dolce dell'aroma, ma si mette in bocca una caramella che ha un peso di 3 -2 grammi, quindi bisogna anche fornire massa, quindi si distinguono i dolcificanti nei dolcificanti BALC che hanno più o meno lo stesso potere dolcificante del saccarosio e vanno aggiunti nell'alimento più o meno nelle stesse quantità → se si aggiungevano 3 grammi di saccarosio, si aggiungerà 3 grammi di questa sostanza, questo adulcorante balc

BALC significa massa e sono i dolcificanti che forniscono massa ed i dolcificanti intensivi sono quelli che hanno un alto potere dolcificante, maggiore di 30 500 volte il saccarosio, ne bastano piccole quantità, hanno notevole riduzione dell'apporto calorico. Ci sono dei dolcificanti intensivi che a parità di peso hanno lo stesso potere calorico del saccarosio, ma se, se ne usa 500 volte meno ed il potere dolcificante diventa 500 volte meno, quindi praticamente nullo. I 4 dolcificanti intensivi maggiormente utilizzati in italia sono lacilsulfame, l'acilspartame, il ciclamato e la saccarina

A livello europeo, anche si hanno poca diffusione in ITALIA si ha anche la TAUMATINA e la NEOESPERIDINA che hanno un potere dolcificante estremamente più elevato. La taumatina 2000 volte più dolce del saccarosio e questi dolcificanti sono quelli tipici nelle bustine o compressine di dolcificante veramente molto piccole che contengono pochi milligrammi di saccarosio o di amido giusto per permettere la compressione e pochissimi milligrammi del dolcificante e si possono avere in forma di compresse, polveri e in forma di soluzioni e possono essere utilizzate nelle gomme da masticare, nelle caramelle e in aggiunta possono essere utilizzati anche altri prodotti che consumano massi. Il consumo eccessivo può dare danni per l'organismo e questi dolcificanti hanno anche la DGA che è la dose giornaliera ammisibile, quindi la quantità massima che si può assumere giornalmente di quel particolare edulcorante, ad es. la confettura senza zuccheri aggiunti che contiene i dolcificanti alternativi, delle caramelle con questi dolcificanti, si potrebbe assumere del dolcificante che si potrebbe mettere nel caffè, nel caffè latte.

Sono tante le fonti che possono dare questi prodotti e si fanno delle stime di una dieta che contiene un certo dolcificante in vari prodotti alimentari e viene indicata la quantità massima giornaliera ammissibile che non deve essere superata. La DGA è la quantità calcolata in funzione del peso corporeo che si può assumere quotidianamente per tutta la vita senza rischi per la salute e viene espressa in milligrammi per kilogrammo di peso corporeo al giorno e viene espressa per kilogrammo di peso corporeo, perché se lo assume una persona che ha un dato peso può avere un effetto, se lo assume un soggetto che pesa 20 kg in più di un altro, ha un altro effetto e quindi bisogna calcolarlo in kilogrammo di peso corporeo in modo da poter avere un apporto massimo per le varie fasce di popolazioni, anche pensando ad un adolescente può avere ancora un peso basso, perché è ancora basso di statura.

Oltre a questi ci sono gli edulcoranti BULK o adulcoranti di massa che sono rappresentati dai polioli → il mannitolo, lo xilitolo, maltitolo, isomalto e lactitolo e sono tutti polialcoli che vengono utilizzanti nelle gomme da masticare, e anche nei prodotti in cui bisogna fornire massa, quindi nelle caramelle piuttosto che prodotti da forno. Questi edulcoranti BULK che sono appunto i polialcoli che hanno un'azione lassativa ad alte dosi che sono quelli che si hanno quando si mangia la MANNA che contiene il mannitolo che un tempo era usato come lassativo, era già un prodotto abbastanza superato in passato, questo pezzo di manna aveva un effetto lassativo perché era sostanzialmente mannitolo

Mannitolo e xilitolo sono naturali presenti nella manna, in alcuni legni. LO xilitolo è usato soprattutto nei paesi nordici e fanno dei dolci a base di xilitolo. Il maltitolo, l'isomalto che sono di sintesi ed ottenuti a partire dai disaccaridi.

I polioli HANNO IN GENERE UN POTERE DOLCIFICANTE MEDIO simile al saccarosio e a volte leggermente più basso rispetto al sACCAROSIO e hanno un contenuto energetico circa uguale, hanno un contenuto di 2,4 kilocalorie per grammo, sono bulk, quindi forniscono massa, non sono acalorici, ma forniscono calorie e se ne usano quantità simile al saccarosio e sono solo un pochino meno calorici e sono usati li dove è necessario fornire una certa massa al prodotto, perché hanno un potere calorico circa uguale a quello del saCCAROSIO? perché si riconducono nelle vie metaboliche dei glucidi.

Per i polioli non c'è un valore di DGA, quando era stato letto nell'allegato sulla legge degli additivi alimentari la parola quantum satis, l'unica eccezione è costituita dal mannitolo per il quale si hanno questi 50 milligrammi per kilogrammo di peso corporeo die, che è una quantità massima oltre la quale si hanno effetti secondari e addirittura si può arrivare ad un effetto tossico. L'effetto lassativo si ha per la quantità di 20 grammi Die. Se si assumono 10 caramelle che contengono xilitolo, alla fine circa 2 grammi-1 grammo e mezzo a caramella, si ha questo effetto secondario che è quello lassativo, proprio per questo

Sulla confezione, sull'etichetta delle caramelle che contengono questi polioli, deve essere sempre scritto "contiene polioli, quindi il consumo di grandi quantità può avere effetti lassativi"

L'effetto lassativo è dato da tutti i POLIOLI, anche lo xilitolo da un effetto lassativo oltre 20 grammi al giorno. Quindi i vari polioli hanno tutti questo effetto lassativo. Sia gli edulcoranti intensivi che quelli balk sono utilizzati in formulazioni come farmaci senza zucchero, ad es, le caramelle per la gola, sciroppi e sospensioni per limitare l'effetto cariogeno di un prodotto farmaceutico, possono essere utilizzati in prodotti cosmetici, ad es collutori, dentifrici, prodotti nei quale si vuole mettere un sapore dolce per rendere il prodotto più gradito ai bambini togliendo il potere cariogeno

La SACCARINA è una molecola ottenuta per sintesi alla fine del 1800 ed è stata utilizzata solo molto più tardi e solo più recentemente ed il potere dolcificante a seconda delle fonti bibliografiche è tra 300 - 500 volte quello del saccarosio e la saccarina ha un retorgusto amaro e metallico ed è particolarmente sgradevole ad alte concentrazioni, è stabile al calore ed in ambiente acido ed è per questo che la saccarina può essere ritrovata in alimenti che subiscono trattamento termico. La saccarina nonostante sia stata criticata per un eventuale discorso di tossicità e non è mai stata rilevato un effetto tossico, quindi la saccarina che è stabile al calore, che è inerte nei confronti degli altri ingredienti dell'alimenti che non da problemi di conservazione è sicuramente un buon dolcificante ed ha una tradizione d'uso molto lontana nel tempo e la saccarina effettivamente è da considerarsi un buon dolcificante.

È spesso associata al CICLAMATO, perché nel ciclamato l'insorgenza del potere dolce del ciclamato avviene con una certa lentezza, quindi si mette in bocca l'associazione in genere nel rapporto 1 a 10 con la saccarina, quindi prima si percepisce il sapore dolce della saccarina, quando si arriva a percepire il retrogusto che insorge dopo, amaro e metallico tipico della saccarina, questo viene coperto dal sapore dolce ciclamato. Quindi prima si percepisce il sapore dolce della saccarina, poi quello del ciclamato che va a coprire il retrogusto della saccarina.

Quest'associazione saccarina-ciclamato, saccarna aspartame è spesso usata per coprire proprio il sapore dolce. Siccome la saccarina se non è usata come sale sodico è piuttosto poco solubile, viene usata come sale perché il sale la rende particolarmente solubile. Si può usare il sale di sodio, ma in soggetti in cui il sodio è controindicato perché si ha già ipertensione si utilizza il sale di calcio e la solubilità del sale calcico e sodico della saccarina è particolarmente elevata 0,67 milligrammi/millilitro a T ambiente.

La saccarina non è metabolizzata e quindi viene assorbita ed eliminata tal quale con le urine e ad alte dosi provoca il cancro alla vescica nei ratti, ma è stato dimostrato che i meccanismi che inducono il cancro alla vescica nei ratti sono diversi dai meccanismi che inducono il cancro nella vescica dell'uomo. Quindi è tossica nei confronti dei ratti ad alte dosi, ma non è tossica alle dosi di impiego permesse per gli uomini. Quindi la saccarina ad oggi è considerata uno dei dolcificanti più sicuri, nonostante il consumo generalizzato per lungo termine, in nessuno dei numerosi studi la saccarina ha potuto essere associata allo sviluppo di neoplasie.

In alcuni rari casi la saccarina può dare origine ad allergie, ci sono numerosi soggetti che vanno incontro ad allergie la saccarina può dare casi di allergia, può esserci orticaria, prurito, problemi intestinali, tachicardia.

Sicuramente, e questo in generale per tutti gli additivi alimentari di qualsiasi genere e quindi anche gli edulcoranti, l'uso è sconsigliato nei bambini e nelle donne in gravidanza, perché

Nei bambini se i dolcificanti vengono espressi come milligrammi per kilogrammo di peso corporeo die, effettivamente il bambino con un peso basso può assumere gli edulcoranti in una quantità massima minore rispetto all'adulto che pesa 60-70 kili, al contrario il bambino avendo un peso basso può assumerne una quantità minore, ma è più difficile rimanere al di sotto dei livelli di quantità giornaliera accettabile perché magari i lbambino beve una lattina di coca cola dolcificata con dolcificante così come un adulto e non è che beve una quantità inferiore, omaggia un prodotto da forno dolcificato nella stessa quantità di un adulto, così come una merendina, ma nel caso del bambino che pesa 25 kg, l'apporto prokilo è di un certo tipo, al contrario se si considera un adulto che pesa 60-70 kili l'apporto prokilo sarà differente e ovviamente più basso, quindi generalmente è sconsigliato l'uso nei bambini che possono manifestare ipersensibilità generalizzate, insonnia e sintomi neurologici. Così come è sconsigliato nei bambini, è sconsigliato anche nella donna in gravidanza soprattutto se il prodotto, è stato dimostrato che passa la placenta e va a contatto con il feto e il bambino durante la gravidanza. (si osserva la formula della saccarina riportata come sale sodico perché in genere è molto solubile come sale sodico e viene assunta come sale e non diversamente)

L'ASPARTAME che contiene una fonte di fenilalanina (indicazione obbligatoria in erichetta) è un estere dipeptidico tra l'acido aspartico e la fenilalanina che sono due amminoacidi in cui c'è esterificazione con alcol metilico. Considerando la formula dell'aspartame dove c'è l'acido aspartico riportato in blu e la fenilalaninana riportata in rosso e l'esterificazione del carbossile della fenilalanina con un gruppo metilico, quindi con alcol metilico. L'aspartame è anch'esso un dolcificante intensivo che ha un potere dolcificante da 130 a 250 volte maggiore al saccarosio, anche qui dipende molto dalla matrice alimentare, ha un contenuto energetico assolutamente identico a quello del saccarosio e apporta 4 kilocalorie per grammo, ma non si assumerà mai 1 grammo di aspartame, che è una quantità immensa e vuol dire assumere immettere in una tazzina di caffè una quantità enorme di saccarosio, quindi più di 100 grammi di saccarosio, quindi l'aspartame viene usato in quantità dei milligrammi perché basta per dolcificare, perché è un dolcificante intensivo → l'apporto calorico è irrilevante, eprchè apportare 0,04 kilocalorie epr grammo è praticamente come non apportare calorie. È stabile al pH acido e al contrario poco stabile ad alte temperature, per cui l'aspartame, se si fa un dolce e bisogna fare un prodotto da forno, una torta e dei biscotti e si ha l'aspartame in polvere, non bisogna utilizzarlo nel prodotto da forno, in quanto instabile ad alte T.

L'aspartame si utilizza per dolcificare i prodotti: gelati, yogurt, bibite, l'aranciata e succo di frutta, la confetteria piuttosto che prodotti per igiene orali e prodotti farmaceutici che non richiedono un trattamento termico di preparazione.

L'aspartame è scisso nell'organismo in metanolo, acido aspartico e fenilalanina. L'acido aspartico è eliminato per via polmonare sotto forma di CO_2, la fenilalanina entra nel pool di amminoacidi liberi che servono per la sintesi proteica e il metanolo?

Il metanolo viene assorbito, rappresenta il 10% dell'aspartame che si assume ed è metabolizzato in formaldeide, acido formico e CO_2, ma il metanolo è tossico e porta a cecità addirittura, però bisogna fare i conti, in quanto un po' di metanolo c'è anche nel vino, nella fermentazione alcolica un po' di metanolo si forma, il metanolo è un prodotto tossico, ma è tutta una questione di dosi. L'aspartame è un dolcificante intensivo, se ne assume pertanto quantità piccolissime altrimenti il prodotto verrebbe troppo dolce, quindi è assunto in quantità molto piccole e il metanolo rappresenta il 10 % di queste quantità molto piccole e la quantità di metanolo apportata è inferiori ad alimenti comunemente utilizzati come il vino. Quindi dire che l'aspartame è tossico perché contiene il metanolo non è corretto, perch è la quantità di metanolo apportata è talmente tanto irrisoria che non è una quantità che può sviluppare tossicità a livello nervoso. Per accumulo di formiati nel sangue è necessaria l'assunzione di metanolo alle dosi di 200 -500 milligrammi per kilogrammo di peso corporeo che è una quantità decisamente superiore alla dose massima di metanolo che si apporta con l'aspartame. Quindi il metanolo apportato con l'aspartame non è assolutamente tossico.

La fenilalanina entra nella sintesi proteica come amminoacido delle proteine e se viene assunta in eccesso viene escreta come CO_2. Esiste una patologia che è la fenilchetonuria → malattia metabolica rara dovuta ad un difetto genetico, quindi c'è questo accumulo di fenilalanina che ha un effetto tossico, quindi nel soggetto fenilchetonurico l'aspartame non va consumato, siccome l'aspartame sia che venga riportato come nome, sia che come sigla su un particolare, non viene ricondotto nel consumatore medio alla fenilalanina, il fenilchetonurico sa che non deve assumere fonti di fenialanina, bisogna scrivere sull'etichetta la caramella, il prodotto, lo yogurt dolcificato con aspartame contiene una fonte di fenilalanina e in questo modo anche un consumatore medio, che giustamente non deve necessariamente conoscere la formula di struttura dell'aspartame e sapere che l'aspartame contiene la fenilalanina può sapere che quel alimento non è a lui destinato, quindi può decidere consapevolmente di non assumere quel alimento perché contiene una fonte di fenilalanina, quindi questo è un aspetto molto importante.

Oggi giorno 200 milioni di persone utilizzano 6 mila prodotti alimentari farmaceutici contenenti aspartame e non sono fenilchetonurici, perché non possono assumerlo e la quantità media assunta giornalmente è di 2 -3 milligrammi per kilogrammo di peso corporeo e la DGA è intorno ai 40-50 milligrammi per peso corporeo a seconda che si considera la DGA in europa o negli stati uniti. Negli anni 70, sono stati fatti studi di cancerogenicità su ratti e su topo che non hanno evidenziato alcuna cancerogenicità tanto che l'aspartame è stato messo in commercio sia in europa che negli stati Uniti. Negli anni 90 la fondazione europea di oncologia e scienze ambientali ramazzini aveva fatto degli studi sull'aspartame ed aveva individuato degli effetti tossici negli animali da esperimento ed in particolare aveva dimostrato che c'erano degli effetti a livello di alcune tipologie di cancr. Questi studi sono stati poi presi in ocnsiderazione dall'autority europea per la sicurezza alimentare, l'exsa che è un ente europeo che ha sede a Parma ed hanno potuto confermare la safety dell'aspartame anche se questi studi avevano messo in evidenza degli effetti cancerogeni, sostanzialmente per il fatto che questi studi erano stati condotti utilizzando delle dosi elevatissime di aspartame. Questo concetto è molto importante, quindi gli additivi alimentari sono sicuri alle dosi di impiego, quindi alle dosi massime previste, quindi bisogna stare molto attenti a non assumere quantità molto eccessive, ma se si assumono alle dosi corrette gli additivi alimentari sono stati studiati per non dare un effetto di tossicità, quindi è stat dimostrata la sicurezza, quindi la non tossicità →quindi è importante ricordare questo aspetto. Alcuni esempi di prodotti dolcificati con aspartame che contengono farmaci che hanno un sapore dolce grazie alla presenza appunto dell'aspartame.

Un altro prodotto è l'ACESULFAME, prodotto con struttura chimica abbastanza simile a quella della saccarina e condivide con la saccarina alcune proprietà tra cui anche il fatto di avere questo sapore dolce e se assunto in forma di sale di potassio molto solubile in acqua, è scarsamente solubile in etanolo, stabile al calore ed in ambiente acido o basico, è adatto alla produzione dei prodotti di basticceria o a lunga conservazione proprio perché può essere sottoposto a trattamento termico e anche l'acilsulfame è estremamente dolce e ha un potere dolcificante 200 volte quello del saccarosio. Come la saccarina e la struttura è molto simile, ha un retrogusto amaro e anche l'acesulfame viene spesso associato all'aspartame per cercare di coprire il retrogusto amaro, è usato nella microconfetteria, nelle bevande alcoliche ipocaloriche con quantità massime ben definite, non è metabolizzato dall'organismo ed è escreto in modo immodificato nelle urine. Alcuni hanno messo in evidenza un possibile effetto cancerogeno dell'acilsulfame, ma nesusno studio ha mai rivelato effetto tossici alle dosi di impiego, quindi sia l'FDA, sia l'EFSA, quindi european food safety authority, quindi autorità europea per la sicurezza degli alimenti, l'hanno ritenuto un prodotto sicuro.

La formula dell'acesulfame è molto simile aquella della saccarina

IL CICLAMATO è anch'esso come gli altri precedenti dolcificanti alternativi, un dolcificante di tipo acariogeno, quindi è un dolcificante che viene sostanzialmente utilizzato nelle caramelle, nei succhi di frutti, è stato anch'esso sintetizzato nei primi anni del 900 ed è come la saccarina, ha una storia molto lunga anche se il suo consumo è stato solo dopo diffuso più recentemente nella seconda parte del secolo scorso. Viene utilizzato sia il sale sodico che di calcio per la stessa ragione della saccarina, ossia che en soggetti che non possono assumere il sodio perché già ipertesi, si usa il sale di calcio, essendo un sale è molto solubile in acqua, ma non è solubile nei solventi polari, scarsamente solubile in etanolo e così via, p stabile alla luce, al calore, in un vasto intervallo di pH ed il ciclamato fra i dolcificanti intensivi è quello meno dolce, perché mentre 500 volte più dolce dellozucchero per i dolcificanti precedenti, si ha 30 volte più dolce del saccarosio, in più ha un potere dolcificante che diminuisce al crescere della concentrazione, quindi è meno dolce rispetto agli altri dolcificantiintensivi. La DGA è pari a circa 10 milligrammi per kilogrammo di peso corporeo. I ciclamati vantano un uso anche loro sicuro da oltre 50 anni, anche se anche per questi sono stati fatti numerosi studi per cercare di capire se fossero tossici o meno. In particolare, il ciclamato viene assorbito lentamente ed in parte eliminato nel tratto gastrointestinale, viene escreto nelle urine, non metabolizzato e una piccola parte può essere metabolizzata a cicloesilammina per effetto della flora microbica. Alla cicloesilammina è stata attribuita una potenziale cancerogenicità, quindi siccome non tutti hanno lo stesso microbiota e non tutti sono in grado dimetabolizzare il ciclamato, quindi per non tutti si forma la cicloesilammina, tuttavia non sapendo bene se il nostro organismo è in grado o meno di metabolizzare il ciclammato, tra tutti i dolcificanti visti sarebbe quello da utilizzare meno anche se in questo caso la cancerogenicità è stat vista nel cancro alla vescica dei ratti, che è un cancro indotto con meccanismi diversi rispetto a quelli che si verificano nell'uomo, quindi ci sono dei dubbi sulla potenziale cancerogenicità del ciclamato, ma non ci sono dati di prove certe che abbiano evidenziato il potere cariogeno, quindi sicuramente limitare l'uso del ciclamato può essere una buona idea e non a caso hanno messo una DGA piuttosto bassa, perché si pensa alla DGA dell'aspartame intorno ai 40 -50 milligrammi kilo, qui è 5 volte più bassa,11 grammi kilo ed in alcuni paesi anche più bassa. Quindi effettivamente tra tutti gli edulcoranti è qullo che più si dovrebbe evitare di assumere e questa è la formula del ciclamato di sodio.

CAPITOLO 8

Tra i dolcificanti BALT il più utilizzato è lo OXILITOLO, che è presente in tutte le gomme da masticare e si osserva anche il perché è presente nelle gomme da masticare, è un polialcole costituito da 5 atomi di C e quindi è derivato da un pentoso in quanto a 5 atomi di C e il suo numero E è 597 ed è utilizzato come succedanio del saccarosio e si trova nelle fragole, lamponi, prugne, nel grano, nella betulla, nelle sequoie e quindi è anche molto diffuso nei legni di queste piante,è principalmente importato dalla Cina come succede per moltissimi prodotti ed ha un potere dolcificante simile a quello del saccarosio, solo che è leggermente più basso ed i polialcoli forniscono 2,4 kilocalorie per grammo contro le 4 kilocalorie per grammo degli zuccheri, quindi i polialcoli sono leggermente meno calorici perché hanno un potere calorico che è il 60% del potere dello zucchero.

In Europa è molto usato per le gomme da masticare ed è molto popolare in Finlandia, li dove ci osno molte betulle e lo estraggono proprio dalle betulle e l'OXILITOLO viene anche usato non tanto come dolcificante alternativo al saccarosio, ma come dolcificante, quindi come zucchero. In Finlandia non c'è la barbabietola da zucchero, tanto meno la canna da zucchero che è dei paesi tropicali e quindi il loro zucchero tradizionale non è l'oxilitolo, ma il saccarosio ed infatti fanno dolci tipici finlandesi con questo polialcole.

L'OXILITOLO è molto interessante perché non solo non ha potere carigoeno perché non è il saccarosio, non è uno zucchero e non ha potere cariogeno, ma anche aiuta a favorire la rimineralizzazione dello smalto dentale. La carie è dovuta allo streptococcus mutans e bisogna capire come si forma la lesione cariosa dovuta alla presenza dello streptococccus mutans che fa la fermentazione lattica e abbassa il pH. Con l'oxilitol ovi è la possibilità di favorire la rimineralizzazione di piccole lesioni cariose equindi si comprende che l'oxilitolo è molto favorevole, in quanto ha un duplice effetto, non è solo interessante dal punto di vista dell'azione non cariogena che gli zuccheri hanno, ma è anche interessante dal punto di vista invece della rimineralizzazione dello smalto dentale. In più ovviamente non favorisce la formazione della placca e perché? ovviamente perché il saccarosio che viene metabolizzato dai microrganismi della carie dentale producono un beta glucano a base di glucosio che è la matrice della placca dentale. Quindi da un lato i lglucosio ed il saccarosio sono utilizzati dall'organismo durante la fermentazione lattica per produrre acido lattico. D'altro canto, i carboidrati cariogeni sono in grado di costituire un substrato per la sintesi del glucano che è il componente della placca dentale e perché si dice che deve essere fatta una corretta igiene orale per proteggere la placca? perché se si forma a partire da questi carboidrati il beta glucano che va a costituire la placca dentale, questo appunto si deposita sui denti, il microrganismo è embended, è dentro nella placca dentale, si attacca la placca allo smalto, contiene il microrganism oche metabolizza il glucosio dando origine all'acido lattico che abbassa il pH e questo pH acidpo, questo ambiente acido resta a contatto dello smalto e cosa succede? succede che rimanendo a contatto con lo smalto provoca una lesione ed è per questo che bisogna fare quest'igiene orale costante proprio perché si elimina la possibilità di avere il deposito di placca sul dente, eliminato il deposito di placca sul dente, si ha la possibilità di eliminare in questo modo il microrganismo, il quale non produrrà l'acido lattico che a sua volta induce la lesione cariosa.

Quindi MORALE non è cariogeno perché non da origine all'acido lattico, quindi non c'è l'abbassamento del pH in bocca, non è substrato per il formare della placca, favorisce la rimineralizzazione, quindi si comprende che la possibilità di veicolare un prodotto di questo genere tramite le gomme da masticare che rimangono, a differenza delle caramelle, in bocca per lungo tempo ovviamente favorisce non solo l'igiene della bocca, ma anche la riduzione dell'incidenza della carie dentale.

Ecco perché l'oxilitolo è presente nelle cicche da masticare perché ha queste proprietà. Inoltre, sembra anche che abbia un'azione anche a livello di osteoporosi, queste sono ricerche condotte su animali da esperimento dove è stata indotta un'osteoporosi artificiale con indebolimento delle ossa e riduzione della densità ossea ed è stato visto che l'oxilitolo ha un'azione di prevenzione dell'osteoporosi.

Altar cosa molto interessante è quella delle Infezioni otologiche, quindi otiti ecc...il fatto che venga messo nelle gomme da masticare che tendono a rimanere nel cavo orale a lungo è molto positivo anche per questo, perché nel cavo orale si libera pian piano oxilitolo proprio grazie alla connessione tra il cavo orale e l'orecchio c'è una sorta di RETRODIFFUSIONE e quindi grazie a questa retrodiffusione e grazie all'attività ANTIBATTERICA DELL'OXILITOLO sui batteri responsabili di infezioni come otiti, si ha una riduzione delle otiti, quindi le persone soggette ad otiti potrebbero essere favorite nell'utilizzo e consumo di queste gomme da masticare all'oxilitolo proprio grazie alla retrodiffusione tra l'orecchio e la gola c'è questa possibilità di prevenire le otiti.

Tra tutti i polialcoli, anche l'oxilitolo (considerando la dose) ha effetti lassativi enon si pososno assumere quantità troppo elevate di oxilitolo perché altrimenti ci sono queste manifestazioni diarroiche. Non ci sono effetti tossici conosciuti e questo porta al fatto che non essendo effetti tossici, ci sia una sorta di mancanza della DGA.

Per l'aspartame, per i ciclamati vi è la DGA, ossia la dose giornaliera accettabile perché oltre un certo livello è bene non andare perché potrebbero insorgere problemi di tossicità. La legge scriveva quantum santis, quando necessario, quindi non ci sono effetti tossici conosciuti.

- Un aspetto in tutti questo quadro positivo dei polialcoli che potrebbe essere un problema, ma soprattutto per i soggetti che sono predisposti è che potrebbe aumentare la quantità di acido ossalico nelle urine e promuove lo sviluppo di calcoli di ossalato di calcio nel topo. Quindi i soggetti che hanno predisposizione a colcolosi da ossalati (perché non tutti i calcoli sono a base di ossalati), ma quelli che hanno i calcoli da ossalati, devono stare attenti perché potrebbero esserci queste problematiche.
- Non è indicato per i diabetici, perché anch'esso ha il suo picco glicemico, perché seguendo il metabolismo degli zuccheri, anche se non porta all'aumento del picco glicemico come succede per il saccarosio, poiché il picco glicemico è circa la metà come anche il potere calorico è circa la metà.

Quindi tutto è connesso ovviamente se c'è un picco glicemico, anche lo xilosio da il picco glicemico e tutti gli effetti positivi potrebbero essere perfettamente annullati dal momento in cui si ha un soggetto diabetico. LA MOLECOLA DELL'OXILITOLO, sarebbe un pentoso dove uno dei due OH all'estremità della catena deriva dal processo di riduzione del gruppo aldeidico dello zucchero.

(Le sigle degli additivi vengono definite da enti predisposti e appartengono a certe categorie, ma non si riuscirà mai a dire l'E. . è l'oxilitolo perché è così così, sono sigle attribuite da enti che non hanno correlazioni con la formula chimica ecc... ad es. il caramello è E150, quindi ogni additivo ha la sua sigla e viene identificato con una sigla, quindi è un codice.)

Il SOLBITOLO è un altro polialcole e si osserva anche dalla formula, ha 6 atomi di C, quindi il solbitolo ha 6 atomi di C, anch'esso ha potere dolcificante pari al 60% del saccarosio e anch'esso ha un potere calorico pari al 60% degli zuccheri perché ha un potere dolcificante di 2,4 kilocalorie per grammo. È interessante perché può essere utilizzato dai diabetici e durante la digestione si trasforma in fruttosio e quindi il solbitolo segue il metabolismo del fruttosio.

- È ACARIOGENO, quindi è interessante in quanto acariogeno
- Ad alte dosi in soggetti intolleranti può provocare disturbi di tipo gastrointestinale quale la diarrea

Un altro dolcificante particolarmente interessante è

IL TAGATOSIO, un chetoesoso un isomero del fruttosio IN POSIZIONE 4, quindi l'OH è in posizione beta. IL TAGATOSIO, perché sembra essere così interessante? innanzitutto, il tagatosio non è un polialcole, ma è uno zucchero, isomero del fruttosio, per cui il potere dolcificante è praticamente uguale a quello del saccarosio del 92%, quindi un potere dolcificante altissimo non è cariogeno, ha un ridotto potere calorico, e vanti effetti prebiotico. Ci sono 4 criteri per definire PRE BIOTICO quando si parla della fibra prebiotica. **PREBIOTICO** significa che è favorevole alla crescita dei microrganismi che si chiamano eubiotici, che sono quelli positivi che si contrappongono ai patogeni, quindi sono quelli che favoriscono la salute del tratto gastrointestinale e sistemica SONO I MICRORGANSIMI EUBIOTICI

- È anche un potenziatore di aroma

IL TAGATOSIO È uno zucchero naturale, in quanto presente nel latte di mucca, ed è quindi uno zucchero che è un prodotto naturale. Nel latte di mucca è presente in quantità molto ridotte, quindi il latte di mucca non può essere considerato come produttore di tagatosio. La produzione industriale è a step e comincia a partire dal lattosio, che viene scisso prima in glucosio e galattosio attraverso idrolisi enzimatica, poi viene separato per via cromatograFICA in galattosio che viene convertito in tagatosio in condizioni alcaline, poi viene purificato e si ottiene lo zucchero. Sono molto interessanti le proprietà del tagatosio, ma la sintesi ad oggi è molto costosa, è un prodotto semisintetico, in quanto si parte da uno zucchero comunque naturale che è il lattosio, ha molti passaggi ed è un prodotto molto costoso e perché ha pochissimo potere calorico?

il fruttosio ed il tagatosio sono degli isomeri e vengono metabolizzati in modo diverso dall'organismo, perché il sistema di trasporto del fruttosio che si trova nell'intestino tenue mediato da una proteina che trasporda il fruttosio permettendone l'assorbimento non ha affinità per il tagatosio, quindi il sistema che trasporta il fruttosio con il tagatosio non ha affinità, quindi il tagatosio non viene ASSORBITO. Quindi se il tagatosio non viene assorbito molto poco, o meglio solo per il 20 %, quindi quel minimo di affinità con il recettore che permette di portare il 20% di tagatosio nel circolo, quindi l'assorbimento è molto ridotto e la percentuale non assorbita viene fermentata dalla microflora batterica in acidi grassi a corta catena → quando si parlerà della fibra prebiotica, che è positiva per i microrganismi eubiotici

La fibre prebiotica è quella fibra che metabolizzata dai microrganismi eubiotici produce acidi grassi a corta catena tra cui acido buturrico che ha un ruolo positivo sul metabolismo dell'enterocita, quindi favorisce la salute dell'eneterocita, addirittura l'acido butirrico prodotto dalla fibra alimentare grazie al metabolismo da parte dei microrganismi eubiotici, serve per garantire l'apporto energetico, il fabbisogno energetico dell'enterocita, quindi in presenza dell'acido butirrico l'enterocita ha un effetto trofico, positiv. Quindi il tagatosio viene solo in piccola parte assorbito in quanto ha scarsa affinità per il recettore del fruttosio pur essendo un isomero del fruttosio e quindi passa poco e niente in circolo, viene metabolizzato ad acido grasso come acido butirrico, pur sempre un acido grasso che ha comunque un suo potere calorico, perché l'acido grasso viene assorbito. Quindi alla fine il basso potere calorico del tagatosio è dovuto al fatto che viene assorbito poco e che produce quel pochino di acido butirrico che essendo assorbito provoca quell'effetto calorico e da li deriva l'effetto calorico.

LA FERMENTAZIONE COLONICA del tagatosio favorisce l'incremento della flora batterica eubiotica (lattobacilli, fibidobatteri) a scapito di quella patogena putrefattiva, favorendo la salute a livello del tratto gastroenterico e poi anche a livello sistemico. Quindi il tagatosio che è uno zucchero dal punto di vista chimico ha un valore calorico di 1,5 per grammi, addirittura più basso dei polioli, dei polialcoli che avevano un potere calorico di 2,4 kilocalorie per grammo.

Il tagatosio dato che viene assorbito per il 20 % dai recettori del fruttosio non favorisce l'innalzamento dei livelli di glucosio, perché è assorbito troppo poco e quindi può essere indicato anche per i soggetti diabetici, è uno zucchero, ma viene convertito molto lentamente in acido lattico e in glucani responsabili della placca dentaria, quindi è anche lui acariogeno. Quindi è solubile in H2O poiché è a tuti gli effetti uno zucchero, semplice con tutti gli OH alcoli, quindi è solubile come il glucosio, il fruttosio. A T elevate si ricompone, come succede per gli zuccheri e subisce la reazione di caramelizzazione.

Se non fosse così costoso il processo produttivo sarebbe un interessantissimo prodotto ed è anche un esaltatore di sapidità, ha proprietà sinergiche rispetto ad altri aromi e dolcificanti ed infatti potenzia l'azione dell'aspartame, dell'acilsulfame, velocizza l'innesco della sensazione di dolcezza e riduce il retrogusto amaro, migliora le caratteristiche sensoriali, non c'è la sensazione di secchezza, nonc'è il retrogusto dolciastro ed amaro e così via... → quindi sarebbe un prodotto interessante se si riuscisse a gestire la sintesi a costi più basti, questo sarebbe studiato per garantire la safety ed eventualmente inserito tra gli additivi ed edulcoranti di interesse. In Europa non è ancora utilizzato e l'FDA l'ha provato nel 1999.

ALTRO INTERESSANTISSIMO DOLCIFICANTE, ossia LA STEDIA che va molto di moda, presente nella coca cola e nelle gomme da masticare e il grosso imput che c'è stato a favore della diffusione della stedia è derivato dalla coca cola, consumata in tutto il mondo e ha reso la stevia, quindi i dolcificanti steviolici famosissimi. La stedia è un additivo alimentare abbastanza recente, osservando la data dell'opinion, favorevole, quindi l'exa ha espresso un'opinione favorevole per la sicurezza degli additivi stediolici.

Èstata poi ammessa dall'unione europea e la stevia è utilizzabile ed ha una DGA pari a 4 milligrammi per peso corporeo. I glicosidi steviolici si trovano in una pianta che è la pianta della stevia che è la cosiddetta stevia rebaubiana bertoni, pha un potere dolcificante altissimo e si arriva fino alle 300 volte superiore al saccarosio, perché c'è una forchetta così ampia? dipende dal grado di purezza:

se si prendesse una foglia di stevia, che ha tutta la matrice, la parte di cellulosa e quindi tutti gli altri componenti e si masticasse una foglia di stevia, il potere dolcificante è più basso. Se si purificano i glicosidi steviolici, ovviamente il potere dolcificante è molto alto.

Per i bambini è stata imposta una DGA più bassa che ha portato ad un'esposizione, hanno fatto il colto e hanno visto che l'esposizione va da 1,7 a 16 milligrammi di peso corporeo al giorno mentre per gli adulti le stime di esposizione sono più basse e proprio per questo si è pensato che nel bambino l'esposizione potesse anche essere troppo elevata e si tende a limitare l'uso della stelvia nei bambini altrimenti sarebbe un'esposizione superiore a quella permessa dalla DGA.

I GLICOSIDI STEVIOLICI E9160 è il loro codice e sono anche utilizzabili negli integratori alimentari in forme di capsule, compresse e pastiglie da masticare liquidi, sciroppi e i glicosidi steviolici sono divenuti molto di moda.

LA FIBRA.

Quando abbiamo cominciato a parlare dei glucidi ed in generale degli zuccheri è stato detto che si possono fare vari tipi di classificazione:

Una di interesse dal punto di vista NUTRIZIONALE dividendoli in disponibili e non disponibili:

- **I GLICOSIDI DISPONIBILI** erano quei glucidi che ci permettono di ottenere degli zuccheri, in particolare il glucosio ed hanno un potere calorico e poi ci sono zuccheri che non permettono di avere glucosio, non si possono digerire e non si considerano come fonte di glucosio

La fibra alimentare va ricondotta per tutti i componenti ad eccezione di uno ai carboidrati non disponibili, ovvero da carboidrati non digeribili che non possono essere considerati per l'uomo fonde di glucosio. Questa è la definizione. Quindi da quali componenti è costituita la fibra alimentare? La fibra è costituita da carboidrati non disponibili, ovvero non digeribili che pertanto non possono essere considerati per l'uomo fonte di glucosio. Quindi la fibra è costituta da polisaccaridi, cellulosa, peptina, inulina, FOS e GOS, ossia frutto oligosaccaridi, galatto oligosaccaridi e l'amido resistente

L'amido è assolutamente da considerarsi un carboidrato disponibile, ma l'amido resistente, ossia la porzione di amido o perché c'è l'amilopectina e pertanto l'enzima non riesce ad esporre il sito catalitico, non c'è tutta la digestione o per una ragione o per un'altra, l'amido non viene in parte metabolizzato, quindi l'amido resistente è anch'esso fibra. L'amido non è fibra, perché l'amido da origine al glucosio, ma vi è una piccola frazione di amido che è l'amido resistente che è fibra.

Quello che non era carboidrato pur essendo fibra è l'ultimo componente, ossia la LIGNINA:

L'ULTIMO COMPONENTE è LA LIGNINA, polimero non glucidico derivato del fenilpropano →alla domanda la lignina è fibra? Si, ma NON È UN CARBOIDRATO, quindi è un polimero del fenilpropano. Quindi la porzione dei carboidrati non digeribile degli alimenti vegetali è quella che prende il nome di fibra alimentare che è estremamente non omogenea, quindi è eterogeneo. Vi è una marea di composti che sono tutti i carboidrati estremamente eterogenei dal punto di vista della struttura chimica.

- La prima fibra che si prende in considerazione è **LA CELLULOSA:**

è come l'amido, ossia un **omopolimero del glucosio**, ma la differenza è sostanziale perché la cellulosa ha un legame beta 1-4 glicosidico e quindi la cellulosa non viene digerita dal nostro organismo perché non abbiamo l'enzima che scinde il legame beta 1-4 glicosidico. Invece le mucche, i ruminanti sono in grado di utilizzare la cellulosa come fonte di glucosio? si, le mucche quindi i ruminanti sono dei mammiferi comunque, quindi non sono molto diversi da noi, il loro corredo enzimatico non è molto diverso dal nostro, quindi la mucca non ha l'enzima in grado di scindere, ma perché per la mucca e quindi per i ruminanti in genere, per i bovini, equini, ovini l'erba che contiene la cellulosa è una fonte di glucosio? per il fatto che nel rumine ci sono dei microrganismi anaerobi che esprimono nel loro corredo enzimatico l'enzima in grado di scindere il legame beta 1-4 glicosidico. I ruminanti non hanno nel loro corredo enzimatico l'enzima, ma i ruminanti hanno i microrganismi nel rumine anaerobi che hanno l'enzima, quindi non è un enzima dei ruminanti, ma è dei microrganismi presenti nel rumine → precisazione d'OBBLIGO. (quindi I RUMINANTI NON PRODUCONO QUESTO ENZIMA)

La cellulosa è un omopolimero del glucosio con un legame beta 1-4 glicosidico, è un nastro di molecole di glucosio LEGATE CON QUESTO LEGAME e i vari nastri si sovrappongono l'uno all'altro, perché uno stelo che contiene la cellulosa di un fiore, ad es. del tulipano è in grado di sostenere una corolla così pesante come quella di un fiore, pur essendo fatto fa uno zucchero, quindi di cellulosa? per il semplice fatto che:

Poiché la cellulosa tende ad impattarsi, un nastro sopra all'altro con legami intermolecolari ed intramolecolari, proprio questo conferisce estrema compattezza e robustezza allo stelo dei fiori, quindi la fibra cellulosa è insolubile, particolarmente resistente, compatta e conferisce particolare robustezza aille strutture vegetali. Circa il 50 % del tessuto strutturale vegetale è rappresentato da cellulosa.

La cellulosa non è solo un omopolimero del glucosio di tipo vegetale, perché è anche presente in alcune membrane marini e anche nelle membrane dei batteri. La fonte di cellulosa maggiore è il cotone che è cellulosa al 95%.

(Si è provato a imbibire un batuffolo di cotone in acqua? si e cosa succede quando si imbibisce un batuffol o di cotone, si bagna e quando si strizza questo batuffolo l'acqua viene rilasciata, quindi la cellulosa è in grado di assorbire l'acqua, ma non di legarla perché quando si strizza il batuffolo di cotone che è cellulosa al 99%, l'acqua viene rilasciata)

Questo aspetto sarà importante quando si parlerà delle proprietà chimico-fisiche della fibra, poichè ci sono delle fibre che sono in grado di assorbire l'acqua come la cellulosa e poi a fronte di uno stress meccanico rilasciano l'acqua e ci sono fibre che gelificano.

Le fibre gelificanti, quindi quelle IDROSOLUBILI, non nel senso che si sciolgono in acqua, ma gelificano, sono quelle fibre che servano per il dimagrimento come l'inulina che assorbono l'acqua, ma anche la trattiene e formano un gel →che si forma a livello dello stomaco, gonfia lo stomaco ed è importante per aumentare il senso di sazietà e diminuire l'assorbimento dei nutrienti intrappolati nel gel e vengono sottratti all'assorbimento.

Nell'uomo la cellulosa non ha valore nutrizionale, l'uomo non ha gli enzimi, come nemmeno i ruminanti, ma questi alla fine riescono ad idrolizzare il legame 1 -4 beta per gli enzimi presenti nel rumine.

La cellulosa raggiunge inalterata il colon e resiste agli attacchi non solo acidi dello stomaco, non solo basici dei Sali biliari del duodeno, ma anche all'attacco della flora batterica, quindi la cellulosa ha un effetto lassativo di favorire il transito intestinale, perché la cellulosa essendo inalterata in tutto i ltratto gastrointestinale fornisce massa alle feci favorendone l'evacuazione.

La cellulosa è un nutriente? No. La cellulosa è un nutraceutico che è un componente della dieta che svolge proprietà benefiche per l'organismo? si è un nutraceutico perché favorendo il transito intestinale, giustamente la cellulosa è un componente che svolge attività nutraceutica

L'INULINA è una molecola interessante, perché è un polisaccaride anch'essa, ed è quindi sarebbe un omopolimero del fruttosio e non lo è solo per un glucosio, quindi ha una molecola di glucosio nella parte iniziale e finale della catena. L'inulina è una molecola che può essere attaccata dai microrganismi della flora microbica intestinale, al contrario non è attaccata da enzimi digestivi. Quindi l'inulina è assolutamente una fibra. è costituita da fruttosio, non è una fonte di fruttosio/glucosio, perché non si riesce a digerirla ed ottenere fruttosio e glucosio ma essendo attaccata da microrganismi della flora microbica intestinale e l'inulina è un prebiotico e dall'inulina si ottengono gli acidi grassi a corta catena.

Si può distinguere la FIBRA in:

- **FIBRA SOLUBILE** che è fermentescibile, ossia attaccabile dalla microflora intestinale, il glucosio non si ottiene, nemmeno il fruttosio, ma si ottiene una crescita selettiva dei microrganismi della flora batterica intestinale ed ha l'azione di essere fermentata da questi
- La **FIBRA INSOLUBILE**, la lignina, la cellulosa presenti soprattutto nelle parti corticali dei cereali e in tanti tipi di vegetali che non sono fermentescibili, quindi non sono attaccati da enzimi, ma nemmeno dalla flora microbica intestinale.

Un'altra differenza importante è che:

La fibra solubile non solo assorbe l'acqua, ma la lega formando un gel. Se il gel è sottoposto ad uno stress meccanico, l'acqua non viene rilasciata come nel caso del famoso batuffolo di cotone, ma l'acqua viene trattenuto, quindi si dice che fibra solubile gelificante lega l'acqua perché formando il gel che non lascia l'acqua seguito di spremitura e centrifugazione lega l'acqua e la trattiene nel gel.

La fibra insolubile non lega l'acqua non trattiene l'acqua a seguito di uno stress mecanismo e quindi la fibra insolubile è una fibra che assorbe l'acqua e poi la rilascia.

l'inulina, la pectina, le gonne, le mucillagini, i galattomannani, alcune emicellulose sono fibra solubile

La fibra solubile che forma il gel può essere utilizzata anche come additivo alimentare. Si pensa alle confetture le mele e le pere contengono molte pectine. Nelle confetture di albicocche o di fragole, si aggiunge una mela per aggiungere delle pectine con la finalità di rendere più consistente la confettura e favorire la gelificazione della confettura. Perché il responsabile dell'azione gelificante delle pectine è l'acido galatturonico? L'acido galatturonico è un acido dove al gruppo carbonilico dello zucchero si sostituisce per ossidazione un gruppo carbossilico. La presenza di molecole di acido galatturonico in presenza in presenza di ioni calcio ++, danno origine a delle vere e proprie maglie.

Si forma una specie di rete, ecco perché c'è l'azione di inglobare l'acqua che poi non viene più rilasciata, perché in presenza di calcio si formano questi ponti tra i due carbossili di due molecole di acido galatturonico ed il calcio, si formano i Sali e i Sali danno origine alla rete che ingloba dentro l'acqua, ma se nell'acqua fosse sciolto o fossero emulsionati lipidi o zuccheri semplici, dal momento in cui l'acqua viene intrappolata dalla rete della pectina e poi viene eliminata tramite le feci, si comprende anche il meccanismo d'azione attraverso il quale si svolge l'azione dimagrante della dieta della fibra solubile, perché se si assume un pasto e prima di assumere il pasto si asume la fibra solubile in presenza di abbondanza di acqua, questa forma il gel. L'acqua nella quale si vanno a sciogliere gli zuccheri presenti nel pasto piuttosto che delle micelline di lipidi e colesterolo e questo gel l osi elimina con le feci e non sono più prontamente disponibili all'assorbimento zuccheri e lipidi, è ovvio che si ha une ffetto dimagrante, in quanto si sottraggono all'assorbimento, ma non solo un effetto dimagrante, ma anche un effetto ipoglicemizzante ed ipocolesterolemizzante.

AD ES. Gli arabinoxilani dell'endosperma del frumento che sono della fibra solubile piuttosto che i beta glucani dell'avena e così via sono tutte fibre a cui è riconosciuto un potere ipocolesterolemizzante. Quindi questo è il meccanismo attraverso cui la fibra solubile agisce con un'azione dimagrante ipocolesterolemizzante ed ipoglicemizzante.

Quindi:

Elevata capacità di legare l'acqua, aumento della viscosità prorpio per questa struttura tridimensionale, quindi per questa sorta di rete che viene formata grazie all'acido galatturonico e quindi la formaizione di gel che può essere usata ai fini tecnologici, nelle confetture, ma può essere usata anche a fini dimagranti quindi per quanto riguarda invece tutto l'aspetto biodinamico intestinale. Quidni a livello della sacca gastrica aumenta la viscosità, il senso di sazietà e non solo ha un effetto ipoglicemizzante, ma anche di riduzione dl picco glicemico, perché se lo svuotamento avviene lentamente e non rapidamente, anche l'assorbimento di quel glucosio che non viene intrappolato nel gel e che comporta uno stress a livello di azione dell'insulina, ovviamente il picco glicemico è più basso ed alalrgato e anche a livello di insulino resistenza vi è un minor stress dell'organismo. Quindi la fermentazione della fibra soluzione permette di ottenere acidi a corta catena come l'acido burrico, propionico, acido acetico → questi acidi grassi migliroano il trofismo della mucosa intestinale e sono ben assorbiti e sono utilizzati dall'organismo. Quindi diminuzione e rallentamento di assorbimento dei lipidi e dei zuccheri. L'effetto dimagrante si manifesta anche proprio perché per la formazione di questo gel c'è anche una riduzione nella digestione dell'amido, favorisce il transito del bolo intestinale per favorire poi l'evacuazione. L'azione dimagrante e quella ipocolesterolemizzante sono state a lungo considerate, perché è stato detto che anche il colesterolo viene sequestrato ed il fegato è costretto ad utilizzare le LDL per la sintesi di nuovi acidi biliari ed ecco la riduzione non solo del colesterolo, ma anche delle LDL che sappiamo essere un fattore di rischio di malattia cardiovascolare, quindi anche questo molto è positivo e poi:

è stato più volte detto che vengono prodotti degli acidi grassi a corta catena, chi conosce il pK cona dell'acido acetico? 10 alla -5, 1,8 per 10 alla – 5, cos'è l'acido acetico piuttosto che l'acido propionico, piuttosto che l'acido butirrico, sono degli acidi deboli e un acido debole come l'acido acetico porta ad aumentar el'acidità dell'ambiente in cui si trova, non è acido cloridrico, quindi non è acido forte, è anche un acido debole con pk con a di 10 alla – 5,è un acido che porta ad abbassare il pH. Quando si è parlato dell'assorbimento del ferro che avviene più efficacemente a pH acido.

La fibra prebiotica che viene utilizzata dai microrganismi della flora microbica intestinale, che viene ad essere metabolizzata con produzione di acidi grassi a corta catena, che sono acidi deboli, che abbassano il pH del mezzo in cui si trovano, abbassa il pH anche a livello intestinale e favorisce l'assorbimento di cationi bivalenti come il ferro che a pH acido sono maggiormente assorbiti. Quindi la fibra ricca di fitati è una fibra che porta ad una diminuzione dell'assorbimento dei metalli bivalenti positivi perché chela i metalli sottraendoli all'assorbimento, ma la fibra prebiotica, attraverso questo meccanismo di riduzione del pH a livello intestinale, dove il pH dovrebbe essere più alto, più basico, ma questa riduzione del pH dovuta alla produzione localizzata di acidi grassi a corta catena porta ad avere una diminuzione del pH e ad aumento dell'assorbimento dei metalli bivalenti positivi.

Nell'intestino in generale c'è un pH basico, dal momento in cui nell'intestino arriva la fibra prebiotica che viene metabolizzata dai microrganismi dell'intestino e produce acidi grassi a corta catena che sono acidi deboli, questo pH resta basico uguale o viene abbassato soprattutto a livello della produzione di questi acidi grassi? viene abbassato e i metalli bivalenti positivi sono assorbiti maggiormente a pH acido, quindi l'ambiente colonico dove c'è la microflora intestinale che produce acidi grassi a corta catena non sarebbe l'ambiente ideale per l'assorbimento dei metalli bivalenti positivi, perché li c'è il pH basico, ma se si assume la fibra che abbassa il pH, che sarebbe basico, ma localizzato diventa meno basico, tendendo all'acido per la presenza degli acidi deboli a corta catena che il microbiota produce, favorisco l'assorbimento anche di quei metalli. Quindi l'azione fermentativa di selezione della flora microbica ed eubiotica è un'azione prebiotica, in quanto aumentano i bifidobatteri e i batteri lattici, effetto prebiotico, a scapito di quelli patogeni, aumento della massa fecale, viene favorita l'espulsione delle feci e dei patogeni, perché si ha questa microflora che in parte è nell'ambiente, ma in parte è proprio attaccata alle pareti dell'intestino e c'è una continua competizione tra la microflora eubiotica e quella patogena che cerca di stare in equilibrio a favore dell'eubiotica e di quella patogena

Quando si ha un'enterite, si ha la diarrea, e cosa succede? prendono il sopravvento i microrganismi patogeni, quindi vengono eliminati fgli eubiotici, perché c'è una competizione per attecchire a livello della parente intestinale. Dal momento in cui invece prevalgono gli eubiotici, lattobacilli e bifidobatteri perché si da da mangiare la fibra prebiotica, se aumentano i bifidobatteri ed i lattobacilli ovviamente, cosa si verifica? che va a scapito dei potegeni che vengono eliminati, produzione di acidi grassi a corta catena, caprilico, isovalerianico che hanno effetti molto positivi, perché sono rapidamente metabolizzati dall'epitelio intestinale, da cui si ottiene energia. Gli acidi grassi forniscono energia all'enterocita, vengono metabolizzati dal fegato, così interferiscono sul metabolismo di glucidi e lipidi e modulano la glicemia postprandiale, hanno un'azione trofica sulla mucosa intestinale, aumentale la ocncenteaizone di butirrico che ha un effetto protettivo anche nei confronti del cancro al colon, in quanto stabilizza il turn over delle cellule mucosali, riducono il pH intestinale e favoriscono la microflora lattica e i bifidobatteri a scapito dei microrganismi putreffativi, riducono il picco postprandiale, ritardano lo svuotamento gastrico, e hanno tutte queste finalità.

DOVE È CONTENUTA LA FIBRA SOLUBILE? Nei cereali integrali, dei beta glucani dell'avena, degli arabinoxilani dell'orzo piuttosto che dei cereali, nella verdura, negli ortaggi, nei funghi, in alcune alghe, gli alginati che sono la fibra prebiotica delle alghe che si ottengono anche dalla fermentazione batterica, ad es. i pantani che sono degli zuccheri della fibra solubile che si ottiene dai batteri.

Discorso calcio-ferro-magnesio. L'inulina è presente nell'aglio, nella cipolla, nel porro, nella cicoria e ad es.il radicchio rosso di chioggia, quando si va ad aprire in due il radicchio c'è una parte interna che è un po' dura che è quella a cui il radicchio è legato alla radice, assaggiando la parte bianca centrale del radicchio, ha un sapore leggermente dolciastro, quella parte li è ricca di inulina.

Se tutto questo è quello che fa la fibra solubile, cosa fa quella insolubile tipo la cellulosa? Ha l'effetto biodinamico di rigonfiamento, perché l'acqua viene assorbita dal famoso batuffol odi cotone ma non viene trattenuta, favorisce l'eliminazione delle feci, ingloba i gas favorendo l'eliminazione del gonfiore, regolarizza le funzioni dell'apparato digerente e comunque anch'essa ha un effetto sull'assorbimento dei grassi e Sali biliari, ha un effetto detossificante in quanto allontana sostanze tossiche e cancerogene, perché dal momento in cui l'evacuazione è più rapida tutte le sostanze che si introducono con gli alimenti e possono avere un potenziale mutageno ovviamente vengono eliminate rapidamente, la lignina non è di natura polisaccaridica, è un derivato del fenilpropano ed ha un'azione oromone simile. Alla lignina è attribuito un effetto anticancro, di prevenzione per i tumori ormone dipendente perché la lignina viene trasformata daalla microflora intestinale in composti ormonosimili, come l'enterodiolo e l'enterolattone che hanno un'azione antiestrogenica. Ecco perché la lignina della quale si osserva uno spezzone di molecola ha quest'azione preventiva nei confronti dei tumori ormono simili.

Definito che la fibra non producendo glucosio, non è un nutriente, ma è un nutraceutico (detto per la cellulosa, inulina e per tutte le altre fibre prebiotiche) quanta fibra bisogna introdurre con la dieta? 30 grammi al giorno, che è la raccomandazione delle linee guida per una sana alimentazione italiana, 30 grammi di fibra e non di carboidrati è una cos aabbastanza difficile da raggiungere e ci sono anche gruppi di popolazione estrema che sono i bambini e gli anziani che hanno un po di difficoltà ad assumere la fibra perché la fibra può portare ad avere dei disturbi a livello intestinale e può essere anche problematico avere l'assunzione di una così tanta quantità di fibra perché c'è un'intolleranza alla fibra. Osservando la diapositiva dove si parla della fibra, ad es. anche quando si prende la crusca, nello yogurt, nel latte, nella crusca non è fibra, è sol oil 44% che è fibra, quindi anche la crusca non è tutta fibra, nei legumi ve n'è un 10 - 25%, nella frutta secca un 10-15%, nel pane integrale si assume della fibra, è vero, a differenza del pane bianco che contine il 1-2% di fibra, nel pane integrale ve n'è il 10 -15%, non è tantissim o, ma è una quantità relativamente bass. Ci sono dei prodotti specifici, ad es. una pasta per diabetici che contiene fibre di tipo solubile usate proprio perché non favoriscono l'innalzamento rapido del picco glicemico e così via.

Osservando la diapositiva, se si pensa di dover assumere 30 grammi id fibra al giorno, bisognerebbe mangiare 5 grammi di fibra attraverso 1 porzione di patate al forno con la pelle, una pera che ocntiene 4 gr di fibra, una tazza di lenticchie che ne contiene 14, mezza tazza di cereali della prima colazione che contengono fibra, ma mezza tazza e siamo al 13 %, poi una tazza di fragole → 4 grammi, un'arancia emdia che contiene 3 grammi, 3 confezioni di pop corn che contengono 3 grammi, quindi per far 30 grammi ce ne vuole di alimenti che apportano fibra, ma non mangiamo tutti igiorni tuti questi alimenti, quindi effettivamente apportare 30 grammi di fibra non è così scontato e banale.

CAPITOLO 9

CONCETTO DI PREBIOTICO:
Si parte dai dati di mercato che sottolineano come ci sia un forte incremento del mercato europeo negli ultimi 12 anni dal 2008 al 2015 e come questo 14% ci sia ancora oggi nonostante il grosso aumento che si è verificato in quegli anni tra il 2008 e 2015 ed un grosso aumento anche tra il 2015 e il 2020 intorno al 15%.

Si osserva che **i prodotti preparati contenenti fibra alimentare** sono prevalentemente bevande, prodotti dietetici in genere, latte e derivati e ovviamente fuori pasto prodotti da forno. Quindi si può dire che effettivamente il mercato sia in continuo aumento e siano in aumento i prodotti che contengono fibra alimentare e questo è una ricaduta del fatto che si sa che con una dieta normale è difficile raggiungere quei 30 grammi di fibra al giorno e si cerca di differenziare i prodotti presenti sul mercato proprio con la finalità di aumentare le occasioni di consumo di fibra alimentare proprio con i prodotti della dieta.

CONCETTO DI FIBRA ALIMENTARE E DI PREBIOTICO.

IL CONCETTO DI FIBRA ALIMENTARE è nato negli anni 30 del secolo scorso quando ci si accorse che c'erano carboidrati che non erano disponibili e le prime ricerche di chimica organica avevano messo in luce che c'erano dei prodotti che avevano la stessa formula dei carboidrati che erano i cosiddetti idrati di carboidrati.

GLI IDRATI DI CARBONIO che a differenza del saccarosio piuttosto dell'amido non erano disponibili:

1) Devono passare più di 20 anni perché cominciassero ad individuare le fonti di carboidrati non disponibili → ad es.le pareti cellulari dei vegetali ad es, la cellulosa.
2) Ancora altri 20 **anni nel 72 TROWELL** vede che questi carboidrati non disponibili, sono non disponibili perché gli enzimi digestivi non riescono ad attaccarli, quindi gli enzimi digestivi umani non sono in grado digerire i carboidrati non disponibili e dare la possibilità di ottenere il glucosio
3) Ancora nel NEW ZELAND FOOD REGULATION nel 1984 da una definizione di fibra alimentare come parte limite della pianta che però non è sempre idrolizzabile dagli enzimi digestivi umani
4) Nel 2000 l'American association of cereal chemist riconosce anch'essa la definizione di fibra alimentare come carboidrato non disponibile, non attaccabile dagli enzimi

E quindi ecco che la definizione di fibra diventa, negli anni, verso la fine degli anni del 20 esimo secolo una definizione sempre più complessa, quindi un insieme di composti di origine vegetale di natura fisiochimica e complessità molecolare diverse, quindi ci possono esserci oligomeri, quindi poche unità zuccherine o polisaccaridi, ossia tante unità zuccherine resistente all'idrolisi degli enzimi digestivi e pertanto resistenti all'assorbimento che possono anche essere fermentati dalla flora batterica intestinale.

Ecco che più recentemente si comincia a distinguere tra:

- **FIBRA ALIMENTARE INSOLUBILE caratterizzata da ALTO PESO MOLECOLARE, STRUTTURA CRISTALLINA che espelle acqua qualora sottoposta ad uno stress meccanico, c**he aumenta il peso della massa fecale, che provoca peristalsi e aumento della velocità di transito, favorendo evacuazione e le sostanze che sono riconducibili a questo gruppo sono: la cellulosa, l'emicellulosa, la lignina, chitina e IL chitosano
- **LE CARATTERISTICHE DELLA FIBRA SOLUBILE** sono quelle di essere a basso peso molecolare, che aumenta la viscosità del bolo in primis, ma poi del chimo e degli alimenti lungo tutto il tratto gastrointestinale, quindi rallentano la velocità di transito e sono fermentabili dalla flora batterica intestinale e sono potenzialmente prebiotici e appartengono a questa classe → le pectine, LE GOMME, le mucillagini, le emicellulose solubili, i fruttami e l'amido resistente

IL CONCETTO DI PREBIOTICO è un concetto molto più recente rispetto a quello di fibra alimentare e i due padri dei prebiotici a livello mondiale che si sono occupati di prebiotici per tutta la loro vita scientifica sono GISON e ROBERFROID i quali cominciarono nel 95 ad indicare il concetto di PREBIOTICO come ingrediente alimen tare non digeribile dall'uomo, che influenza in modo benefico l'ospite stimolando crescita e attività metabolica dei gruppi eubiotici presenti a livello colonico.

- Circa 10 anni più tardi GIBSON aggiunge un concetto che non era riportato nella definizione del 95, e cioè **ingrediente selettivamente fermentato che consente specifiche modifiche sulla composizione e sulle attività della microflora gastrointestinale**
- Poi nel 2008 si arriva ad un livello superiore la definizione, perché si passa dal dire che la fibra prebiotica produce effetti positivi sulla microflora intestinale, quindi sull'apparato intestinale a dire che l'ottimizzazione della microflora contribuisce alla salute, all'intera salute del microrganismo anche a livello sistemico
- E si arriva all'ultima **definizione di PREBIOTICO** → Il prebiotico è quello che fa crescere i microrganismi benefici (introdotto anche il concetto di eubiotico), d'altro canto questa definizione è incompleta (domanda di esame). Quando si deve dare la definizione di prebiotico, non basta che favorisca la crescita dei microrganismi eubiotici.

1) In primis → non deve essere idrolizzato, né assorbito nella parte del tratto gastrointestinale, quindi in nessun modo non deve metabolizzato, quindi digerito, né nello stomaco, nel a livello duodenale, ne assorbito a quel livello
2) Deve essere substrato selettivo per uno o pochi potenziali batteri benefici presenti nel colon, che, quindi vengono stimolati nella crescita e/ nell'attività metabolica. Quindi batteri presente in altre parti dell'intestino e quindi non nel colon, non rendono qualora utilizzino la fibra alimentare, non rendono questa fibra alimentare, se non appartengono al colon una fibra prebiotica, vengono stimolati nella crescita o nell'attività metabolica. Quindi La fibra è il substrato dei microrganismi presenti nel colon, la cui crescita viene migliorata, viene stimolata.
3) Questa fibra deve essere in grado di alterare la microflora del colon a favore di una microflora più salutare per l'uomo, quindi anche qui non basta che la microflora utilizzi la fibra prebiotica, ma la microflora dovrà essere anche incrementata, anche stimolata e
4) Deve Indurre nel lume intestinale o a livello generale, effetti benefici per la salute dell'ospite → questo è l'ultimo punto che è stato scoperto più recentemente

Questi 4 punti sono tutte condizioni che devono essere coesistenti, verificate tutte e 4 contemporaneamente affinchè una fibra alimentare possa essere considerata una fibra prebiotica.

CHE COMPOSTI CI SONO CHE HANNO QUESTE PROPRIETÀ PREBIOTICHE?

I BETA GLUCANI

I FRUTTO-OLIGOSACCARIDIT E INULINA

OLIGOSACCARIDI DELLA SOIA

I GALATTO OLIGOSACCARIDI

GLI ISOMALTO OLIGOSACCARIDI

XILO OLIGOSACCARIDI

IL LATTITOLO

IL LATTULOSIO

LATTOSACCAROSIO

AMIDO RESISTENTE

GLUCOMANNANI

POLISACCARIDI DELLE CLOROFITE

LA LAMINARINA

Gli ultimi due sono di origine algale

- **I BETAGLUCANI SONO OMOPOLIMERI DEL GLUCOSIO** e hanno dei legami 1-3 beta - 1-4 beta e sono ripetuti degli spezzoni in cui c'è il legame 1-3 beta o 1-4 e quindi sono unità trisaccaridiche o tetrasaccaridiche → ecco cosa significa DP3 o DP4 → DP sta per degree of polimerization, si trovano i beta glucani nella crusca, nei chicchi dei cereali, come l'orzo, l'avena, la segale e il frumento, si trovano nella parete cellulare del lievito del pane e nei miceti e nei funghi. I beta glucani possono avere delle dimensioni molecolari variabili che sono appunto diverse nel senso che si ha la ripetizione di questi spezzoni da 3 o 4 polimeri di glucosio che appunto si ripetono e si possono dare origine a dei polimeri di diversa dimensione.

I beta glucani si trovano molto abbondantemente riportati nei cereali della prima colazione e quindi sono sostanzialmente dei prodotti nutraceutici funzionali che aiutano a mantenere i livelli di colesterolo costante, a mantenere la glicemia non alta, non dare origine a un picco glicemico qualora ci sia un carico di glucidi e così via

- **FRUTTO OLIGOSACCARIDI E INULINA** → Pe quanto riguarda i fruttoligosaccaridi ci sono i fruttani sono costituiti da catene di fruttosio che presentano come molecola terminale un glucosio. Dell'inulina si era parlato come esempio di fibra solubile, e si distingue tra:

- fruttoligosaccaridi quando il numero di unità di fruttosio è pari o inferiore a 7

-mentre si parla di inulina quando si ha una molecola ad alto peso molecolare che ha un numero di molecole di fruttosio intorno a 60 e cosa deriva dall'idrolisi dei fruttoligosaccaridi e dell'inulina? sostanzialmente si forma una molecola di saccarosio, perché sarebbe una molecola di glucosio e di fruttosio, la quale a sua volta per opera dell'invertasi si può trasformare in fruttosio e glucosio. Tuttavia, le beta fruttofuronidasi, questi enzimi non si posseggono e pertanto in assenza di fruttofuronidasi non si riesce a metabolizzare questa molecola che qualora venisse metabolizzata da origine a quello di cui si è fatto cenno

- **GLI OLIGOSACCARIDI DELLA SOIA** sono oligosaccaridi PREBIOTICI costituiti da RAFFINOSIO CHEè UN SACCAROSIO con un galattosio e da STACHIOSIO che invece di legare un'unità di galattosio, ne lega 2. Quindi il raffinosio è una molecola a 3 unità zuccherine, quindi c'è il saccarosio con una molecola di galattosio. Lo stachiosio è una molecola con 4 unità zuccherine, il saccarosio e 2 molecole di galattosio

Gli enzimi, che anche qui non si hanno, tanto che si trattano di polimeri non disponibili che servono per idrolisi degli oligosaccaridi della soia sono quelli riportati nella diapositiva che sono sempre fruttofuronidasi per staccare la molecola di saccarosio, quindi idrolizzare il legame glicosidico, che lega la moelcola di saccarosio al galattosio e l'altra è una galattosidasi che serve per l'idrolisi dei legami alfa glicosidici tra le due unità di galattosio

- **I GALATTOLIGOSACCARIDI**, se i fruttoligosaccaridi vengono indicati di solito con la sigla foss, al contrario i galattoligosaccaridi sono indicati con la sigla GOSS. Che differenza c'è tra i GOSS ed i FOSS?

NEI GOSS c'è il galattosio e nei FOSS c'è il fruttosio, nell'inulina che è glucosio e tutta una serie di molecole di fruttosio, anche qui c'è una moelcola di glucosio e ad essa è attaccato il galattosio, quindi in questo contesto cosa succede? Che se intervengono enzimi di tipo batterico a idrolizzare i legami glicosidi, si libererà un'unità di lattosio che è glucosio + galattosio e poi tante unità di galattosio che vengono scisse, il cui legame glicosidico viene scisso dalle galattosidasi.

NOTARE CHE è molto importante questo aspetto: i galattoligosaccaridi sono dei componenti del latte materno, quindi galattoligosaccaridi con diverso grado di polimerizzazione sono presenti nel latte materno → questo è interessante, si sa che il carboidrato tipico del latte è il lattosio, il galattosio è un componente del lattosio, ma parlando di carboidrato del latte si parla di lattosio, in quanto il galattosiO è unito insieme al glucosio a formare il lattosio.

Quindi QUAL'È IL CARBOIDRATO TIPICO DEL LATTE? LA RISPOSTA? è il LATTOSIO

Altri carboidrati del latte sono i galattoligosaccaridi e ci sono centinaia di molecole di questo genere che variano per quanto riguarda per quello che è il grado di polimerizzazione della fibra e che sono responsabili del fatto che i bambini allattati al seno sostanzialmente hanno una flora microbica speciale perché questi oligosaccaridi sono prebiotici, quindi in sostanza i bambini allattati al seno hanno una microflora intestinale diversa rispetto ai bambini allattati con le formule e questo è dovuto al fatto che nel latte materno ci sono oligosaccaridi che favoriscono la crescita selettiva soprattutto dei lattobacilli, a differenza dei latti formulati che sono ottenuti a partire come base dal latte di mucca, che portano i bambini ad una avere una microflora più ricca di bifidobatteri →quindi si può fare questo distinguo, quindi sono i componenti saccaridici del latte umano.

Ad idrolizzare i legami ci sono **le beta galattosidasi** che si comporta da galattosil trasferasi, dando origine a molecole di galattosio e lattosio.

- **ISOMALTO OLIGOSACCARIDI** sono oligomeri del glucosio che anch'essi hanno un diverso grado di polimerizzazione e sono degli spezzoni di amido perché si hanno legami 1-4 alfa glicosidici o 1-6 glicosidici che danno origine se si considera il disaccaride costituito dal glucosio legato con un legame 1-4 alfa, io cosiddetto maltosio o se si hanno 2 molecole zuccherine legate con un legame 1-6 alfa glicosidico si ha il pannosio
- **GLI XILO OLIGOSACCARIDI** sono costituite da unità di XILOPIRANOSIO legate tra di loro con un legame 1-4 beta e hanno delle ramificazioni irregolari con l'arabinosio, con il maltosio, con i lglucosio, ramnosio e xilosio. Quindi anche gli xiloligosaccaridi sono delle molecole ad alto peso molecolare legate tra di loro con un legame 1-4 beta non digeribile dall'organismo, interessanti anche se di origine semisintetica, in quanto in genere prodotti per via enzimatica sono oligosaccaridi lattulosio, lattitolo o lattosaccarosio costituito da saccarosio e a seconda di come si considera la molecola di lattosio → ecco perché si chiama lattosaccarosio.

Si osservano le formule del lattulosio e del lattitolo, sono di origine semisintesi perché in natura si trovano tutti i costituenti dal lattosio al saccarosio, ma non si trovano legati in questa forma e praticamente si possono ottenere per via enzimatica

- **AMIDO RESISTENTE e cos'è?** quella porzione di amido che non viene attaccata da enzimi digestivi, perché questa parte di amido, in questa parte di amido le molecole presentano, le unità zuccherine saccaridiche dei legai a H che rendono particolarmente compattata, quindi difficilmente aggredibile dagli enzimi digestivi l'amido → ecco perché amido -resistente. Si ha AMIDO RESISTENTE che deriva dall'amilopectina e dell'amidoresistente che deriva dall'amilosio e si hanno queste porzioni
- **I GLUCOMANNANI** si ottengono dal GOGIAC, ossia dalla radice di una pianta dalla quale si ottengono molecole di glucosio legate con legame 1-4 e sono molecole di glucosio e mannosio. Il glucomannano tende ad assorbire fino a 200 volte il suo peso in acqua. Quindi la radice del congiac è particolarmente indicata i per prodotti dimagranti, perché una volta ingerita anche in piccole

quantità nell'ordine di qualche grammo con un bicchiere di acqua, qualche grammo di radice di congiac, è in grado di legare anche mezzo litro di acqua sostanzialmente in un rapporto 1 a 200. Mezzo litro di acqua che forma una sorta di gel all'interno dello stomaco, oltre ad aumentare la viscosità e causare un senso di sazietà dell'organismo, ovviamente tende ad inglobare nutrienti, zuccheri e grassi sottraendoli all'assorbimento dando origine ad un effetto dimagrante, dovuto a sequestro di nutrienti → il glucomannano, è la molecola con più alto peso molecolare e la maggiore viscosità tra tutte le fibre ed è quella che viene utilizzata maggiormente per l'aspetto delle sue capacità gelificanti

- **I POLISACCARIDI DELLE CLOROFITE** → Si osserva il ramnosio legato all'acido glucuronico, prodotto di ossidazione del glucosio in cui si ha l'ossidazione del gruppo OH alcolico primario in posizione 6 →anzichè avere un CH_2OH si ha un $COOH$, quindi si osserva che i polisaccaridi delle clorofite sono sostanzialmente delle alghe, delle alghe verdi e sono delle alghe che contengono questi polisaccaridi gelificanti
- **LAMINARINA** è un polisaccaride e ha un peso molecolare basso ed è presente non nelle alghe verdi, ma nelle alghe brune, ha una struttura lineare con poche ramificazioni laterali con proprietà ipolipemizzanti, ipocolesterolemizzanti e molto interessante è l'attività anticoagulante, attività addirittura che è pari a 1/3 dell'eparina

(esempi →sarà capitato a tutti di

AVERE UN EMATOMA E DI DOVER METTERE, magari anche semplicemente del gel a base di eparina per sciogliere il coagulo che a fronte di un trauma, ha prodotto un edema a livello di un arto, un braccio. Oltre all'eparina è sarà stata utilizzata la laminarina, che è contenuta per le sue proprietà anticoagulanti a formare del gel nei tubetti venduti proprio per ridurre gli ematomi da trauma e favorire lo scioglimento del coagulo.

CHE FUNZIONI HANNO LE FIBRE PREBIOTICHE? è stato già preso in considerazione tutti questi aspetti quando si è parlato di fibra alimentare solubile:

- Stimolano selettivamente la crescita e l'attività metabolica di un numero limitato di microbi del colon → questa parte è una parte della definizione vera e propria di prebiotico
- stimolano il sistema immunitario e si ritiene che siano particolarmente efficaci soprattutto in pediatria → questo è un effetto indiretto sostanzialmente, nel senso che una flora microbica intestinale, quindi in salute, nel quale prevalgono gli eubiotici rispetto ai patogeni è una microflora che agisce migliorando il sistema immunitario, quindi la stimolazione del sistema immunitario è proprio dovuta al miglioramento, al tentativo di instaurare un'eubiosi a livello della microflora intestinale che permette di migliorare le microflora intestinale, favorendo la funzione che la microflora intestinale ha e cioè di stimolare il sistema immunitario
- hanno un'azione ipoglicemizzante, riducono i picchi glicemici per rallentamento dell'assorbimento dei carboidrati
- riducono il rischio delle neoplasie dell'apparato digerente, in particolare il cancro al colo retto, una forma di tumore assai diffusa, perché l'azione sequestrante di sostanze cancerogene, fa il suo effetto, quindi sostanze che invece di essere assorbite dall'enterocita vengono eliminate
- poi vi è la funzione ipocolesterolemizzante, siccome un elevato livello di colesterolo plasmatico è un fattore di rischio di malattie cardiovascolari, trattamento dell'obesità, aumento del senso di sazietà, riduzione dell'introito calorico ingerito, influenza sulla biodisponibilità di Sali minerali e anche di questo si è parlato, si è parlato del meccanismo attraverso il quale si verifica questa riduzione, ossia il fatto di produrre acidi grassi a corta catena che sono pur sempre acidi deboli che portano ad una riduzione del pH dell'ambiente facilitando l'assorbimento di Sali minerali bivalenti positivi che vengono meglio assorbiti se a pH acido

- Trattamento della sindrome dell'intestino irritabile perché c'è una funzione a livello di riduzione dell'infiammazione, una funzione di miglioramento dell'eubiosi, che porta ad avere una barriera a livello intestinale rispetto alla parete intestinale più ricca di microrganismi eubiotici, mantenendo la parete in uno stato meno infiammato
- Trattamento della stipsi, perché la stipsi semplice è un fenomeno che si manifesta quando si mangiano alimenti troppo raffinati e non si assume fibra alimentare

Questo lavoro è un esempio dei tantissimi presenti sulla fibra alimentare e sulla RIDUZIONE DELs RISCHIO DI CARDIOPATIE→si osserva come vi sia un effetto sui lipidi ematici dopo l'assunzione di fibre con una riduzione sia dei trigliceridi, sia del colesterolo totale, sia dell'LDL, quindi c'è un vero e proprio miglioramento del profilo lipidico plasmatico a tutto vantaggio della salute dell'individuo.

Altre funzioni → aumento della sintesi di escrezione degli acidi biliari connesso con il discorso dell'escrezione del colesterolo, vi è il legame con fibre solubili e è il pull di acidi biliari resta inalterato, aumento dell'acido desossicolico, quindi vi è un aumento dell'escrezione degli acidi biliari, aumento del proprionato, dell'acido propionico, un acido grasso a corta catena prodotto dal microrganismo della flora microbica, controllo dell'obesità, aumento della viscosità con riduzione del picco glicemico e della risposta insulinica e quando si è parlato del discorso della coagulazione, diminuzione del fattore settimo della coagulazione e aumento dell'attività anticoagulante con l'azione antifibrolitica a livello plasmatico. Quindi

CONCETTO DI PREBIOTICO → storia della fibra alimentare, quando è stata scoperta e quando è stato introdotto il concetto di prebiotico per la prima volta, presi in considerazione le varie tipologie di prebiotici e gli effetti dei prebiotici

Quando si parla di prebiotici, bisogna sottolineare che ci sono degli effetti sistemici benefici e quindi è una funzione che viene ad essere sistemica, un effetto che viene ad essere sistemico non legato alla salute del tratto gastrointestinale, ma legato alla salute dell'organismo. Sono stati considerati gli edulcoranti di sintesi e quelli naturali utilizzati come alternativi al saccarosio.

I LIPIDI, ILO DHA in gravidanza, le proteine, la celiachia, PRORPIETA FUNZIONALI DELLE PROTEINE E LA PARTE REGOLATORIA.

I LIPIDI si parla sostanzialmente di un nutriente, un MACRONUTRIENTE ORGANICO e si cercherà di affrontare l'argomento così come gli altri → quindi si parlerà della LA FUNZIONE DEI LIPIDI NELL'ORGANISMO UMANO, si parlerà dei lipidi NEGLI ALIMENTI, si considereranno quali sono i tipi di lipidi negli alimenti, quindi si parlerà di trigliceridi e gli acidi grassi che li costituiscono e dei componenti minori dei lipidi presenti insieme ai trigliceridi, si considereranno particolari funzioni dei lipidi nell'organismo, quindi si fa riferimento agli acidi grassi della serie omega 3 che sono importanti pe ril mantenimento della salute dell'organismo perché hanno una funzione antinfiammatoria e si va fare un approfondimento relativo al DHA in gravidanza

Si parlerà ACIDO TOCOSESANOICO, della GRAVIDANZA E DELLE RICADUTE PROSOTIVE CHE I LIPIDI HANNO SULL'OUTCOME, quindi sul prodotto della gravidanza, quindi sul bambino e anche sulla salute della mamma

DOVE SI TROVANO I LIPIDI NEL NOSTRO ORGANISMO? si trovano sia generalizzati, perché se si pensa al doppio strato fosfolipido delle membrane delle cellule, tutto il nostro organismo è costituito da cellule, e la cellula ha la sua membrana cellulare che è un doppio strato fosfolipidico, quindi i lipidi sono presenti in tutto il nostro organismo, ma sono anche localizzati nel tessuto adiposo e sono un'importante fonte e riserva energetica, i lipidi alimentari apportano 9,3 kilocalorie per grammo e rispetto all'etanolo che apporta 7 kilocalorie sono il nutriente più calorico che si possa assumere, sono importante veicolo delle vitamine liposolubili. Quando si dice una dieta priva di lipidi, è una dieta sbagliata e porta ad avere importanti carenze nutrizionali, perché mangiare una carota senza un minimo di condimento non permette di portare in soluzione il beta carotene che è una provitamina A che è convertito a livello intestinale in retinolo, ossia nella forma biologicamente attiva della vitamina A. Una dieta assolutamente priva di lipidi se anche si assume del calcio piuttosto che vitamina D senza integratore alimentare, porta ad avere una carenza di vitamina D e una carenza nell'assorbimento di calcio, si assume, ma non si riesce ad assorbirlo, quindi una dieta povera o priva di lipidi è sbagliatissima, perché non apporta lipidi che servono perché le membrane cellulari hanno un turn over rapido e servono i fosfolipidi per avere la membrana cellulare che si rigenera.

Oltre ad avere la necessità di una membrana cellulare che si rigenera, c'è anche la problematica del mancato assorbimento di vitamine liposolubili. I lipidi sono dei precursori di sostanze regolatrici → sicuramente si è parlato della cascata dell'acido arachidonico, che è un acido grasso a lunga catena della serie omega 6 dalla cui cascata si forma prostaglandine, leucotieni, trombossani, prostacicline e sostanze coinvolte nel processo infiammatorio, fondamentale per l'organismo. Se l'infiammazione è una tempesta citochinica di estrema virulenza (come nel caso di COVID) è un problema, se l'infiammazione è cronica anche questo è un problema, ma una giusta risposta infiammatoria ad un infezione piuttosto che ad una problema di altro genere è una cosa importante in quanto è una difesa per l'organismo. Se si pensa al tessuto adiposo sono anche isolanti termici questi lipidi ed hanno una funzione estetica, tra l'altro il tessuto adiposo tende ad accumularsi in particolari zone del corpo indipendentemente dalla razza. Il tessuto adiposo è prevalentemente presente nelle donne e contribuisce agli organi sessuali secondari, quindi praticamente si deposita, soprattutto nelle donne di colore e a livello dei fianchi e quindi a livello dei glutei. Quindi c'è una struttura della persona sulla base anche della sua origine. Quando si assume un alimento, nell'alimento il lipide ha la funzione di renderlo più gradevole, appetibile, morbido e cremoso per le proprietà lubrificanti.

Se si dovesse assaggiare la carne salata con lo stesso livello di cloruro di sodio del prosciutto crudo, ma senza la componente grassa che è presente nel muscolo, non si mangerebbe il prosciutto crudo perché risulterebbe estremamente saltato. Al contrario la presenza di tessuto adiposo nella massa della coscia del maile che viene usata per fare il prosciutto crudo aiuta a rendere il prodotto alimentare edibile e anche particolarmente appetibile, morbido e così via.

Sempre parlando di quest'ultimo aspetto, ossia del contenuto di lipidi negli alimenti, ovviamente i lipidi alimentari hanno anche la funzione di aumentare la sazietà. Se si fa un pranzo ricco di grassi, non si avrà fame subito dopo, perché la digestione die grassi è particolarmente lunga, richiede tempi particolarmente lunghi e quindi il processo digestivo lungo fa si che il soggetto abbia un senso di sazietà più prolungato nel tempo.

PRIMA CLASSIFICAZIONE DEI LIPIDI ALIMENTARI che si basa sulla formula chimica:

- ci sono lipidi alimentari che appartengono alla categoria dei trigliceridi che sono triesteri con acidi grassi della glicerina e poi vi è il 2-3% di componenti minori. Bisogna considerare che mentre i trigliceridi che sono un'unica classe chimica dal punto di vista quantitativo dal punto di vista alimentare nel lipide alimentare che rappresenta il 97-98% al contrario i componenti minore, che sono i fosfolipidi, la parte degli insaponificabili, gli idrocarburi, le vitamine idrosolubili, i carotenoidi e le clorofille, tutti i vari pigmenti rappresentano dal punto di vista quantitativo solo il 2 o 3%
- Si può fare la classificazione anche **considerando IL TIPO DI ORIGINE**→ lipidi vegetali o animali. I lipidi vegetali si trovano prevalentemente nella frutta da guscio, nei semi, nelle mandorle, nelle arachidi, nella soia, nei girasoli nei mais, nelle noci, o come frutto nell'oliva e lipidi di origine animale che sono il burro, la panna, il latte, tutti i latticini e il tessuto adiposo che può essere presente nella massa muscolare, quindi si può avere o tessuto adiposo o lipidi omogeneamente distribuiti nella massa muscolare

- Oltre a questa seconda classificazione ve n'è **una TERZA CLASSIFICAZIONE, ossia:**

-**LIPIDI IDROLIZZABILI**, ossia dalla cui idrolisi si formano altri componenti, come i fosfolipidi, fosfotrigliceridi, le cere

-**LIPIDI NON IDROLIZZABILI** che non danno per idrolisi origine ad altri componenti a se stanti, sono pertanto acidi grassi, terpeni piuttosto che gli steroidi che hanno sostanzialmente la struttura del colesterolo

Sulla base della prima classificazione si comincia a classificare i lipidi:

- I TRIGLICERIDI che rappresentano il 98-99% dei grassi e i componenti minori che rappresentano una parte minoritaria, ossia 2-3 e massimo 4 %

I TRIGLICERIDI → si osserva la formula di struttura → un trigliceride si forma per unione della glicerina con 3 acidi grassi per eliminazione di 3 molecole di acqua, con formazione del legame estereo → quindi sono triesteri della glicerina.

LA PARTE CARATTERIZZANTE DI UN TRIGLICERIDE non è la glicerina, che è sempre uguale a sé stessa, ma saranno gli acidi grassi che vanno ad esterificare le varie posizioni della glicerina. Si avranno trigliceridi con proprietà differenti sulla base della formula di struttura che questi acidi grassi che esterificano il glicerolo presentano

PARTE CARATTERIZZANTE TRIGLICERIDI →ossia gli ACIDI GRASSI che si possono classificare in base al numero di atomi di C, in base al fatto che **presentano una catena ASATURA INSATURA O POLINSATUERA e in base ad altre caratteristiche della formula di struttura** →**il fatto che in natura si trova sempre una catena lineare** → **acido isovalerianico** che è presente nell'olio di delfino, ma p un'eccezione, perché di solito la catena è lineare. Quando sono insaturi vi è la forma CIS, ma ci sono anche gli acidi grassi trans che sono sia naturalmente presenti in alcuni alimenti e nello specifico nel latte di mucca ed è dovuto alla presenza dell'acido grasso trans, all'azione di particolari enzimi di origine batterica e al fatto che gli acidi grassi polinsaturi hanno i doppi legami isolati.

CLASSIFICAZIONE SULLA BASE DELLA LUNGHEZZA DELLA CATENA CARBONIOSA:

- ACIDI GRASSI A CORTA CATENA → generalmente **inferiore a 10 atomi di C**
- ACIDI GRASSI A MEDIA CATENA → generalmente **inferiore a 16 atomi di C**
- ACIDI GRASSI A CATENA LUNGA **con una catena da 18 in su come numero di atomi di** C

Poi ci sono:

- **ACIDO GRASSI SATURI** → senza ramificazioni
- **ACIDI GRASSI MONOINSATURI** → principale rappresentante, è l'acido oleico, un acido grasso omega 9 NON ESSENZIALE
- **POLINSATURI** come l'acido linolenico o linoleico che sono acidi grassi polinsaturi che hanno da 2 a 3-4- o più doppi legami sulla catena carboniosa

La cosa importante è che i doppi legami degli **acidi grassi polinsaturi sono doppi legami isolati** → nel senso che sono isolati quando non sono coniugati, e cosa significa che tra uno e l'altro esiste un CH2, se c'è un CH doppio legame CH → VI è UN GRUPPO ETILICO, UN CH2

Si osservano le varie formule di struttura, dal famoso acido butirrico, presente nel burro, latte, panna, formaggio → è un acido grasso molto interessante con proprietà salutistiche notevolissime → l'acido butirrico rappresenta la principale fonte di energia dell'enterocita che è semplicemente un CH3CH2CH2COOH e si sale al CAPRONICO, CAPRILICO, CAPRICO, AURICO, MIRISTICO. Sono sempre a numero pari di atomi di C, il famoso isovalerianico quello dell'olio di delfino è l'eccezione, è ramificato a 5 atomi di C, è un caso a sé, ma in natura la presenza di eccezioni è quello che di solito conferma la regola

CAPRONICO, CAPRILICO, CAPRICO ecc → si parte da C4, C6, C8, C12 e C14 e così via.

FORMULA DI STRUTTURA DELL'ACIDO OLEICO, CH3 -CH2 CH2 fino ad arrivare al doppio legame CH, doppio legame CH nel mezzo della molecola, poi c'è di nuovo CH2 preso 7 volte e finisce con il gruppo carbossilico.

Oltre all'oleico, c'è il linoleico e linolenico e sono importantissimi in quanto sono acido grassi essenziali perché sia l'acido linoleico che linolenico non sono sintetizzabili dal nostro organismo e vengono assunti solo con la dieta, non riusciamo a sintetizzarli in quanto l'acido linoleico e linolenico hanno la presenza del doppio legame, in 6 il linoleico, in 3 il linolenico che porta ad avere un'insaturazione noi non siamo in grado i inserire, mentre l'oleico si può sintetizzare a partire da quello stearico, inserendo l'insaturazione in 9, al contrario nel caso del linoleico e linolenico non si riesce ad inserire l'insaturazione e pertanto non si riescono a produrre questi acidi grassi.

L'ACIDO ARACHICO e l'ACIDO ARACHIDONICO è quello della cascata dell'acido arachidonico e della sintesi delle prostaglandine. Vi è l'acido idrucico, l'iniocetico e sono tutti acidi a lunga o molto lunga catena carboniosa.

POLINSATURI ESSENZIALI, venivano un tempo definiti vitamina F, oggi si sa che non sono vitamine già da molti anni, ma il fatto che i nutrizionisti del passato avessero pensato che gli acidi grassi polinsaturi fosse delle vitamine tanto da essere chiamata vitamina F ha un senso, perché si sa che le vitamine sono costituenti essenziali e si era capita l'essenzialità di queste molecole e pertanto avevano attribuito ad esse una funzione vitaminica che non esiste, ma questo per spiegare che era stato già compreso il concetto di essenzialità e di non essere sintetizzati dal nostro organismo

È importante conoscere la nomenclatura degli acidi grassi che è oggi giorno utilizzata nel linguaggio comune piuttosto che per indicare questi componenti negli integratori alimentari, sicuramente si è sentiti parlare di questi acidi grassi omega 3 e 6.

- Gli omega 3 sono presenti nel latte arricchito e bisogna anche sapere cosa significa

Per parlare della nomenclatura degli acidi grassi **bisogna prendere in considerazione tre aspetti**:

- Il primo è LA LUNGHEZZA DELLA CATENA CARBONIOSA
- Il secondo è LA PRESENZA DI DOPPI LEGAMI
- Il terzo è DOVE SONO QUESTI DOPPI LEGAMI

1) Quando si considera un acido grasso per prima cosa **bisogna contare da quanti atomi esso è costituito**. Se un acido grasso come l'acido oleico costituito da 18 atomi di C o palmitico da 16 atomi di C, la sigla con cui verrà inizialmente indicato questo acido grasso sarà 18 o 18 C per indicare che la molecola è costituita da 16 o 18 atomi di C.

2) Poi **vi è la presenza del doppio legame** che se è presente UN UNICO DOPPIO LEGAME dopo il numero di atomi di C o il numero di atomi di C seguito dalla lettera C si mette due punti e si mette il numero dei doppi legami e l'acido oleico è CH3, CH2 preso 7 volte CH doppio legame CH2 preso 7 volte COOH. Quindi si scriverà 18 o 18 C:1, perché uno solo è il doppio legame

3) E poi si **va avanti e il terzo ed ultimo aspetto** importante è **la posizione del doppio legame** che viene indicata con un particolare numero preceduto o dalla lettera delta maiuscolo (triangolino) o dalla lettera n del nostro alfabeto o omega dell'alfabeto greco. Quando si utilizza delta, n oppure omega?

Dipende da dove si comincia a contare il numero del C del doppio legame

Considerando l'ACIDO OLEICO → se si parte a contare dal carbossile, 1+7 = 8 = 9 si scriverà 18 C: 1 delta 9, perché partendo dal carbossile e contando gli atomi di C fino ad arrivare a quello interessato dal doppio legame si avrà il numero 9 oppure anziché utilizzare il delta minuscolo, si utilizza la lettera del nostro alfabeto n, oppure la lettere omega. In questo caso non si partirà al contare del carbossile, ma si partirà dal metile terminale e in questo caso si avrà un omega 9, perché si avrà CH3, 7 CH2, quindi in totale 8 → il primo C interessato al doppio legame è il CH doppio legame CH che sono i C legati con doppio legame.

Quindi ecco che si vede 18 C: delta 9, o 19 C: 2 delta 9 → sta ad indicare l'acido linoleico, dove ci sono 18 atomi di C, due doppi legami, delta 9, perché il primo atomo di C interessato al primo doppio legame è il 9, si potrebbe avere delta 9,6, perché il secondo atomo di C interessato al doppio legame è quello che si trova in posizione 6.

L'acido linoleico si potrebbe anche considerarlo con l'altra nomenclatura, quella più comunemente utilizzata quella dell'omega, infatti l'acido linoleico è un omega 6, quindi sarà 18 C: 2 omega 6. In questo caso si dovrebbe scrivere omega 6,9 perché il primo C è quello in 6 e il secondo è quello in 9 interessati al doppio legame, perché in entrambi i casi non si ha 9,6 o 6,9, ma solo omega 6 o omega 9, si ha solo omega 6 o 9, perché nel momento in cui si prende in considerazione un acido grasso naturale, questo ha i doppi legami separati, quindi se il primo doppio legame delta 9 è in 9, il secondo non può che essere che in 6, qualora mai ci sia un terzo doppio legame non può che essere in 3. Quindi la presenza del primo C interessato al doppio legame va sempre riportata, perché quella risponde al quesito di dove si trova la posizione, qual è la posizione del doppio legame, ma gli altri C potrebbero anche non essere interessati al doppio legame per il fatto che la loro posizione viene automaticamente calcolata.

Alcuni esempi di nomenclatura degli acidi grassi con la **nomenclatura del delta** che si parte a contare da gruppo carbossilico ei si ad es. l'acido miristico che è semplicemente 14, o14 c: 0, perché l'acido miristico ha 14 atomi di C

Ci sono 3 serie di acidi grassi → l'ultima numerazione è quella generalmente impiegata, quindi da una parte ci sarà il COOH, dall'altra parte ci sarà il CH3, in mezzo, tutta la catena del CH2 non ci sono doppi legami e quindi è molto semplice, ossia 14: 0, oppure si può avere l'acido linolenico dove si avrà 18 oppure 18 c: 3, perché 3 sono i doppi legami e se si parte a contare da delta si dovrà scrivere delta 9, si può o non si può, perché dipende da quello che si vuol fare scrivere 12 e 15 oppure se si conta a partire dal metile terminale, si avrà 18: 3, omega 3 -6 e 9 -→infatti si conta, si avrà 18: 3 omega 3 -6-9 oppure 18: 3 delta 9 12-15 →9 perché ci si trova in posizione 9 . Quindi anche questa cosa è importante, quindi conoscere la nomenclatura degli acidi grassi in chimica degli alimenti, quindi ci sarà una domanda sugli acidi grassi e sulla loro nomenclatura scrivendo una formula, una sigla e chiedendo di quale acido grasso si tratta (risposte multiple, sigla con varie risposte e bisogna selezionare quella giusta

Quindi ci sono 3 serie di acidi grassi e l'ultima numerazione è quella generalmente impiegata e si ha omega 9, omega 6 e omega 3. Gli omega 3 si trovano nelle alghe, nei pesci che si nutrono delle alghe, e pertanto si trovano nei pesci predatori in maggiore concentrazione, perché a loro volta si nutrono sempre dei pesci, sempre piccolo, secondo quella che è la catena alimentare e quindi si arricchiscono di acidi grassi omega 3.

Gli omega 6 invece sono presenti nelle piante da semi e quando si mangia l'olio di semi vari, piuttosto che quello di girasole, piuttosto che quello di vinaccioli, di mais e così via, si ha l'assunzione di acido grassi della serie omega 6

DIAPOSITIVA che riporta varia famiglie →acido oleico, piuttosto che l'acido linolenico, Poteva esservi la formula dell'EPA che sono della serie omega 3

Concludendo → alcuni acidi grassi come il palmatico, lo stearico, l'oleico, l'erucino, il mervonico piuttosto che il linoleico il Gaba linileico, l'arachidonico che sono degli omega 6 piuttosto che l'acido linolenico, e ci potrebbe essere anche la formula dell'EPA, ossia l'acido ecosapentanoico o del DHA, acido docoesanoico che sono della serie omega 3.

Concludendo → alcuni acidi grassi come il palmitico, lo stearico, l'oleico, linoleico, si trovano prevalentemente in tutti gli alimenti, quindi si trovano distribuiti in tutti gli alimenti. Loleico è tipico dell'olio di oliva, ma si trova anche nella carne, invece ci sono alcuni ACIDI GRASSI che si trovano soltanto in alcuni tipi di grasso, come l'acido arachico, l'iniecerico tipico dell'olio di arachide, l'acido erucico èpresente nell'olio di colza, l'acido butirrico è nel burro ed è stato visto che

L'acido isovalerianico, infatti ha 5 atomi di C e non è a numero pari di atomi di C ed in più è anche ramificato, in quanto vi è anche la ramificazione → solo nell'olio di delfino vi è l'acido isovalerianico che è presente solo nell'olio di delfino ed è un componente caratteristico e specifico di questo particolare grasso.

CAPITOLO 10

LA TABELLA presente è quella che parla della composizione in acidi grassi di grassi o di prodotti vari e si ha il grasso dei BIF, quindi di un bovino piuttosto che il lardo, piuttosto che il grasso del latte di mucca, la margarina, la margarina dura, quella soffice, l'olio di fegato di merluzzo, l'olio di mais, il burro di cacao e così via.

Si osserva riportati in rosso con 3 righe 18: 0,18:1, 18:2 e cosa sono? sono sostanzialmente l'acido oleico che è un omega 9, ossia il 18, 1, l'acido linoleico che è il 18. 2 e l'acido linolenico che è il 18.3, quindi si osservano queste 3 righe. Ad es. l'acido oleico è distribuito in tutti i grassi e nell'olio di oliva l'acido oleico, 18.1 è altissimo, c'è un 79%, ma se si considerano altri grassi come nel caso della carne di manzo piuttosto che del latte di mucca, piuttosto che dell'olio di mais, si osserva che l'oleico 18:1 è molto rappresentato. Al contrario se si considera l'acido linoleico e linolenico, ossia il 18. 2 e il 18.3 che sono rispettivamente precursori degli acidi grassi omega 6 e degli acidi grassi omega 3, sono contenuti in quantità molto minore.

Si osserva nella carne di manzo un 3%, nel latte di mucca un 2 % e così via e si osserva la composizione in acidi grassi che è molto minore. Se si osservano gli omega 3 la composizione è ancora più bassa. Gli omega 3 sono scarsamente rappresentati nei grassi di origine sia animale che vegetale. Se si considerano gli acidi grassi a corta catena e saturi, si osserva che dal butirrico, andando fino al C 6 piuttosto che il C 8, si avrà che il contenuto è praticamente bassissimo in tutti i grassi considerati con l'eccezione del solo latte e ovviamente dei latticini che a base di latte risultano essere costituiti. Quindi da questa tabella si può evincere il contenuto dei vari acidi grassi ed in particolare il contenuto degli acidi grassi essenziali omega 6 e omega 3.

Andando avanti con l'altra tabellina che riporta la percentuale di acidi grassi saturi, monoinsaturi e polinsaturi e non si ha nei polinsaturi la differenziazione tra omega 6 e 3, ma sono messi insieme, sia gli omega 3 che 6. L'oli odi oliva contiene i saturi, il burro contiene una % più elevata di saturi, lo strutto anch'esso una % più elevata di saturi e i monoinsaturi, ossia l'oleico sia alto nell'olio di oliva e più basso negli altri grassi ed infine i polinsaturi siano elevati nelle piante da semi, quindi oli odi mais ed olio di soia, ossia è solido a T ambiente ed il contenuto di polinsaturi è relativamente alto. A questo proposito, questa tabellina da la possibilità di capire che i grassi concreti, ossia i grassi che a T ambiente sono solidi come il burro e lo strutto sono concreti perché hanno una % vicino al 50% di grassi saturi, quindi lo stato fisico a T ambiente dei grassi è condizionato, è dovuto alla presenza di grassi saturi che a T ambiente sono solidi, a differenza di quanto accade per i vari oli liquidi a T ambiente e che quindi sono oli che sono ricchi di mono e polinsaturi.

ES. Se è Capitato di conservare in cantina dell'olio di oliva (anche se non frequente qui), la T in cantina può scendere anche ad essere sotto lo 0, quindi si osserva che l'olio di oliva presenta delle palline di olio, che non è altro che olio congelato → qui si osserva solo portando a 0 la T esterna, mentre l'olio a T ambiente è sempre liquido a 20 gradi, a 15 gradi o anche 8 gradi, perché gli acidi grassi monoinsaturi e polinsaturi a quelle T sono allo stato liquido.

Questa tabellina a differenza della precedenza, pur considerando dei grassi alimentari, oli odi vinaccioli, girasoli, divide gli oli dai grassi concreti, margarina, lardo, strutto, burro di cacao e si considera l'apporto di acido linolenico omega 3 come negli oli piuttosto che nei grassi concreti vari, infatti si osserva che:

Nell'OLI ODI VINACCIOLI VI È il 67% di oleico, quindi alto e una percentuale molto piccola di linolenico, quindi di omega 3. La stessa cosa nell'olio di girasole e già L'OLIODI SEMIVARI piuttosto che quello di soia hanno un contenuto di acido linolenico abbastanza elevato, ancora maggiore la ha la colza piuttosto che l'olio di palma. Si osserva anche tra i grassi concreti è interessante considerare che il LARDO ha un contenuto di acido linolenico contrariamente a quello che si può immaginare abbastanza rilevante, quindi un grasso di origine animale, dove si sa che i grassi di origine animale sono ricchi di acidi grassi saturi, che sono collegati con una maggiore insorgenza di malattie cardiovascolari, che hanno un buon contenuto di acidi grassi omega 6 che si sa essere connessi con l'acido arachidonico, si considerano i processi infiammatori. Tuttavia, contrariamente a quello che si può immaginare ha un buon contenuto di acido linolenico che è così difficile assumere con la dieta perché le uniche fonti di acidi grassi omega 3 sono rappresentati dal pesce. Quindi il lardo rappresenta l'eccezione che conferma la regola, sul fatto che il contenuto di acidi grassi polinsaturi omega 3 negli alimenti di origine animale è basso. Il lardo fa infatti eccezione.

Questo è il commento che si può fare a questa diapositiva, quindi se si dovesse rispondere alla domanda quali sono le fonti principali di grassi della serie di omega 3? dire omega 3 non è errato, perché il lardo rispetto agli altri grassi concreti è un prodotto che contiene acidi grassi della serie omega 3.

Il lardo ha dei grassi saturi elevati, ma non sono nemmeno elevatissimi e quindi tra il lardo e lo strutto, facendo un discorso più che chimico, nutrizionale: in certe condizioni può essere necessario utilizzare dei grassi concreti e alcuni tipi di preparazioni di prodotti da forno non richiedono utilizzo di olio, ma dovrebbero essere condotte con grassi concreti. Se si dovesse porre a confronto lo strutto e il lardo che sono due grassi concreti, tra questi è da preferire il lardo per il contenuto più basso di saturi e per il contenuto medio alto di acido linolenico. Quindi se si considera:

Il burro rispetto al lardo ha un contenuto più alto di saturi e un contenuto molto più basso meno della metà di acido linolenico. Quindi il lardo tutto sommato rispetto ad altri grassi saturi, qualora si voglia o si debbano utilizzare dei grassi saturi non è poi da buttare

Aggiungendo una precisazione sulla margarina? cos'è la margarina? è di origine vegetale e viene utilizzata al posto del burro e come si può avere un grasso di origine vegetale che è solido? Perché la margarina è solida, mediante **IDROGENAZIONE** →è ovvio che la margarina presenta un contenuto di saturi elevato, ma la margarina è comunque un prodotto ottenuto da una particolare tecnologia di produzione che è l'idrogenazione che è un processo per cui da un olio liquido a T ambiente perché è di origine vegetale, ha acidi grassi prevalentemente mono e polinsaturi diventa un olio solido, perché i grassi mono e poli insaturi a seguito dell'idrogenazione diventano saturi. Quindi a seguito di un trattamento di trattamento tecnologico di produzione la margarina diventa solida. La margarina è un prodotto buono o è meglio non consumarla? è meglio non consumarla.

Se si parla di apporto calorico e si va a considerare l'olio di oliva, oli odi semi di soia, olio di semi di girasole non c'è nessuna differenza in termini calorici, in quanto 1 grammo di olio di oliva apporta le stesse identiche calorie dell'olio di mais e di semi di girasole. Discorso diverso è quello del burro, apporta le stesse kilocalorie dell'olio di oliva? nel burro c'è dell'acqua. Consumare 5 grammi di burro e 5 di olio che sono poco più di un cucchiaio di olio o una fetta da 5 grammi di burro che si può spalmare sul pane, quindi 5 grammi di olio e di burro non hanno lo stesso apporto calorico, perché il burro ha dentro l'acqua, cosa che non ha l'olio che è di quegli alimenti che non contengono acqua.

Ci potevano essere apporti calorici diversi? no perché la margarina e il burro, che a parità di peso secco privato dell'acqua, hanno lo stesso contenuto calorico, perché 1 grammo di grasso, quindi trigliceride, ha lo stesso contenuto calorico indipendentemente che ci siano grassi saturi, polinsaturi e monoinsaturi.

A seguito del trattamento tecnologico di idrogenazione, ci sono acidi grassi trans, perché gli acidi grassi trans sono epatotossici, in natura non dovrebbero essere presenti perché in natura esistono solo acidi grassi CIS, per cui diventano trans attraverso l'idrogenazione e questo permette di ottenere la margarina e questi acidi grassi trans, possono essere epatotossici anche tossici a livello cardiaco provocando la lipidosi cardiaca, quindi sono molto pericolosi

Oggi giorno l'idrogenazione è condotta in modo tale da minimizzare il contenuto di acidi grassi trans, quindi la margarina soprattutto in un prodotto derivante da paesi extraeuropei, soprattutto dalla Cina, tuttavia bisogna stare attenti perché l'idrogenazione se porta alla margarina soft, non quella dei panetti, ma presente nelle confezioni, quindi sostanzialmente la margarina soft dovrebbe avere un contenuto di acidi grassi trans molto limitato e al contrario le margarine più dure, quelle di un tempo che veniva spacciate come qualcosa di sano, perché si diceva che è un grasso concreto ma essendo di origine vegetale è sano, ma non lo era, perché contenevano acidi grassi trans.

PERCHÈ NON SI DICE PRIVE DI ACIDI GRASSI TRANS, MA A RIDOTTISSIMO CONTENUTO DI ACIDI GRASSI TRANS?

Si dice a ridottissimo contenuto di acidi grassi trans e si va a fare una parziale correzione, un dettaglio, non PRIVE, non è vero che gli acidi grassi trans in natura ci sono in quantità piccolissime nel latte vaccino, quindi nei latti prodotti dai ruinanti e questa presenza di acidi grassi trans è dovuto a dei batteri.

La margarina non si deve consumare, se proprio si deve consumare un grasso di origine animale ed in piccole quantità il burro è un grasso che comunque può essere assunto, anche se bisogna considerazione che il burro contiene grassi saturi. Il lardo non è da criminalizzare e sicuramente la margarina se ne può fare a meno perché non si sa mai da quale processo di idrogenazione deriva e se è stata prestata attenzione alla minimizzazione degli acidi grassi trans.

MARGARINA NON PUÒ ESSERE UTILIZZATA DA PERSONE ALLERGICHE AL NICHEL, perché come catalizzatore è utilizzato il nichel?

È auspicabile che Il Nichel non debba esserci nella margarina, potrebbe essere che ci sia un'allergia a questo metallo pesante. Il maggior problema è l'incognita sulla presenza di acidi grassi trans, più che il nichel in sé perché gli acidi grassi trans sono tossici. Nella carne di manco, nel latte, nei formaggi, anche una quantità piccola si assume e non i può dire che non si mangia la carne di manzo, perché apportano acidi grassi trans. Se a questi che si devono per forza consumare quando si consumano gli alimenti, si aggiungono fonti addizionali come la margarina, l'apporto può diventare significativo da rappresentare un problema

L'OLIO DI PALMA è una problematica. L'olio di palma non è di per se un grasso negativo e siccome il marketing delle varie case e aziende galoppa sul discorso no colesterolo e non oli odi palma, ci sono le merendine senza olio di palma. La problematica dell'olio di palma non è di tipo nutrizionale, ma una problematica di tipo ambientale e il problema è che per avere quantità maggiori di olio di parla e immetterle sul mercato si abbatte la foresta, quindi il polmone verde del pianeta a favore delle coltivazioni della palma per ottenere l'olio di parla → quindi il è problema dell'olio di palma è un problema ecologico, quindi se si dice che "non contiene olio di palma e quindi si rispetta l'ambiente e il polmone verde del pianeta contribuendo a mantenerlo → potrebbe andare bene, non si mangia più l'olio di palma, ma non è un problema di tipo nutrizionale. Il fatto che riscaldato a 200 gradi rilasci sostanze tossiche, è connesso con il punto di fumo di qualsiasi prodotto -> olio di oliva e non quello extravergine di oliva

L'olio di oliva ha un punto di fuso più basso rispetto all'olio extravergine e se si riscalda oltre il punto di fumo, si da origine alla disidratazione della glicerina, con formazione di ACROLEINA che è potenzialmente genotossica, quindi anche l'olio di palma se riscaldato, da origine a sostanze tossiche, ma il problema dell'olio di palma è un problema ecologico, quindi alla domanda? è bene distruggere il polmone verde del pianeta? assolutamente no, quindi è bene evitare di mangiare l'olio di palma se per averlo si distrugge la foresta. Bisogna differenziare le due cose: Un conto è dire che è tossico ed un conto è dire che bisogna evitare lo sfruttamento delle piantagioni a scapito della foresta (siamo su due livelli diversi)

Il delfino non va mangiato non perché è tossico, ma perché fa piacere conservare la specie del delfino, ma non si mangia il delfino perché è tossico e se gli ambientalisti dicono che l'animale è in via di estinzione e si deve proteggere, quindi perché va protetto l'animale e non perché è tossico.

Quindi il discorso dell'oli odi palma è noto che c'è questo sfruttamento delle piantagioni, quindi come dire bisogna evitare di comprare o utilizzare prodotti che effettivamente possono dare dei problemi di tipo ecologico, allora tutto dovrebbe andare nell'ottica di limitare la plastica, usare la carta riciclica → si parla della carta e del fatto che la carta dove la si ottiene se non dalle piante? evitare di buttare la plastica nel mare, di consumare le piante per fare la carta, quindi usare la carta riciclata, evitare l'olio di palma non perché è tossico, ma perché si va a a distruggere la foresta, evitare di uccidere animali che stanno andando in estinzione, salvare gli elefanti e si evita la pelliccia d leopardi perché non è il caso di ammazzare il leopardo per fare un vestito. Rientra tutto in un'ottica di salvaguardia dell'ambiente e quindi anche l'olio di palma è bene evitare non per motivi nutrizionali, ma per motivi ecologici

Nella TABELLINA

ACIDI GRASSI ESSENZIALI NELLA DIETA, negli alimenti → si parla di OMEGA 3 E OMEGA 6 →In alto alla tabellina vi sono → molti cardiolici ed esperti di malattie metaboliche, consigliano due noci al giorno, LE NOCI, molti esperti di malattie metaboliche consigliano le persone di assumere 2 noci essenziali che apportano acidi grassi essenziali, quindi acidi grassi omega 3, ritorna il lardo, la pancetta che contiene il lardo, la margarina, tutta una serie di altri alimenti.

Poi vi è L'ARINGA, SGOMBRO, CEFALO, LA SARDINA -→ hanno un contenuto più basso, in quanto è presente l'acqua. Vi è anche Il parmigiano con contenuto basso che apporta acidi grassi essenziali, poi il latte, lo yogurt, il riso il frumento e le fave e si ha nella lista in ordine decrescente il contenuto di acidi grassi essenziali

TABELLI NUTRIZIONALI DELLA SINU, società italiana di nutrizione →Il salmone come predatore ha un 14% di grassi, quindi è un pesce grasso il salmone e come tale è un pesce ricco di grassi ed ha un contenuto sicuramente di grassi essenziali elevato. Non è semplice fare un confronto del contenuto tra la sardina piuttosto che lo sgombro perché probabilmente si troverà più verso l'arringa e lo sgombro p che verso la sardina, perché effettivamente il salmone soprattutto affumicato essendo parzialmente disidratato è ovviamente più concentrato in grassi, sicuramente in più il salmone è un pesce predatore ed essendo nella parte alta della catena alimenta probabilmente è tra quelli con contenuto di acidi grassi omega 3 più elevato, per cui sicuramente la risposta ragionando sul dato vero che contiene 2,17, sicuramente è nella parte alta della tabella, verso l'arringa e lo sgombro piuttosto che su pesce come la sogliola o la torta che sono più magri.

LE LINEE GUIDA PER UNA SANA ALIMENTAZIONE ITALIANA **relativamente alla quantità di grassi da introdurre:**

I grassi devono essere assunti in quantità tale da non fornire oltre il 25 % -30 % dell'apporto calorico totale, quindi se in una dieta da 2000 kilocalorie circa si sta parlando di circa 40-45 grammi di grasso.

Il burro o l'olio non è l'unica fonte di grasso che si ha con la dieta perché circa la metà del grasso che si assume con la dieta non si osserva come grasso separato dal resto degli alimenti, quindi si assume il grasso dal momento in cui si assume la carne, il pesce, le uova piuttosto che anche i legumi hanno una parte di grasso anch'essi, senza contare tutti i prodotti da forno, quindi il latte, i yogurt e i formaggi, quindi 40-50-70 grammi di grasso non vanno visti come 70 grammi di olio piuttosto che visti, ma vanno sicuramente già dimezzati, perché più del 50% sono grassi indivisibili, perché effettivamente non si vedono, non si mettono con la bottiglia dell'olio sull'insalata, quindi non vedendoli, non so cosa si sta assumendo, ma in effetti si stanno assumendo

Questi grassi rappresentano almeno il 50% dei grassi che si assumono con la dieta, all'interno di questi famosi 50-60-70 grammi di grasso, come dovrebbero essere ripartiti tra saturi, monoinsaturi e polinsaturi?

- I grassi saturi non più del 7-10%
- I MONOINSATURI fino al 20%
- I grassi polinsaturi circa il 7 %, quindi questo 25-30% si raggiunge con la somma, quindi si può avere una % di acidi grassi monoinsaturi, il famoso oleico, in tutti gli alimenti, anche nella carne di manzo è quello che deve essere preponderante, perché di quel 25-30 %, il15-20% deve essere oleico ed

Il restante deve essere più o meno ripartito in parti uguali tra i saturi e i polinsaturi, ma il rapporto omega 6, omega 3 come deve essere? questo rapporto oggi giorno è 10 -15 a 1, quindi con l'alimentazione occidentale prevalgono i grassi, l'olio di semi di mail, come i grassi concreti che hanno un contenuto di omega 6 molto più elevato rispetto agli omega. Il rapporto ottimale omega 6 -omega 3 è di 5 a 1, quindi bisogna innalzare gli omega 3 che vengono consumati con il pesce (oltre due -tre porzioni alla sett non bisogna mangiarlo, perché essendo inquinato fa male), in aggiunta a questo si possono utilizzare degli integratori alimentari contenenti acidi grassi omega 3 che non sono distribuiti su tutta la popolazione, se non si può innalzare omega 3, poiché non si possono prendere sempre integratori, prendere il pesce è un problema, la cosa da fare è cercare di abbassare gli omega 6, perché il rapporto ottimale non è 15 a 1, ma 5 a 1, quindi questo è il rapporto ottimale per non instaurare un'infiammazione cronica dovuta al fatto che assumendo tanti grassi omega 6, si avrà tanto acido arachidonico, di prostaglandine, si prostacicline, di trombossani, di leucrotrieni proinfiammatoria instaurando uno stato di infiammazione cronica

Quindi quantità → 25-30% della quota calorica totale, quindi 50-70 grammi di grasso non significa dire 50 grammi di grasso alimentare → lardo, strutto, ma vuol dire almeno la metà perché la metà è grasso invisibile e di questo grasso, 5-7-% in satura, 20 % di monoinsaturi, qual è il rapporto ottimale omega 3 - omega 6, è di 5 a 1 e qual è spesso nella dieta occidentale? è 15 a 1 che non va bene perché è responsabile dell'instaurarsi di uno stato di infiammazione cronica.

COSA SUCCEDE SE INVECE DI RAPPRESENTARE IL 25-30% DI GRASSI DELLA MIA DIETA RAPPRESENTASSERO IL 40% DELL'APPORTO CALORICO TOTALE?

Ovviamente si ha un eccesso e un eccesso si tramuta in obesità, in una maggiore predisposizione all'insorgenza di tumori e una maggiore predisposizione di malattie cardiovascolari. Quindi è molto importare cercare di limitare l'apporto di grassi con la dieta per non andare incontro a problematiche riportate. Quali tumori possono essere frequenti a seguito dell'assunzione di una dieta ricca di grassi? Soprattutto il tumore al colon, colon retto, tumore al pancreas, alla prostata e al seno che sono tumori ormone dipendenti → si ritorna al concetto del rapporto omega 3 omega 6 se la dieta è molto ricca di omega 6 c'è una maggiore frequenza di cancro al colon, pancreas e al seno perché questi acidi grassi hanno un'azione proinfiamamtoria, non controbilanciata dall'azione antinfiammatoria degli omega 3, non è solo un eccesso calorico che pure potrebbe essere importante, ma è un problema di cancerogenesi.

DISCORSO DELLE LIPOPROTENE → TRIGLICERIDI, GLICOPROTEINE E COLESTEROLO sono i tre fattori di rischio delle malattie cardiovascolari:

- IL COSIDDETTO COLESTEROLO CATTIVO è quello LDL → legato alle lipoproteine a bassa densità. Sono delle lipoproteine che devono essere basse perché alte LDL son oun fattore di rischio cardiovascolare, quindi le LDL devono essere basse
- IL COLESTEROLO BUONO SONO LE LIPOPROTEINE AD ALTA DENSITÀ, ossia LE HDL sono un fattore protettivo, quindi avere basse HDL significa avere un fattore di rischio di malattia cardiovascolare e le HDL devono essere alte

GLI ACIDI GRASSI SATURI → molte evidenze scientifiche dicono che gli acidi grassi saturi sono responsabili dell'aumento dell'incidenza delle malattie cardiovascolari e i più responsabili sono il palmitico, miristico e aurico e sono gli acidi grassi risultati, maggiormente responsabili dell'insorgenza di queste malattie. Recentissimamente è uscita una meta analisi che ha preso in considerazione, l'incidenza della morte per tutte le cause della popolazione in funzione del contenuto di acidi grassi saturi → da questa metanalisi non si è evidente che gli acidi grassi saturi sono un fattore di rischio sconfessando decine di pubblicazioni che mettevano in evidenza che gli acidi grassi saturi fossero responsabili di malattie cardiovascolari

La verità sta nel mezzo, nel senso che assumere troppo acidi grassi saturi significa assumere acidi che sono potenzialmente pericolosi, ma la dieta deve essere corretta ed equilibrata, quindi con la dieta si possono acquisire degli acidi grassi saturi e non è detto che per questo deve esserci una malattia cardiovascolare → quindi deve esserci un giusto apporto omega 3 e omega 6 all'interno dei polinsaturi con il giusto rapporto saturi, insaturi e polinsaturi.

Oggi esistono questi dati che dicono che:

LA MORTE PER TUTTE LE CAUSE è anche la morte in macchina, non dovuta a patologia e il fatto che la morte per tutte le cause non sia connesso con quello non permette di trovare una strettissima correlazione e anche se decine e decine di pubblicazioni dicono gli acidi grassi saturi sono responsabili di una maggiore incidenza di queste patologie.

I GRASSI MONOINSATURI come L'acido oleico che sono ampiamente distribuiti in tutti gli alimenti sono molto importanti per la dieta →Il loro apporto deve essere il 20 % sul 30 % che gli acidi grassi devono rappresentare e l'acido oleico è in grado di diminuire le lipoproteine a bassa o molto bassa densità e non modifica e addirittura fa aumentar ei valori di HDL che a sua volta devono essere alti per non costituire un fattore di rischio di malattia cardiovascolare.

Per quanto riguarda gli acidi grassi essenziali → omega 3 e 6

L'acido lineico e linolenico sono rispettivamente ACIDI GRASSI OMEGA 6 E OMEGA 3 e che sono precursori di acidi grassi omega 6 e omega 3 a lunga catena che sono per l'acido ARACHIDONICO, l'acido linoleico e le eicosapentoidi e le decosapentanoico per l'acido linolenico, quindi L'ACIDO LINOLEICO E L'ACIDO LINOLENICO si pososno sintetizzare nel nostro organismo? no, perché sono essenziali, L'acido arachidonico e eicosapentanoico, docosesanoico possono essere sintetizzati nel nostro organismo? si, si sintetizzano a partire dall'acido linolenico, così come l'acido arachidonico lo si sintetizza a partire dall'acido linoleico.

LINOLEICO E LINOLENICO non si sintetizzano, mentre arachidonico ecc si sintetizzano a partire già da acidi grassi omega 3 e omega 6.

Questi acidi grassi che non sono essenziali, perché se li sintetizziamo, non sono essenziali in particolari condizioni possono essere considerati semiessenziali ad es. nel bambino piccolo può essere che questi acidi grassi docosesanoico ed ecc..vengano sintetizzati con una velocità non sufficiente, quindi non sono sintetizzati in quantità sufficiente e quindi possono diventare semiessenziali soprattutto nel bambino pretermine i sistemi enzimatici sono immaturi e la produzione di acidi grassi soprattutto omega 3 non sia sufficiente ea rispondere al fabbisogno di acidi grassi del bambino e quindi è necessario che venga assunti attraverso la dieta, e che dieta ha il neonato? il latte materno che a differenza del latte vaccino ha un contenuto adeguato di acidi grassi omega 3 e 6 e ha anche un contenuto di acido grasso docosesanoico e si pensa che il latte delle mamme che hanno i bambini pretermine ha un contenuto di acido docoesanoico superiore rispetto al latte della mamma che ha avuto un bambino al termine? cosa vuol dire questo?

Che l'organismo materno, durante l'allattamento si organizza senza saperlo per fornire acido dosaesanoico ed eicosapentanoico al bambino pretermine dandogli del latte più ricco di dicosesanoico e il latte di mucca? il vitellino ha un metabolismo diverso rispetto al bambino, anche come crescita il vitellino cresce più rapidamente, quindi il vitellino richiede un latte che effettivamente è diverso da quello del neonato e viceversa. Quindi il latte di vaccino che è usato come base di partenza per produrre latti formulati ovviamente dovrà essere depauperato di caseine, poco digeribili depauperato di Sali minerali, altrimenti si va ad affaticare troppo l'emuntorio renale del neonato che dovrà invece essere arricchito di acido dodoesanoico già sintetizzato, di acido linoleinico, arricchito di quei nutrienti che sono maggiori nel latte materno rispetto al latte vaccino e depauperato degli altri nutrienti in eccesso per la crescita del bambino (in farmacia bisogna consigliare alle mamme i latti che contengono acidi grassi a lunga catena docosesanoico ed arachidonico, perché? perché il anche il bambino a termine ha comunque una certa difficoltà nella produzione degli acidi grassi a lunga catena o a molto lunga catena come l'arachidonico ed il docoesanoico

E quindi è sicuramente un'ottima cosa poter dare al bambino già un latte contente il prodotto già di sintesi derivante dall'acido linoleico quindi il DHA, quindi è molto importante che i latti abbiano questi componenti.

E se un latte non ha questi componenti e ha un costo basso? deve esserci anche questo prodotto in commercio, perché non tutti possono permettersi di acquistare un latte ad elevato costo, che contenga anche l'acido docoesanoico, quindi può sembrare, purtroppo lo è → una discriminazione in quanto tutti i neonati avrebbero diritto ad una nutrizione adeguata, ma i bambini che non possono avere il latte materno, per qualsiasi ragione la mamma non abbia il latte →devono poter accedere ad un latte diverso da quello vaccino, perché il latte vaccino anche diluito non va bene, non è quello che serve per far crescere bene il bambino → piuttosto che dare un latte vaccino diluito →È bene ci siano latti formulati in commercio, anche di qualità minima, quindi un minimo di quella qualità che garantisca una crescita adeguata del bambino, piuttosto che il latte vaccino, quindi basso costo e quindi possibilità di accesso anche da parte di persone che non hanno mezzi per acquistare latti di qualità superiore, ma questo è un aspetto molto importante → quindi il bambino deve poter avere accesso ad un latte di qualità minima, se c'è la possibilità di dare un latte di qualità più elevata tanto meglio, ma se non c'è, almeno che non assuma latte vaccino

Ci sono anche latti di scarsa qualità o qualità minima che pure hanno costi elevati → quindi per chi in farmacia è chiamato a vendere latti per l'infanzia, latti di inizio o preseguimento bisogna considerare la composizione chimica, che se prevede la presenza di nucleotidi, di acidi docoesanoici ecc.. è un latte che comunque può avere un costo maggiore ma effettivamente ha una qualità maggiore ed esistono anche latti di qualità minima che hanno prezzi elevati e in quel caso è meglio acquistare un latte con prezzo elevato, ma di qualità maggiore.

Si osserva una lunga lista con scritto omega 3:

- riducono i trigliceridi
- abbassano la pressione, migliorano la memoria, migliorano l'apprendimento, migliorano la pelle ostacolano la formazione di trombi, diminuiscono il rischio di infarto, riducono il rischio di cancro → queste sono le proprietà biologiche positive attribuite ai grassi omega 3, quindi si osserva che si troverà una serie lunghissima di paiper che parlano di azione contro il cancro, protezione e contro il cancro
- Azioni di protezione contro malattie cardiovascolari, protezione dalla depressione e rinforzo del sistema immunitario → vi è una marea di lavori scientifici a favore di attività benefiche di acidi omega 3 → è importante il rapporto omega 3 -omega 6 → 5 a 1 o 1 a 5 → è importante e si comprende leggendo questa lista che è importante che il rapporto non sia troppo sfavorevole nei confronti degli omega 3, perché gli effetti benefici sulla salute sono moltissimi

Di tutti questi effetti L'ELSA con sede a Parla, ha addirittura approvato dei Claim salutistici, ad es.il fatto che mantengano la normale pressione sanguigna, le normali concentrazioni di HDL, colesterolo buono, normali concentrazioni di trigliceridi, normali concentrazioni di LDL, non troppo latte, Quindi alcuni claim salutistici hanno talmente tante evidenze scientifiche che oggi giorno si sa che sono vantabili queste proprietà sull'etichetta del prodotto che li contiene.

Nel passato il rapporto omega 3 e omega 6 era 1 a 1 e non si conoscevano le malattie cardiovascolari, alcune forme di tumore ecc..e nel corso degli ultimi 150 anni, le abitudini alimentari sono cambiate e quindi si arriva al rapporto 15 a 1, quando quello ideale è 5 a 1.

COME CI SI È ACCORTI CHE GLI ACIDI GRASSI OMEGA 3 erano interessanti per la protezione del sistema cardiovascolare? Come ci si è accorti dell'importanza degli acidi grassi omega 3 attraverso la dieta? attraverso lo studio di una popolazione, gli eschimesi che non conoscevano infarto del miocardio, mangiando il pesce probabilmente anche non in quinato in grande quantità, cosa succede? succede che questo non conoscevano l'infarto del miocardio e le indagini epidemiologiche hanno attribuito questo effetto protettivo alla dieta e in particolare al pesce che contiene acidi grassi che contenevano omega 3, quindi una dieta ricca di prodotti ittici portava a presentare una ridotta mortalità per malattie cardiovascolari. Un altro aspetto importante è L'ictus è dovuto al fatto che c'è un'aggregabilità piastrinica elevata, parte il trombo, si ha un'occlusione a livello carotideo, con una mancata irrorazione del cervello, morte delle cellule celebrali, nervose es…

Oggi:

Si sa che gli effetti sono deputati all'elevata assunzione di EPA e DHA e sono derivati gli studi sugli omega 3 e proprietà benefiche sulla salute. Quindi i fattori che influenzano l'assunzione di omega 3 sono la limitata disponibilità di pesce che non è tale da soddisfare il fabbisogno di tutta la popolazione mondiale e l'apporto di pesce permetterebbe di apportare 500 milligrammi al giorno di acidi grassi omega 3, ci sono anche altri problemi come l'inquinamento del pesce e non tutte le culture presentano l'abitudine all'assunzione di pesce, poi ci sono i vegetariani e coloro che non riescono a mangiare il pesce in quanto allergici e hanno una limitata assunzione di omega 3.

L'acido linolenico è precursore degli eicosanoidi, prostaglandine e leucotrieni e invece l'acido linolenico è precursore degli stessi componenti ma che hanno a differenza dei precedenti un'azione antiinfiammatoria anziché infiammatoria. È importante ricordare che la presenza di DHA e di EPA che derivano dal metabolismo dell'acido linolenico rende le membrane fosfolipidiche che circondano le cellule particolarmente flessibili e morbide e questo è dovuto alla catena carboniosa polinsatura omega 3 che conferisce alla membrana lipidica queste proprietà garantendo una maggiore flessibilità della membrana stessa → c'è un discorso di ingombro sterico, per cui se si hanno degli acidi grassi saturi o monoinsaturi la membrana ha minore flessibilità, mentre se i fosfolipidi sono esterificati con acidi grassi omega 3, la flessibilità è maggiore.

In una catena trans si h auna data conformazione che conferirebbe una maggiore rigidità. Un doppio legame di tipo CIS provoca dei ripiegamenti che rendono la membrana fosfolipidica più flessibile.

Considerando gli acidi grassi trans che sono naturalmente presenti nel latte della mucca e delle pecore e passano anche nel grasso delle carni e nel latte, si formano anche per idrogenazione o anche a seguito del riscaldamento della frittura. Quindi oggi si può dire che noi assumiamo anche senza assumere margarina acidi grassi trans, però proprio perché si assumono anche senza assumere la margarina è bene evitare l'assunzione della margarina ed essere così sicuri che almeno non si abbia un apporto addizionale di acidi grassi trans, oltre a quelli che non si possono evitare, perché maghiamo i fritti e la carne, e i latticini derivanti da bovini ed ovini. → aumentano i livelli di colesterolo LDL, calo del colesterolo HDL, quindi due fattori di rischio, incremento dei livelli di trigliceridi nel sangue, quindi anche qui altro fattore di rischio e aumento del triacilglicerolo, altro fattore di rischio di malattia cardiovascolare che viene aumentata in presenza di acidi grassi trans, che a differenza dei saturi sicuramente sono in grado di aumentar eil rischio cardiovascolare, quindi si cerca di ridurre al massimo. Ad es gli alimenti fritti parte della dieta comune, le fritture portano a causa del riscaldamento a formazione di acidi grassi trans in piccola quantità, ma un po' con la carne, un po' con il latte, un po' con i formaggi e la frittura, si mette anche la margarina, l'apporto è alla fine elevato ed il rischio cardiovascolare aumenta

Attualmente non è possibile dire se gli acidi grassi trans producono effetti diversi sulla salute a seconda dell'origine quindi tutti gli acidi grassi trans sia che siano di origine naturale che derivati da un processo tecnologico di preparazione degli alimenti, quindi sono acidi grassi trans e pertanto sono tossici, ma di alcuni se ne può fare a meno, cercando di limitare l'assunzione, altri o non si assume l'alimento fritto o non si assume carne di bovino, allora si è sicuri di abbassarli, ma se si assumono questi alimenti purtroppo un po' di apporto ovviamente ci sarà, infatti l'elsa dice che gli acidi grassi trans incrementano il rischio di malattie cardiache, per questo motivo l'assunzione di qualsiasi origine deve essere limitata il più possibile → non si può mangiare fritto, carne tutti i giorni e si evita di introdurre la margarina se non si è sicuri che contiene limitatissime quantità di acidi grassi trans. DOVE SI TROVANO I LIPIDI? Sia nel regno vegetale, nei semi, sia nel regno animale nel tessuto adiposo della massa muscolare e nel latte

CONCETTO VISIBILE E INVISIBILE: non sono 70 grammi di burro piuttosto che di olio, circa il 50 % o di più sono lipidi della dieta, presenti nei semi, nelle uova, latte, fibre muscolari, nei prodotti da forno e così via, quindi olio, burro, margarina ecc sono quelli che si vedono → l'olio che si mette sull'insalata con il quale si condisce la pasta è visibile, mentre invisibili sono quelli che sono all'interno degli alimenti.

TRIGLICERIDI → si parlerà del fatto che ci sono trigliceridi semplici, misti, delle proprietà chimico fisiche, del sistema di fusione, si parlerà del punto di fumo, quindi del riscaldamento → quando si parlava di produzione di sostanze tossiche a partire da olio di palma e da tutti gli oli se sono riscaldati a lungo, poi reazioni di ossidazione e si arriva a concludere i trigliceridi per considerare i componenti minori dei lipidi.

I TRIGLICERIDI SONO COSTITUITI DA GLICEROLO ESTERIFICATO CON ACIDI GRASSI. Quindi si è partiti dai trigliceridi, è stato detto che la parte caratterizzante sono gli acidi grassi e sono stati studiati bene gli acidi grassi e si ritorna alla molecola intera di trigliceride.

CAPITOLO 11

I lipidi sono rappresentati per il 97-98 % da trigliceridi, che sono esteri della glicerina con acidi grassi → sono stati esaminati in prima battuta gli acidi grassi, parte costituente dei trigliceridi. Si è parlato degli acidi grassi, delle varie formule, delle tipologie e della loro funzione.

La MOLECOLA DEL TRIGLICERIDE → si è parlato già di una parte della molecola, ossia gli acidi grassi, adesso si va a vedere le proprietà, la struttura chimica dei trigliceridi. Considerando la nomenclatura e classificazione:

- **TRIGLICERIDI SEMPLICI** → esterificati con acidi grassi tutti uguali → trioleina, ossia il glicerolo esterificato con tre molecole di acido oleico
- **TRISTEARINA** → con tre molecole di acido stearico
- **TRILINOLEINA** → con tre molecole di acido linoleico

Oppure si possono avere acidi grassi misti, trigliceridi misti, ossia acidi grassi che vanno ad esterificare la glicerina sono diversi tra di loro, si può avere una molecola di trigliceride dove vi sono 2 molecole di oleico, e una di acido linoleico, 2 molecole di acido oleico e una di acido linolenico e quindi si può sostanzialmente avere degli acidi grassi che esterificano la glicerina differenti.

La posizione degli acidi grassi, in posizione 1 -2 -3 ad esterificare i gruppi ossidrilici della glicerina, è una posizione random, nel senso che si possono trovare, saturi e insaturi, lunga e corta catena in modo random, ossia senza una regola o c'è un'esterificazione preferenziale?

in natura c'è un'esterificazione preferenziale, ossia in genere la posizione degli acidi grassi è dipendente dalla tipologia di acido grasso che va ad esterificare l'OH.

Nei lipidi naturali gli acidi grassi saturi sono quasi sempre in posizione 1-3, ossia all'esterno e molto raramente si trovano nella posizione centrale, al contrario nella posizione centrale s iva a trovare molto frequentemente nei grassi di tipo naturale → gli acidi grassi insaturi che siano mono o polinsaturi, quindi la presenza di un acido grasso in posizione 1-2-3 non è random, ma in natura selezionata, un'esterificazione cosiddetta preferenziale, per cui in posizione 1-3 ci sono acidi grassi di tipo saturo, mentre in posizione 2 centrale, ci sono acidi grassi di tipo insaturo.

Nel caso dell'olio di oliva, nella posizione centrale, nell'olio di oliva → gli acidi grassi oleico e linoleico occupano la posizione 2 per l'86 e il 90 % dei trigliceridi, vuol dire che gli acidi grassi mono o polinsaturi:

- **ACIDO OLEICO** → monoinsaturo, omega 9
- **POLINSATURI** →come l'acido linoleico che è un dinsaturo omega 6 si ritrova quasi sempre con l'eccezione del 14 e del 10 % in posizione 2, ovviamente ci sono anche qui delle eccezioni:

i trigliceridi dello strutto si comportano in modo esattamente opposto, perché si verifica l'inverso, ossia succede che nella posizione centrale → ci sono acidi grassi di tipo saturo, mentre nella posizione esterna 1-3 ci sono grassi di tipo insaturo. Andando avanti:

si osservano alcune proprietà chimico fisiche:

- **La solubilità** → i grassi son ovviamente insolubili in acqua, sono poco solubili in etanolo a freddo e sono solubili nei cosiddetti solventi organici, che possono essere: tetrafluoruro, clorodormio, l'esano, etere etilico, etere di petrolio, il benzene, sono tutti solventi dei grassi, ossia i cosiddetti solventi organici con eccezione dell'etanolo a freddo che non è in grado di solubilizzare completamente i grassi.

- **Altra proprietà** → I trigliceridi hanno una densità compresa tra 0,80 e 0,92, quindi inferiore all'acqua, perché è capitato di vedere, di mettere un grasso in acqua e si osserva che questo galleggia sull'acqua, perché ha un peso specifico più basso, quindi i grassi che sono insolubili in acqua galleggiano sull'acqua, perché hanno una densità più bassa
- il punto di fusione ovviamente dipende dalla composizione in acidi grassi del nostro trigliceride.

Sicuramente ci si ricorda che i grassi saturi sono quei grassi nei quali vi sono acidi grassi saturi, non con doppi legami, hanno la particolarità di essere solidi a T ambiente, quindi punto di fusione dei grassi cosiddetti concreti è più alto rispetto alla T ambiente, tanto che a T ambiente si trovano nella forma solida, come il burro, strutto lardo, sono tutti grassi ricchi di acidi grassi saturi che pertanto a T ambiente sono solidi, diversamente bisogna abbassare notevolmente la T esterna per avere la solidificazione ad es. dell'olio.

Capitato di conservare una bottiglia di olio in cantina e di avere una T particolarmente RIGIDA PER VEDERE CHE IL TRIGLICERIDE SI SOLIDIFCA NELLA BOTTIGLIA e si vedono i globulini di grasso solidificato.

In questo passaggio dallo stato liquido a quello solido o viceversa si hanno delle forme cristalline differenti e si Ha LA FORMA gamma, alfa e, beta e beta primo che sono forme cristalline differenti che si differenziano per il punto di fusione e per le proprietà cristallografiche. Un caso che si è visto sicuramente è stato riguardo il cioccolato che quando si conserva d'estate e a causa della T ambiente che è particolarmente elevata questo si fonde, quando la T comincia ad essere più frega solidifica, quindi ritorna allo stato solido, in una forma cristallina differente ed è quella patina biancastra che è presente sul cioccolato che ha sofferto alte T esterne, quindi si è fuso e solidificato in una forma cristallina differente, quindi quella patina bianca non rappresenta nient'altro che il passaggio di struttura cristallina del burro di cacao che durante la fusione tendeva ad emergere dal cioccolato ed ecco perché si è portato in superficie e tendeva a dare origine a quella particolare forma cristallina.

Osservando il comportamento al riscaldamento, quando si riscalda un trigliceride, la prima reazione che si verifica è quella di rottura del legame estereo.

Osservando la diapositiva, la reazione in alto è la prima reazione che si considera, è quella di rottura dei tre legami esterei, quindi si osserva il trigliceride con gli OH primario in posizione 1, secondario in posizione 2, primario in posizione 3 con attaccati i 3 acidi grassi che possono essere uguali o diversi a seconda del fatto che possa essere un trigliceride semplice o misto e la prima reazione che avviene a seguito del trattamento termico o presenza di acqua nel grasso è la reazione di idrolisi o inacidimento.

La reazione di idrolisi è quella di idrolisi dei 3 legami esterei che permette di liberare una molecola di glicerolo e tre molecole acidi grassi → è una reazione di degradazione del trigliceride, alla fine non si avrà il trigliceride, perché alla fine si ha una molecola di glicerina e tre acidi grassi e per capire come procede la degradazione di un trigliceride, bisogna andare a vedere quale sarà il destino della glicerina e andare a vedere quale quello dei tre acidi grassi a seguito di un'ulteriore somministrazione di calore, di lasciare il trigliceride all'esposizione solare, all'O dell'aria e alla T elevata e così via, quindi: riprendendo questa diapositiva e nel riquadro bianco cerchiato di rosso (comportamento al riscaldamento) da un lato vi è la glicerina e come due prodotti di un'ulteriore degradazione della glicerina la cosiddetta acroleina e una molecola di acqua. Quindi quando un trigliceride viene sottoposto a un trattamento termico:

IN PRIMA BATTUTA → C'è l'idrolisi dei legami esterei con gli acidi grassi, si forma glicerina, la reazione prosegue a carico della glicerina con la formazione dell'acroleina e di acqua. L'acroleina è questo prodotto che è neurotossico, epatotossico e si forma per disidratazione della glicerina.

Quando si forma l'acroleina nel grasso? quando si fa la cotoletta alla milanese, quando si protrae oltre il necessario il riscaldamento di un grasso, olio, burro o strutto, si ha una formazione di un fumo tanto che quella T a cu idi forma il fumo, viene chiamato punto di fumo. Quel fumo che si forma nella padella dalla quale c'è l'olio troppo a lungo riscaldato e a T troppo elevata, altro non è che ACROLEINA che si sta formando (dimenticare la padella con l'olio, di vedere il fumo e si sente un odore acre → quella reazione è la reazione di formazione dell'acroleina).

L'ACRILAMMIDE è un'altra molecola che deriva dalla reazione di MAYARD CON L'ASPARAGINA, si trova nei prodotti alimentari, nei cereali per la prima colazione, nelle patatine fritte e anche per questo è abbinata l'acrilammide. L'acrilammide è tutt'altra molecola

Questa, ossia l'acroleina è una molecola tossica che deriva dalla reazione di disidratazione degli acidi grassi. Questa molecola è tossica, perché è deprimente del SN centrale ed è anche epatossica, quindi assolutamente è importante, è che semmai dovesse esserci una formazione di questo fumo cause accidentali si scalda troppo l'olio (importante considerare le T a cui vanno scaldati i prodotti alimentari e gli oli)→ questo olio va buttato e non semplicemente lasciato raffreddare e poi scaldato nuovamente per far friggere, questo olio va buttato perché contiene acroleina, che è lì presente. Questa è una reazione di disidratazione irreversibile, quindi l'acroleina c'è e quindi rimane, ANCHE SE SI lascia l'olio raffreddare e poi si riscalda nuovamente, non si ha nient'altro che formazione di un ulteriore quantità di acroleina.

Quel fumino che si vede quando si riscalda troppo, questo si chiama punto di fumo proprio perché l'acroleina, compresa l'acqua evaporano e danno origine al fumo. Per ogni olio e grasso, il punto di fumo varia come valore di gradi celsius e varia in base a molti aspetti:

PRIMO ASPETTO → l'acidità

- **L'ACIDITÀ** → quando è stata osservata la reazione di idrolisi del trigliceride, se avviene l'idrolisi del trigliceride l'acidità dell'olio aumenta o diminuisce? aumenta, perché si liberano acidi grassi che sono acidi deboli, acidi carbossilici → quindi gli acidi carbossilici non fanno altro che far aumentare l'acidità del mezzo. Il punto di fumo di un grasso varia in funzione dell'acidità →in particolare se si ha un'acidità bassa, il punto di fumo è alto. Se si ha un'acidità alta, il punto di fumo è basso. Quindi se si ha un olio nel quale è già avvenuta parte dell'idrolisi del trigliceride, sarà più facile la formazione di acroleina, quindi un grasso che è già acido, perché ci sono tanti acidi grassi liberi, perché il trigliceride è stato già degradato in parte liberando gli acidi grassi, ovviamente basterà incrementare la T di poco affinché la glicerina si disidrati ad acroleina.

Al contrario un grasso che non è degradato e quindi ha il trigliceride intatto ovviamente sarà meno acido, perché ci sono meno acidi grassi liberi che derivano dalla rottura del legame estereo e si possono arrivare a T più alte per arrivare alla formazione di acroleina.

Nell'olio di oliva il punto di fumo è 150 grado, nell'olio di oliva extravergine, quello non rettificato, di prima spremitura, che ha un'acidità molto bassa, il punto di fuso sale di 40 gradi, quindi si deve applicare una T maggiore di 40 gradi rispetto all'olio di oliva, per avere la formazione di acroleina.

ESEMPIO: Per friggere bisogna usare un olio di oliva o extravergine

Bisogna un olio di oliva extravergine perché c'è più margine di riscaldamento e si possono applicare T più elevate, di certo non si applicano 180 e poi avere la formazione dell'acroleina, ci si trova un po' sotto, ma se si usa l'olio di oliva non si superano i 135 gradi, se si utilizza quello extravergine, si potrà arrivare a 170 senza avere la formazione di acroleina. A 170 gradi se si ha l'olio di oliva, di acroleina se ne arriva a una quantità notevole.

SECONDO PUNTO → Lo stato di conservazione influenza o meno il punto di fumo? e come lo influenza?

Vicino ad un posto caldo i trigliceridi si idrolizzano, quindi si idrolizza un legame estereo, quindi un olio ben conservato è un olio che sicuramente è più indicato per la frittura, perché è più alto il punto di fumo quindi essendo sempre collegato al concetto di acidità è più improbabile la formazione di acroleina.

Incidono moltissimo anche altri aspetti quali il periodo di riscaldamento:

se si dimentica la pentola sul fuoco e si continua a scaldare, altro che punto di fumo si forma molta acroleina e anche l'esposizione all'aria, perché ha un'influenza anche sulla conservazione del trigliceride stesso, ma anche il tipo di alimento, perché? perché

Se ad es si va a friggere un alimento che contiene molta acqua come il pesce, cosa succede?

l'acqua viene rilasciata nell'olio e provoca l'idrolisi del trigliceride e quindi peggior conservazione del trigliceride, maggiore degradazione del trigliceride e piu facile conservazione dell'acroleina, infatti per quale motivo si utilizza di impannare il pesce nella farina o nel pane grattugiato? non solo per formare una crosticina, ma anche per evitare la liberazione di acqua nell'olio di cottura che provocherebbe l'idrolisi del trigliceride.

Nella tabellina ci sono i dati medi di punti di fumo di vari autori di vari oli e si osserva che ad es si ha che:

L'OLIO DI SEMI DI ARACHIDI che viene usato per friggere non è proprio l'ideale, perché ha un punto di fumo abbastanza basso e anche il burro si trova ad un punto di fumo non altissimo, ossia 161. Tra l'altro perché il punto di fumo è basso nel burro?

Nel burro è presente acqua ed il punto di fumo è più basso, quindi mettendo il burro nella pentolina per far friggere qualcosa, si libera l'Acqua, si scioglie il burro e si ha una veloce idrolisi del prodotto, contrariamente a quello che si potrebbe immaginare il lardo che nessuno vorrebbe usare per friggere, perché ha anche un sapore un po lontano dal nostro gusto, però potrebbe essere dal punto di vista del punto di fumo un prodotto di interesse, perché presenta un elevatissimo punto di fumo, perché si conferma l'olio vergine di oliva e quello extravergine con un punto di fumo intorno ai 180 gradi, quindi abbastanza elevato.

La prima reazione, ossia idrolisi del trigliceride → se la reazione sopra è chiamata INACIDIMENTO perché porta ad aumentare l'acidità del grasso a causa della liberazione degli acidi grassi. Quella in basso è quella di **IRRANCIDIMENTO CHETONICO**, che non avviene a carico della glicerina, ma a carico degli acidi grassi che forma grazie agli enzimi un beta chetoacido che per decarbossilazione da dialchilchetone. Questa reazione di irrancidimento chetoni avviene durante **la stagionatura** di alcuni formaggi che sono caratterizzati dalla presenza di alchilchetoni, molecole che danno un particolare aroma e odore ai formaggi stagionati. Mentre la reazione di idrolisi o irrancidimento non è positiva, quella di irrancidimento chetonico può essere considerata una reazione positiva perché contribuisce a fornire una particolare proprietà organolettica ai formaggi stagionati.

LA TERZA ED ULTIMA REAZIONE CHE AVVIENE A CARICO DEL TRIGLICIRIDE DALLA PARTE DEGLI ACIDI GRASSI:

IRRANCIDIMENTO OSSIDATIVO O PEROSSIDAZIONE O AUTOSSIDAZIONE che sono tutti termini equivalenti che indicano la reazione a carico dell'acido grasso quando questo va a degradarsi. Quindi si ha il trigliceride per azione dell'acqua si ha l'idrolisi, si forma la glicerina e dalla glicerina si ottiene l'acroleina, che è epatotossica e neurotossica. Dagli acidi grassi si formano come prodotti finali della perossidazione lipidica chetoni, aldeidi a basso peso molecolare anch'essi tossici.

La reazione di inacidimento è il punto di partenza **dal quale si verificano 2 reazioni:**

- La disidratazione della glicerina che porta all'acroleina sostanza tossica
- LA PEROSSIDAZIONE DEGLI ACIDI GRASSI che porta ad aldeidi e chetoni a basso peso molecolare **anch'essi tossici.**

IN COSA CONSISTE LA REAZIONE DI IRRANCIDIMENTO OSSIDATIVO O PEROSSIDAZIONE o AUTOSSIDAZIONE→ si tratta di una reazione a catena indotta da radicali liberi di origine sconosciuta che si svolge in tre fasi:

- LA PRIMA FASE →quella di induzione, causata da questi radicali liberi ad origine sconosciuta
- LA PROPAGAZIONE → ecco che è una reazione radicalica a catena che si propaga
- poi c'è la fase finale che porta ai prodotti terminali della perossidazione.

Anche **la velocità di perossidazione o irrancidimento ossidativo dipende** da diversi fattori, ossia dal:

- GRADO DI INSATURAZIONE DEGLI ACIDI GRASSI e su questo ci si sofferma tra poco
- PRESENZA DI SOSTANZE ANTIOSSIDANTI E PROSSIDANTI
- PRESENZA DELL'OSSIGENO
- GRADO DI CONSERVAZIONE DELL'OLIO
- TIPO DI ALIMENTO CHE CONTIENE IL LIPIDE

La reazione di perossidazione è sempre una reazione negativa, perché si parte dall'avere un acido grasso che serve per sostituire gli acidi grassi ed i fosfolipidi di membrana, ad es. perché costituiscano punto di partenza per la sintesi di acidi grassi a lunga catena come l'acido arachidonico importante nel processo infiammatorio piuttosto che l'acido docosaesanoico visto già in passato con tutte le sue proprietà, quindi si ingerisce un acido grasso che ha questo ruolo nel metabolismo e poi ci si ritrova ad avere spezzoni di acido grasso che sono citotossici, mutageni, genotossici, quindi si passa dall'avere un nutriente molto importante, quindi ci sono acidi grassi omega 3 e omega 6che sono essenziali, quindi si devono assumere necessariamente con la dieta ad avere spezzoni di acidi grassi che non servono come precursori si acidi grassi, ma sono addirittura tossici, quindi la reazione di perossidazione porta alla degradazione delle proprietà organolettiche, quindi non si assume un grasso perossidato, ma non solo porta alla degradazione delle proprietà organolettiche, ma anche un interesse di tipo tossicologico, perché i composti finali della perossidazione lipidica sono tossici. Poi si andranno ad esaminare i vari fattori che influenzano la velocità di perossidazione.

Analizzando:

LA PRIMA FASE → FASE DI INDUZIONE in cui si verifica che un acido grassi viene estratto grazie all'azione di un radicale che può avere un 'origine sconosciuta, e si forma un prodotto radicalico, quindi nella fase iniziale, come start si ha la formazione del radicale perossidico, del radicale alcossi, del radicale alchil, quindi a causa di questi radicali dall'origine sconosciuta, si formano altri prodotti radicalici, ma cosa succede? Quando questi prodotti radicalici reagiscono con l'O, con un altro acido grasso, non ancora trasformato in radicale, a loro volta danno dei radicali, come quello perossidico o alchilico, quindi ecco che è una reazione di propagazione, una reazione radicalica a catena perché dai primi radicali si formano altri radicali e continuano a formarsi altri radicali, nella fase terminale della reazione, si ha lo spegnimento del radicale, che tende ad evolvere verso prodotti più stabili, perché i radicali di per sé sono prodotti instabili, quindi tende ad evolvere verso prodotti più stabili che sono le famose aldeidi e i famosi chetoni a corta catena, che non solo sono volatili essendo a basso peso molecolare, ma sono anche responsabili dell'odore di rancido del grasso perossidato, ma sono anche responsabili della tossicità di questi prodotti.

Esaminando **L'INFLUENZA DELLA PRESENZA DI DOPPI LEGAMI, quindi DELLA SATURAZIONE o dell'INSATURAZIONE SULLA VELOCITÀ DI PEROSSIDAZIONE.**

Quando si ha un acido grasso insaturo, I doppi legami non sono coniugati, ma sono isolati, perché tra due doppi legami vi è sempre in mezzo un metilene, ossia CH2, gli H del metilene sono particolarmente mobili e si osserva l'ultima formula di struttura riportata nella slide dove ci sono due freccine rosse sull'H che è particolarmente mobile ed è facile staccare l'H grazie ad un composto radicalico dando origine ad un radicale, quindi essendo l'H il più mobile di tutta la catena idrocarburica dell'acido grasso, se si ha un acido grasso polinsaturo dove vi è più di un doppio legame, vi è un CH2 compreso tra i due doppi legami e si hanno pertanto degli idrogeni particolarmente mobili e una molecola propensa a dare origine a un radicale. Osservando il grasso MONOINSATURO, quello sopra alla molecola intermedia, quella con le due freccettine separate che fa vedere i due CH2 al fianco del doppio legame (questo potrebbe essere uno spezzone di acido oleico), gli H di questi due metilene sono meno mobili, quindi occorrerà più energia per strappare questi H e formare delle molecole radicaliche. Se si va a considerare un CH2 di una catena idrocarburica satura e si osserva il primo caso degli acidi saturi, sicuramente l'energia necessaria per strappare uno dei due H di quel CH2 sarà ancora maggiore e pertanto sarà più stabile alla perossidazione. Andando avanti si osserva la tabella dove c'è l'energia richiesta per l'estrazione di un atomo di H, se si considera il CH3 terminale, ci vogliono 422 Kilojoule per mole, se si considera l'H all'interno di una catena satura vi sono 400 Kilojoule per mole. Se si considera l'H vicino a un doppio legame, si ha la necessità di applicare energia per il valore di 322 Kilojoule per mole, se invece si considera la mobilità dell'H che si trova tra i due doppi legami, ci sono solo 272 Kilojoule per mole, quindi ci vuole molta meno energia. Questo cosa significa dal punto di vista della stabilità degli acidi grassi alla perossidazione?

L'energia che ci vuole a strappare l'H di un metile terminale, di un metilene attaccato ad un metile terminale, di un metilene attaccato ad metile terminale, di un metilene attaccato ad una doppio legame o di un metilene presente tra due doppi legami? cosa significa il fatto che decresce l'energia richiesta ai fini della stabilità di queste molecole?

Quando l'energia richiesta è minore, la molecola sarà più stabile, quindi la reazione di perossidazione avverrà più facilmente in quali grassi, quindi nei grassi che contengono degli acidi grassi che hanno doppi legami, quindi quelli polinsaturi, prevalentemente. Quindi il burro andrà incontro a perossidazione rapida? no, non particolarmente, ha acido butirrico e non ha un elevato quantitativo di doppi legami tale da poter andare incontro a rapida perossidazione, vi è anche l'acido oleico presente generalmente nel latte di mucca, ma ci sono tanti acidi grassi saturi, quindi il burro se si considera e anche il panetto di burro che si conserva il frigorifero, dopo un po' si forma uno strato un pochino perossidato, ma tutto sommato è sicuramente più stabile di un olio magari di girasole che contiene acidi grassi omega 6 che sono polinsaturi.

Un altro modo di osservare quanto detto →ULTIMA COLONNA E ANCHE LA PENULTIMA →parlano del **periodo di induzione e cos'era l'induzione?** È la prima fase, quindi affinché scatti.. è il tempo che intercorre tra il contatto dell'O con la specie, quindi con l'acido.

LA PEROSSIDAZIONE è una reazione radicalica a catena, originata da un radicale di origine sconosciuta, se la reazione parte, non si può più fermare. Se si ha il periodo di induzione lungo e si osserva che con un acido grasso a 18 atomi di C saturo, il periodo di induzione è più lungo rispetto all'acido oleico, linolenico e linoleico e soprattutto osservando la terza colonna, ossia la velocità i ossidazione relativa e quindi posto uguale a 1, la velocità di reazione di un acido grasso saturo, la velocità di ossidazione relativa dell'acido oleico è 100 volte più veloce, dell'acido linoleico è 1200volte più veloce e dell'acido linolenico è 2500 volte più veloce. Quindi questo fa ben comprendere quello che prima è stato detto, perché avere una velocità i 2500 volte maggiore rispetto a un grasso saturo vuol dire che un olio ricco di acidi grassi polinsaturi lo guardi e si perossida, quindi ha una capacità di perossidazione elevatissima e sarà molto difficile da conservare.

Nel caso del DHA, ACIDO GRASSO POLINSATURO OMEGA 3, già considerato.

IL DHA che si trova nell'olio di fegato di merluzzo si perossida solo a guardarlo, quindi si perossida perché basta che ci sia un po' di ossigeno, che sia lasciato alla luce, che ci sia una T un po' più elevata che questo si perossida immediatamente, ma quando la reazione di induzione parte, allora la reazione prosegue, perché è partita e prosegue, prosegue vuol dire che si propaga e si propaga vuol dire che arriva alla fine, alla formazione dei prodotti finali di perossidazione che sono tanto tossici.

Nel considerare il periodo di induzione non bisogna solo guardare i doppi legami, ma anche la mobilità degli H del metilene che si trova in mezzo tra i due doppi legami → sono quegli H li che sono così mobili e se questi vengono via con niente, perché basta fornire quel poco di energia affinché questi si stacchino e diano origine a degli antiradicali è ovvio che una volta c'è un radicale, c'è una propagazione, perché un radicale reagisce con l'O, si forma il radicale perossi, che è particolarmente instabile, attacca un altro acido grasso sugli idrogeni mobili e quel altro acido grasso che non era un acido grasso perossidato diventa un perossido anche lui e diventando un perossido attacca l'altro acido grasso e così via → ecco il discorso della propagazione, poi il perossi si stacca rimane l'alchil, il radicale alchilico e anche questo reagisce con l'O, da il perossido → quindi è tutta una reazione di perossidazione, di propagazione come è stato visto in precedenza, per cui continuano a formarsi dei radicali e a un certo punto si ha la fase di terminazione, quella finale della reazione di perossidazione, dove si ha l'evoluzione dei composti radicalici instabili in composti più stabili, ma i composti più stabili derivano dalla rottura delle molecole, quindi si formano questi composti a basso peso molecolare che sono tossici, perché sono estremamente reattivi, reagiscono con le proteine, altri lipidi, con il DNA, l'RNA con il materiale genetico e questi prodotti sono particolarmente tossici, quindi va visto come mobilità di questi idrogeni.

Nel caso del DHA in gravidanza e degli integratori a base di DHA è molto importante che il DHA viene fornito in gravidanza come supplemento non sia perossidato, quindi le prime soft gel di DHA, nelle quali siccome veniva applicata un T abbastanza elevata per fare la soft gel, quindi una capsula molle, si induceva la perossidazione dell'acido grasso. Quindi dare un DHA perossidato è assolutamente meglio non darlo, in quanto tossico o se bisogna pensare a quello che poteva essere nel passato, quando si dava l'olio di fegato di merluzzo ai bambini preso da una boccettina, qualcuno aveva già capito pur non conoscendo magari queste reazioni che l'olio di fegato di merluzzo dovesse stare in una boccettina scura, perché almeno era al riparo dalla luce, dalle radiazioni, che facilitano la reazione di perossidazione, ma si deve immaginare di aprire e chiudere la boccettina di olio di fegato di merluzzo, quindi far entrare l'aria e quindi quanti acidi grassi perossidati potevano esserci dentro e tutto sommato non si sapeva fino a che punto faceva bene quel olio di fegato di merluzzo perossidato, forse era meglio non prenderlo.

Per cui il concetto è di stare attenti perché si sa che la reazione di perossidazione può essere molto pericolosa e quindi può dare origine a composti molto tossici.

Se si considerano i gruppi CH2 in un acido grasso saturo, l'energia necessaria per strappare gli H sarà maggiore→se l'energia è maggiore, sarà meno facile strapparli e per questo sono considerati relativamente più stabili. Se si strappa un H si rompe un legame, che è un legame covalente. Un legame è caratterizzato da una certa energia, quella di legame, se si fornisce energia tale da rompere il legame si avrà la possibilità di strappare un H, che significa rompere un legame covalente.

RAFFRONTO TRA LA VELOCISTÀ DI ASSORBIMENTO DELL'O DA PARTE DEGLI ACIDI GRASSI SATURI E INSATURI e Posto uguale ad 1 la velocità dell'acido stearico di assorbire l'ossigeno, quindi la reazione è quella che porta alla formazione di un radicale perossidico, quindi la capacità di assorbimento dell'ossigeno da parte degli acidi grassi, posto uguale a 1 quella dell'acido stearico, che è un C18: 0, sarà 11 quella dell'acido oleico, sarà 114, quella dell'acido linoleico e sarà 179 quella dell'acido arachidonico e si capisce come la presenza di più doppi legami porta a favorire anche la formazione del radicale perossido, quindi la propagazione della reazione radicalica a catena.

COMPONENTI MINORI DEI LIPIDI → Quando si parte parlando dei lipidi, si è detto che sono trigliceridi per il 95-97% e sono componenti minori per il 2-3 %--> mentre i trigliceridi sono una classe omogenea dal punto di vista chimico, sono triesteri della glicerina, al contrario i componenti minori dei lipidi sono tantissimi, anche se quantitativamente sono molto risicati. Quindi i componenti minori dei lipidi sono molto interessanti per il lipide, perché, influenzano le caratteristiche organolettiche, influenzano le proprietà chimiche antiossidanti, le proprietà biologiche (vitamine ed ormoni e hanno anche proprietà che caratterizzano un certo acido grasso come fitosteroli e colesterolo)

I FOSFOLIPIDI SONO DEI COMPONENTI MINORI DI ACIDI GRASSI → più volte nominati, sono componenti tipici delle membrane cellulari →si è sentito parlare anche delle LECITINE, quelle lecitine di soia, dell'uovo che sono anch'essi fosfolipidi, sono sostanzialmente un trigliceride in cui nella posizione 3, invece di esserci un altro acido grasso c'è un gruppo fosforico e una molecola con l'azoto, che nelle lecitine può essere la colina, la fosfatidilcolina ecc…

LE SFINGOMIELINE con la formula della sfingosina. Come molecola in posizione 3 dei fosfolipidi → fosfatidiletanolammina, fosfatidilcolina, la fosfatidilserina, fosfatidilinositolo, sono tutte molecole che si trovano in posizione 3 del fosfolipide. Poi si hanno oltre i fosfolipidi, i glicolipidi che sono anche loro delle specie di digliceridi, quindi di due acidi grassi che esterificano la posizione 1-2 e in posizione 3 sono glicolipidi e pertanto c'è una molecola di zucchero → può esserci galattosio, una molecola di glucosio, possono esserci glicolipidi anche a livello della sfingosina →e la sfingosina con l'acido grasso, legato a glucosio e galattosio.

Quindi anche i glucidi possono rientrare nella formula di struttura dei glicolipidi. Quando si parla delle lecitine si parla di molecole importantissime dal punto di vista biologico, perché costituiscono le membrane delle cellule, ma sono molto importanti anche dal punto di vista degli alimenti, perché le lecitine sono in grado di agire da emulsionanti →le lecitine si trovano nel tuorlo d'uovo, nel tessuto nervoso, nei semi di soia e sono usati sia come emulsionanti che come antiossidanti e hanno la proprietà di avere caratteristiche anfipatiche e hanno una testa polare e delle code apolari e questo significa che possono essere tali da orientarsi in modo specifico a seconda che si trovino nell'acqua o che si trovino nei lipidi.

Si osserva che p tipico delle membrane cellulari, può esserci un certo orientamento, quando c'è l'ambiente aria-acqua, piuttosto che la formazione di micelle in ambiente acquoso, con le testa polari rivolte verso l'esterno e le cose apolari verso l'interno

Quest'azione emulsionante delle lecitine viene sfruttata più volte quando si parla di preparazioni alimentari, nella maionese nella quale c'è l'uovo ed è un'emulsione, perché vi è una parte acquosa, una parte oleosa. La maionese è un'emulsione particolarmente stabile grazie alle lecitine che si trovano nel tuorlo dell'uovo ed è un componente della maionese che aiutano a stabilizzare perché si dispongono in modo riportato, ossia in micelle dove le goccioline di grasso vengono inglobate nella parte centrale della micella, mentre l'ambiente acquoso si trova all'esterno e a stabilizzarlo ci sono le testa polari delle lecitine.

Le lecitine hanno proprietà emulsionanti ed antiossidanti, e questo è dovuto al fatto che tendono ad ossidarsi al posto degli acidi grassi, quindi hanno delle proprietà antiossidanti rispetto ai lipidi, quindi se si aggiungono delle lecitine a un lipide, la lecitina ha un'azione antiossidante sia perché è sequestrante, sia perché ha la capacità di ossidarsi essa stessa alla luce evitando l'ossidazione del trigliceride. (non si considera il dosaggio)

CAPITOLO 12

Di solito l'esterificazione è un'esterificazione preferenziale e vuol dire che sostanzialmente, a differenza di quello che potrebbe avvenire in una qualsiasi beuta dove si mette la glicerina e gli acidi grassi, l'esterificazione avverrebbe in modo random e questo vuol dire che non c'è un'esterificazione preferenziale, ma c'è un'esterificazione random e gli acidi grassi si distribuiscono in posizione 1-2-3 in modo casuale, al contrario in natura i trigliceridi naturali hanno un'esterificazione preferenziale.

In POSIZIONE 2, ossia al centro gli acidi grassi saturi sono presenti in una % intorno al 2 %, cosa vuol dire? che sono pochissimi i trigliceridi che hanno acidi grassi saturi in posizione centrale e quindi in posizione 2, perché nel 98% gli acidi grassi in posizione 2 sono quelli di tipo mono e polinsaturo.

Nell'OLIO DI OLIVA gli acidi grassi OLEICO e LINOLEICO che occupano la posizione 2 sono l'86%, cosa vuol dire di rimando per la posizione 1 e 3? che al contrario nella posizione 1 e 3 sono prevalentemente presenti acidi grassi di tipo saturo, quindi in un trigliceride misto, dove ci sono acidi grassi di diversa tipologia, l'esterificazione è quella che si è vista. Quindi in posizione 2 ci sono i mono e polinsaturi di solito.

DOMANDA SUI FOSFOLIPIDI → LECITINE, osservando la formula questo è un acido grasso che è legato alla sfingosina e nelle lecitine si ha una formula che è molto più simile a quella dei trigliceridi perché cambia solo la posizione 3 dove c'è il gruppo fosforico, poi c'è la colina, la fosfatidilcolina ecc.

LA SFINGOMIELINA è anch'essa considerata un fosfolipide perché ha la sfingosina. La molecola centrale CH_3 CH_2 preso 12 volte, CH_2 ecc… è legata dove c'è il cerchio rosso ad un acido grasso da una parte ed è legata dall'altra ad un gruppo fosforico e una fosfatidilcolina e la differenza tra la lecitina e la sfingomielina è dovuta al fatto che da una parte c'è il glicerolo con gli acidi grassi, poi ch'è il gruppo, li ci sarebbe lo zucchero, ma nel fosfolipide c'è il gruppo fosforico, al contrario nelle sfingomielina c'è la sfingosina, c'è l'acido grasso sopra che è quello che si vede nel circoletto sotto e c'è di nuovo il gruppo fosforico sotto. Quindi la maggior differenza è riconducibile al fatto che una ha la glicerina su cui sono attaccati gli acidi grassi, il gruppo fosforico ecc.. l'altra invece ha la sfingosina.

LECITINA, GLICERINA, un acido grasso, due acidi grassi, gruppo fosforico e poi si ha la cosiddetta colina e questa è la fosfatidilcolina che è questo pezzo. La sfingomielina, da un lato vi è un COR essendo legato ad un azoto, altro non è che comunque un resto di un acido grasso come se fosse COR, e al posto di avere la glicerina come molecola a cui si legano i vari acidi grassi piuttosto che il gruppo fosforico, si ha la sfingosina che è questa data molecola. La sfingosina è una data parte della molecola. L'acido grasso è legato alla sfingosina, mentre nelle lecitine l'acido grasso è legato al glicerolo, poi attaccato al posto dell'OH in alto, in posizione 1 c'è il gruppo fosforico e poi la colina a dare la fosfatidilcolina che è come l'altra e un OH che è libero e non ha attaccato nulla, quindi si ha un acido grasso attaccato all'NH2 con eliminazione di una molecola di acqua della sfingosina, poi vi è il gruppo fosforico con la colina attaccato a questo OH che è libero, quindi la sfingomielina è anche lei un fosfolipide perché c'è un acido grasso, il gruppo fosforico e anziché avere la glicerina, si ha la sfingosina.

COS'È LA FRAZIONE INSAPONIFICABILE?

COS'È LA REAZIONE DI SAPONIFICAZIONE? è quella reazione che porta alla FORMAZIONE DEI SAPONI e cos'è un SAPONE?

È la REAZIONE CHE PROTA ALLA SALIFICAZIONE DEGLI ACIDI GRASSI, che sono INSOLUBILI IN ACQUA, ma se di un acido grasso si fa un sale sodico o di potassio, i Sali sono solubili o no in acqua? i Sali sono solubili, infatti il sapone si utilizza con l'acqua. Quindi si hanno i grassi, se si trattano con della potassa alcolica a caldo un trigliceride si verifica l'idrolisi del legame estereo, la libera degli acidi grassi e la loro saponificazione, cioè la loro salificazione, vi è un gruppo carbossilico COOH sarà COO- + Na++ e il sale dell'acido grasso è solubile in acqua e se pertanto a questa miscela di reazione dove è stato preso un cucchiaio, 10 mL,5 mL,, quel che si vuole, di olio di oliva, ed è stata messa dentro della potassa alcolica, viene riscaldata e viene messo dentro dell'etere di petrolio si avranno due fasi:

- UNA FASE ACQUOSA dove andranno a finire dentro gli acidi grassi salificati che sono solubili in acqua
- UNA FASE ORGANICA dove andrà la frazione insaponificabile, che sarà quella parte di grasso, di olio di oliva che non subisce la reazione di saponificazione

La frazione insaponificabile costituisce le sostanze estraibili con etere di petrolio, ma potrebbe essere anche cloroformio, etere etilico, diclorometano o tetracloruro di C, quindi un solvente organico, dopo la saponificazione del grasso con potassalcolica e alcune sostanze nel lipide sono presenti in forma diversa rispetto a quelle in cui sono presenti nell'insaponificabile e cosa significa questa frase? che nel momento in cui si tratta a caldo con potassalcolica, non si avrà solo ed esclusivamente la saponificazione, ma si avranno anche dei componenti del lipide che si vanno a modificare, a degradare per effetto della T applicata. Quindi si osserva che la saponificazione determina la rottura dei legami esterei, la liberazione di alcoli e gli alcoli nell'insaponificabili si trovano liberi, mentre nel grasso sarebbero in gran parte esterificati, quindi si ha che la reazione di saponificazione è la reazione di formazione di Sali, ad es se si tratta con potassa alcolica di Sali di potassio degli acidi grassi. L'insaponificabile è tutto quello che può essere estratto con solvente organico che non si ritrova nella fase acquosa, ma si ritrova nella fase organica, quindi l'insaponificabile è tutto quello che si trova nella fase organica del nostro grasso, quindi l'insaponificabile cosa contiene? idrocarburi, composti aromatici, contiene alcoli superiori lineari o ciclici, contiene le vitamine liposolubili, le clorofille, i carotenoidi, il beta carotene e quindi i pigmenti. Quindi la frazione insaponificabile viene separata dal resto del grasso che è prevalentemente trigliceridi, ma anche fosfolipidi ecc attraverso la reazione di saponificazione.

Perché queste sostanze, detto già quando si è parlato dei componenti minori dei lipidi, sono sostanze che sono importanti per il lipide nonostante siano sostanze rappresentate per pochissimo, perché rappresentano il 2 % o anche meno, sono sostanze importanti per gli aspetti organolettici, chimici perché alcuni sono degli antiossidanti, poi sono importanti perché sono sostanze che sono biologicamente attive → si è fatto cenno a vitamine, ormoni, colesterolo, sono sostanze che nono importanti anche dal punto di vista analitico, perché caratterizzano i vari lipidi. Ad es. i fitosteroli saranno nei lipidi di origine vegetale, diversamente dal colesterolo contenuto nel grasso di origine animale.

COMPONENTI MINORI DEI GRASSI erano il 2-3% e nella diapositiva riportata la frazione insaponificabile è una parte dei componenti minori, perché non include i fosfolipidi, quindi la frazione insaponificabile varia da uno 0 – 0,3 a 1,2 1,1 ecc rispetto a quella totale dell'olio. C'è qualche olio come l'olio di fegato di merluzzo che ha una frazione insaponificabile maggiore perché contiene vari tipi di vitamine liposolubili in maggiore quantità. Tra le sostanze presenti ci sono I TERPENI che sono sostanze interessanti soprattutto dal punto di vista aromatico, infatti i terpeni che derivano dalla condensazione di più unità isopreniche sono queste sostanze in tabella, vi è il GERANIOLO, sostanze già sentite:

- i monoterpeni costituiti da due unità isoprene, il geraniolo, mentolo, il limonene, l'acanfora
- i sesquiterpeni costituiti da tre unità isoprene, il farnesolo che si trova nell'olio essenziale di rosa piuttosto che di ciclamino ed è utilizzato per i profumi
- I triterpeni come lo squalene che sicuramente è stato studiato in chimica organica in quanto precursore del colesterolo, quindi precursore della vitamina D e degli acidi biliari piuttosto che degli ormoni sessuali come il testosterone, i tetraterpeni costituiti da 8 unità di isoprene e sono i carotenoidi e le exantofille

Quindi sono tutti componenti di origine terpenica che sono importanti sia dal punto di vista biologico che dal punto di vista aromatico soprattutto i monoterpeni che essendo a numero di atomi di C relativamente basso hanno una componente aromatica molto rilevante.

Altri componenti della frazione insaponificabile sono i cosiddetti alcoli grassi e cosa sono ^? Altro non sono che il prodotto di riduzione degli acidi grassi, quindi così come vi è l'acido stearico vi è anche l'alcol stearico e così come si ha l'acido lignocerico si ha l'alcol lignocerico, e si ha anche l'alcol oleico e quello erucico e gli alcoli grassi sono anche un'altra categoria dell'insaponificabile, poi vi è lo fitolo e le xantofille che sono dei pigmenti e poi vi sono gli alcoli triterpenici policiclici e ad es, sono l'uvaolo, il ciclorterolo e così via.

Si osservano alcune formule di struttura (che non chiederà). Soffermandoci sugli steroli per parlare di colesterolo poi. I fitosteroli possono essere sia di origine animale che di origine vegetali, quindi i cosiddetti steroli vegetali sono oggi molto di moda, perché? perché sono sostanzialmente utilizzati per diminuire la colesterolemia in quanto i fitosteroli hanno un'azione competitiva con i colesterolo a livello di assorbimento e quindi hanno un'azione ipocolesterolemizzante. ES. di utilizzo dei fitosteroli negli alimenti funzionali ve ne sono tanti, ad es. è il caso dei fitosteroli, quelli del danacol, piuttosto che quelli presenti in altri latticini, o quelli delle margarine più presenti nei paesi nordici, si hanno margarine arricchite di fitosteroli che hanno proprio un'azione ipocolesterolemizzante, poi il colesterolo ha questa particolare struttura quella ciclopentanperidrofenantrenica, importantissimo il colesterolo perché precursore degli acidi biliari, degli ormoni stereoidei e della vitamina D. La quantità di colesterolo da assumere con la dieta non dovrebbe superare i 200 milligrammi die e con una dieta corretta ed equilibrata, quella quantità non viene superata, ma considerando il contenuto di colesterolo in alcuni alimenti → ad es:

- il cervello degli animali (non più consumato dopo il problema della mucca pazza è molto ricco di colesterolo, ma oggi non viene più utilizzato come alimento e non rappresenta più una fonte alimentare
- Il tuorlo dell'uomo è piuttosto ricco → 1300 milligrammi sono una quantità circa 6 volte e mezzo quello che dovrebbe essere l'apporto quotidiano di colesterolo, ma va detto che non si sta parlando di un tuorlo d'uomo, ma di 100 grammi di tuorlo d'uovo, quindi si sta parlando indipendentemente dalla tipologia di uovo di 3 uova o anche più, quindi un numero elevato e nessuno si sognerebbe di mangiare 3 uova intere e di mangiarle frequentemente o addirittura 4.
- Altri alimenti molto ricchi di colesterolo, già quando uno mangia un uovo, già 100 grammi, quando si assume un uovo si assume già la quantità per l'intero giorno, ecco perché le uova non vanno consumate quotidianamente, ma massimo 1 /2 volte alla settimana
- Anche una porzione di formaggio stagionato è intorno ai 50 grammi, quindi con 100 grammi di formaggio stagionato che sarebbero 2 porzioni si assumono 80 milligrammi di colesterolo
- La carne di maiale
- Il pesce che di solito è considerato a basso contenuto di colesterolo, effettivamente non ha un contenuto elevatissimo, ma effettivamente la sogliola, la trota piuttosto che il tonno o le sardine, hanno comunque contenuti abbastanza rilevanti di colesterolo e sicuramente molto ricche di colesterolo sono alcuni crostacei, aragoste e gamberi, ma anche questi sono alimenti che non si assumono quotidianamente e quindi una dieta varia nella quale si assumono gli alimenti non tanto frequentemente all'interno della settimana, ovviamente danno la possibilità di avere un apporto di colesterolo adeguato
- L'olio contiene solo tracce di colesterolo, perché ovviamente l'olio essendo di origine vegetale conterrà fitosteroli e non colesterolo

I vari tipi di steroli vegetali ed animali, si considera la formula del colesterolo, il delta 5 venasterolo piuttosto che il beta sitosterolo che invece sono di origine vegetale. È interessante guardare la frazione sterolica di alcuni grassi ad es. si osserva sia l'intera frazione sterolica piuttosto che il colesterolo, piuttosto che la % dei vari fitosteroli, si osserva l'olio di semi di cotone, l'olio di mais, di oliva e così via e si osserva che l'olio di oliva è ricco di sitosterolo che è un fitosterolo e di conseguenza l'assunzione con l'olio di oliva del sitosterolo è sicuramente preferibile rispetto all'assunzione con il burro di colesterolo proprio per evitare di accumulare troppo colesterolo con la dieta.

Si osserva la CORRELAZIONE TRA ERGOSTEROLO E VITAMINA D → I raggi UV permettono di ottenere dall'ergosterolo il calciferolo che è la vitamina D 2 o dal 7 deidrocolesterolo, presente sempre nella pelle, che grazie ai raggi solari si può ottenere la vitamina D3, quindi il colecalciferolo che una volta che viene idrossilato a livello renale ed epatico, si trasforma in 1-25 diidrossicolecalciferolo che è la vitamina D nella sua forma biologicamente attiva.

Concetto da aggiungere relativamente al colesterolo →una dieta assolutamente priva di colesterolo, non è per una persona che non ha problemi di colesterolemia una dieta corretta, quindi

Abolire completamente gli alimenti di origine animale, quindi i vegani che non mangiano nemmeno i latticini, le uova non è una dieta effettivamente corretta e perché? perché l'organismo in parte sintetizza colesterolo e in parte lo assume dalla dieta e il colesterolo totale presente nell'organismo deriva da questa doppia componente, colesterolo presente nella dieta e sintetizzato dall'organismo, se con la dieta non si assume colesterolo perché siamo vegani, ovviamente in un soggetto che non ha ipercolesterolemia, questa dieta come risulterà? è una dieta che non contenendo colesterolo spingerà l'organismo a sintetizzarne di più, quindi cosa potrebbe succedere? che se una persona non lo assume mai con la dieta colesterolo e poi dovesse assumere colesterolo, poiché l'organismo è abituato a sintetizzare più colesterolo per far fronte al fabbisogno potrebbe verificarsi che in presenza di una dieta che contiene colesterolo, il soggetto vada incontro ad ipercolesterolemia, quindi una dieta vegana non è sempre considerata come una dieta salutare, poiché potrebbe indurre l'organismo a sintetizzare troppo colesterolo e qualora mai l'organismo dovesse assumerlo con la dieta, ovviamente si assisterebbe all'instaurarsi di uno stato di ipercolesterolemia.

Questo particolare acido grasso, quello docosaesanoico, si è parlato delle proprietà positive degli acidi grassi omega 3 come prodotti in grado di aiutare a ridurre lo stato cronico infiammatorio a proteggere da ictus, infarti con azione antitrombotica e così via e perché tutto questo? perché mentre l'acido arachidonico, omega 6 a lunga catena è il precursore della cascata dell'acido arachidonico che porta alla sintesi di prostaglandine, prostacicline proinfiammatorie, al contrario l'acido docosaesanoico è un acido grasso precursore di prostaglandine e prostacicline che sono ad azione antinfiammatoria → è importante il rapporto omega 3 e omega 6, perché con un corretto rapporto omega 3 e omega 6, si ha una corretta produzione di acidi grassi a lunga catena rispettivamente omega 3 e omega 6.

In particolare:

L'ACIDO DOCOESANOICO è molto IMPORTANTE IN DUE FASI IMPORTANTI DELLA VITA DELLA DONNA →LA GRAVIDANZA E L'ALLATTAMENTO, infatti IN GRAVIDANZA E in ALLATTAMENTO e avvengono nella donna delle modificazioni molto importanti, alcune delle quali più evidenti, altre meno che sono modificazione dell'assetto ponderale del tratto genitourinario, modificazioni del sistema cardiovascolare, renale, respiratorio, dell'apparato scheletrico, del metabolismo e del sistema endocrino. Tutte queste modificazioni profonde che avvengono nel corpo della donna durante la gravidanza e successivamente anche durante l'allattamento svolte dall'organismo, indotte dall'organismo per favorire la crescita della vita. Avere uno stato nutrizionale ottimale favorisce una maggiore fertilità, riduce il rischio di malformazioni, riduce il rischio che il bambino nasca con delle malattie, favorisce la crescita e lo sviluppo del feto prima e del bambino dopo, poiché lo stato nutrizionale ha tutte queste ricadute così importanti sia per la donna che per il bambino →sarà utile nei livelli di assunzione dei nutrienti raccomandati dare delle indicazioni di quanto macronutriente e micronutriente la donna deve assumere in gravidanza e allattamento → ecco perché quando si considera il file sui larn non c'è solo la fascia di popolazione

→bambino, neonati, adolescenti adulto, donna in età fertile e anziano, ma anche la donna in gravidanza e allattamento per quanto riguarda i larn. A questo proposito è interessante considerare che se si va a prendere la tabella dei larn, elaborata dalla SINU, società italiana di nutrizione umana, precedentemente all'ultima versione del 1996, quando si va a vedere l'apporto di calcio, nella donna in età fertile deve essere 800 mL invece che nella gestante 1200 e nella lattante altri 1200 piuttosto che l'apporto di folati nella donna in età fertile deve essere di 200 microgrammi, nella gestante deve essere di 400 e nella nutrice di 350

Se invece si va a vedere il larn della donna in età fertile e della donna gestante relativamente agli omega 3 su questa precedente versione dei larn del 1997 c'era scritto 1, 1 1 e i nutrizionisti dell'opera sulla base dei dati scientifici a loro disposizione, ritenevano sostanzialmente che in gravidanza e allattamento non dovesse esserci un apporto maggiore di acidi grassi omega 3 rispetto alla donna in età adulta.

LA VITAMINA B6, si pensava 1 e 1 milligrammi, nella donna in età fertile 1 milligrammi nella gestante, quindi questo cova vuol dire? che all'epoca non si sapeva che si dovesse modificare l'apporto di acidi grassi omega 3 nella donna in gravidanza e dal 96 ad oggi sono trascorsi 24 anni e già nei precedenti LARN che risalgono a qualche anno fa questa differenza era presente, perché con l'andare degli anni è migliorata la conoscenza scientifica e si è scoperta una cosa molto importante, ossia l'acido linoleico, omega 6, sigla 18 o2 N omega 6, viene trasformato alla fine della cascata in acido arachidonico. L'acido linolenico alla fine di tutta la cascata viene trasformato in EPA, in DPA o in DHA che sono i corrispondenti acidi grassi a lunga catena che sono biologicamente attivi e sono presenti nella retina, nel cervello ecc.. e che quindi derivano dall'acido linolenico, un omega 3 sono anch'essi acidi grassi a lunga catena omega 3.

Qual è il motivo per cui è importante il rapporto omega 3 -omega 6 assunto con la dieta?

Il motivo sta in questa delta 6 desaturasi, che è uguale sia che si abbia un acido grasso omega 6 o che si abbia un acido grasso omega 3 e si voglia introdurre un'insaturazione e cosa succede? che così come accade nell'alimentazione occidentale si ha una dieta ricca di acidi grassi omega 6 con un rapporto 15 a 1 rispetto agli omega 3, siccome c'è una sorta di competizione, di antagonismo competitivo per questa delta 6 desaturasi, si verifica sostanzialmente che fa la parte del padrone l'acido omega 6 e lo squilibrio nei confronti dell'omega 6 rispetto all'omega 3 porta ad avere uno squilibrio nella produzione dell'acido grasso a lunga catena per cui si formerà solo acido arachidonico e non si avrebbe la formazione di acido docosaesanoico.

QUAL'È LA RAGIONE PER CUI È IMPORTANTE CHE CI SIA UN GIUSTO RAPPORTO, PIU' CHE LA QUANTITÀ IN ASOSLUTO DEI SINGOLI ACIDI GRASSI?

Perché è importante il rapporto omega 3-omega 6 e non è così importante la quantità in assoluto di omega 3-omega 6 assunti con la dieta? il motivo sta nel fatto che c'è un enzima che è lo stesso sia che si abbia un omega 3 che deve essere trasformato in eicosapentanoico, dosaesanoico, sia che si abbia un omega 6 che alla fine viene trasformato in acido arachidonico.

Questo cosa vuol dire? vuol dire che finché gli enzimi, se gli enzimi che portano all'arachidonico e docosaesanoico fossero completamente diversi e non ci fosse un enzima in comune, del rapporto non interessa, perché non interessa del rapporto? poiché i due hanno due strade differenti e avendo due strade completamente differenti, quindi avendo due strade differenti, l'organismo sintetizza indipendentemente i due grassi a lunga catena, ARACHIDONICO e DHA in modo indipendente. La sfortuna è che purtroppo c'è una desaturasi che è comune e questa desaturasi comune è un problema, perché l'enzima ha un sito catalitico al quale si lega il substrato che viene poi convertito. L'enzima è quello che è come quantità ed espone un tot di siti catalitici al substrato che sono fissi, se si ha tantissimo omega 6 e troppo poco omega 3, esiste una sorta di antagonismo competitivo per il sito catalitico dell'enzima, quindi si legherà come substrato con gli omega 3 e non si legherà agli omega 6. Quindi se si avesse tantissimo omega 3 e pochissimo omega 6, ovviamente c'è l'antagonismo competitivo da parte degli omega 3. Se si hanno tantissimi omega 6 e poco omega 3, ovviamente gli omega 6 vanno a legarsi al sito catalitico e non ce n'è per gli omega 3, quindi il concetto è che a causa dell'antagonismo competitivo che c'è per la desaturasi, se si ha un eccesso di omega 6, gli omega 6 fanno da padrone, ossia prevalgono sugli omega 3, si avrà molto acido arachidonico prodotto e poco DHA prodotto.

Sulla base della distribuzione in natura degli acidi grassi omega 3, potrebbe mai esserci il caso in cui gli omega 3 sono talmente tanto in eccesso rispetto agli omega 6 per cui non viene prodotto l'arachidonico, ma viene prodotto il DHA?

ci sono più omega 6 rispetto agli omega 3, quindi si potrà mai realizzare il caso in cui vi sia un antagonismo competitivo operato dagli omega 3 sugli omega 6? è molto raro. Al contrario si può verificare un antagonismo competitivo degli omega 6 rispetto agli omega 3? si, ed è quello che purtroppo si verifica con l'alimentazione occidentale, perché si assumono troppi grassi omega 6, quindi si forma troppo acido arachidonico, si formeranno troppi trombossani, troppe prostaglandine, troppe prostacicline proinfiammatorie e l'infiammazione è importantissima, perché è un processo di difesa nei confronti degli attacchi da parte dei microbi, dei batteri, dei virus, ma si sta vedendo nel caso del covid dove la tempesta citochinica che la reazione immunitaria spropositata di alcuni microrganismi porta ad avere un'infiammazione pazzesca che ovviamente ha portato in molti casi anche alla morte delle persone e non a caso oggi nel cocktail di farmaci che danno alle persone malate di covid che sviluppano una sintomatologia di tipo respiratorio, anche minima cominciano subito a dare il desometasone, corticosteoide fortissimamente antinfiammatorio quindi danno un forte antinfiammatorio per combattere questa famosa tempesta citochinica, che è una delle reazioni del nostro sistema immunitario al SARS covid 2. Quindi l'infiammazione è una reazione positiva dell'organismo, ma se è spropositata può portare anche alla morte dell'organismo, oppure se è una reazione cronica, può portare all'insorgenza di patologie croniche connesse con l'infiammazione che sono le patologie neurodegenerative: Alzaihmer, Parkinson, patologie cardiovascolari → Il soggetto obeso è un soggetto infiammato che ha un'infiammazione cronica, quindi il bilancio tra gli omega 3 e gli omega 6 è importante come rapporto tra questi due componenti, serve l'acido arachidonico, ma anche una parte di docosaesanoico che intervenga con un'azione antinfiammatoria.

Il DHA è importantissimo, influenza la fluidità, la permeabilità delle membrane cellulari, nel cervello il DHA è fortemente rappresentato e se non si riesce a produrre DHA perché non si riesce ad assumerlo perché il pesce non si può mangiare più di due votle alla sett per la soria dell'inquinamento, se il DHA non è assunto e non è sintetizzato, ovviamente il cervello dove va a prendere il DHA che serve per le membrane cellulari delle cellule nervose? da nessuna parte, quindi è importante si deve assumere con la dieta e si riesce a sintetizzare dall'acido linolenico e si vedrà un disegno della retina, dove coni e bastoncelli navigano in un mare di DHA.

IL DHA è il precursore della neuroprotettina D1, che origina dal DHA per azione di una lipossigenasi, di un'epossidazione e di una successiva idrolisi che porta alla sintesi della neuroprotettina D1 e come dice la parola stessa, la neuroprotettina ha un'azione di neuroprotezione dell'organismo e perché si sta parlando del DHA in gravidanza e in allattamento?

Il nuovo organismo che si forma con la gravidanza si forma a partire dall'uovo fecondato dallo spermatozoo e poi c'è una crescita e una differenziazione per cui deve formarsi il cervello e la retina, quindi il bambino ha bisogno di DHA, quindi la mamma deve assumere dell'acido linolenico in quantità sufficiente tale da avere quella cascata di reazioni che porta alla sintesi del DHA. Il bambino all'inizio non vede e comincia a vedere nelle settimane successive alla nascita, perché ha ancora l'occhio non completamente sviluppato, ecco perché il DHA serve anche in allattamento, se il DHA deve entrare nel latte materno, se la mamma è supplementata ne passerà di più, quindi si avrà un miglior sviluppo della retina del bambino e il bambino vedrà prima.

DA DOVE SONO VENUTE FUORI TUTTE QUESTE INFORMAIZON? E CONOSCENZA SCIENTIFICA SUL DHA? Sono uscite fuori dagli studi condotti da un progetto europeo finanziato nel 2007, che ha portato a studiare i grassi totali assunti in gravidanza e allattamento nella popolazione generale, e a metterlo in connessione con lo sviluppo cognitivo, con lo sviluppo visivo, con gli outcome della gravidanza, con bambino quindi come nasce ecc.. si è parlato di assunzione di DHA, tramite le fonti alimentari individuando le porzioni di pesce che si possono assumere in gravidanza, individuando il fatto che anziché assumere acido linolenico è meglio assumere acido docosaesanoico,, ma è sbagliato questo tipo di approcci, in quanto è bene assumere acido linolenico nei giusti rapporti perché la mamma possa avere questa sintesi di DHA, ma è anche importante poter far assumere del DHA già sintetizzato, quindi non solo assumere il precursore tipico di acidi grassi omega 3 a lunga catena, che è l'acido linolenico omega 3 di base, ma è bene anche non solo assumere questo, ma anche il DHA e si è arrivati ad individuare quale deve essere l'apporto di DHA al giorno in gravidanza e allattamento.

Una delle più importanti scoperte fatte sulla donna in gravidanza circa il DHA in gravidanza → è il fenomeno **della BIOMAGNIFICAZIONE**, studiando le donne in gravidanza e studiando il contenuto di acido linoleico nel sangue della mamma e nel cordone ombelicale e il contenuto di DHA nel sangue della mamma e nel cordone ombelicale, si è verificata la condizione che si chiama BIOMAGNIFICAZIONE. Mentre nel sangue della mamma prevale il linolenico, che è il 3%, ne se si va a vedere a livello lipidico il linolenico nel cordone ombelicale questo è 1,5 e si invertono quindi le percentuali di DHA. Quindi si comprende che c'è ancora una sorta di accumulo dell'acido DHA, docosaesanoico all'interno del cordone ombelicale e viene poi portato nutrimento al bambino rispetto al sangue materno → una sorta di concentrazione in modo tale che il bambino possa immagazzinare più DHA rispetto alla quantità contenuta nell'organismo della mamma. Nell'ultimo trimestre la quantità di DHA che viene passata dalla mamma al bambino arriva fino a 67 milligrammi che è una quantità veramente rilevante, quindi il feto presenta la capacità di incamerare fino a 67 milligrammi di DHA al giorno durante l'ultimo trimestre di gravidanza. Il precursore acido linolenico è presente nel plasma materno in concentrazione doppia rispetto a quella contenuta nel cordone ombelicale, mentre la concentrazione di DHA è doppia nel neonato, quindi 3% rispetto alla mamma. Quindi si comprende benissimo che questo fenomeno della biomagnificazio e ha fatto accendere una sorta di campanello d'allarme che ha fatto capire e dato il primo input ai ricercatori per capire quanto importante fosse l'apporto di DHA con la dieta, quindi il fatto che la mamma avesse già del DHA pronto per il trasferimento al neonato.

Altri studi che sono stati fatti nel contesto di questo progetto europeo e altri risultati raggiunti. Innanzitutto, si dice che una mamma che ha un giusto apporto di omega 3 e soprattutto che può assumere anche acidi grassi a lunga catena, omega 3 quindi già docosaesanoico ha più probabilità di portare a termine la gravidanza, infatti una ridotta esposizione agli acidi grassi omega 3 porta ad un parto pretermine con un aumento fino al 15%.

Poi il DHA oltre ad influenzare la durata della gravidanza, influenza anche la crescita fetale e quella neonatale, infatti all'aumentare dei livelli di DHA materni aumenta il peso del bambino alla nascita e aumenta la circonferenza cranica, cioè il bambino che nasce dalla mamma supplementata con DHA, è un bambino che ha una circonferenza cranica maggiore e questo di cosa è indice il fatto che ha una circonferenza cranica maggiore? ha un cervello meglio sviluppato.

Il DHa porta ad una diminuzione delle complicanze durante la gestazione, ad es, la cosiddetta preeclampsia, quindi l'ipertensione gestazionale, quindi assumere il DHA può avere anche un effetto positivo sulla mamma.

I VANTAGGI DEL DHA sono SIA A LIVELLO DELLA MAMMA che A LIVELLO DEL BAMBINO

Soffermandoci sui vantaggi per la MAMMA:

PRIMO ASPETTO è quello della diminuzione della depressione post partum e poi le complicanze della gravidanza, della preeclampsia i disturbi dell'umore sono molto frequenti e abbinati a vari aspetti, come fattori ambientali, uno stato socio economico difficile per la mamma può portare a depressione post partum, ma c'è anche una predisponine genetica → spesso una persona che ha la depressione postpartum, anche la madre aveva la depressione post-partum, quindi c'è una predisposizione genetica e si è pero anche andati anche a valutare se un basso apporto di omega 3 e DHA nello specifico poteva causare la problematica dei disturbi della depressione post partum, che è una patologia molto grave, che ha dei risvolti sociali molto gravi, drammatici, perché la mamma in depressione post partum può arrivare addirittura a sopprimere il bambino, in genere omicidio, suicido -- >quindi è un dramma importante..

Pensare che si può ridurre l'incidenza della depressione post partum con una supplementazione di acidi grassi omega 3, che è una cosa banale, potrebbe essere un aspetto di grandissima rilevanza sociale, come è stato giustificato il fatto di avere questa riduzione della depressione postpartum?

il DHA può influenzare la sintesi di fattori neurotrofici di derivazione celebrale, è stata vista la neuroprotettina D1, quindi influenza anche i livelli dopamina e quindi è connesso anche con dei neurotrasmettitori e quindi effettivamente oggi giorno ci sono alcuni lavori, quello del 2007 o altri più recenti sulla nutrizione materna e del bambino del 2011, piuttosto che del 2009, dove si parla dell'effetto del DHA sulla depressione post partum e questo ad oggi non è stato ancora completamente dimostrato, ma ci sono delle evidenze scientifiche che parlano di questa possibile riduzione di questa patologia.

IL DHA, nell'ambito dei vantaggi per il bambino quando deve essere assunto e dove si trova e che influenza possono avere le carenze? costituisce il 40% dei fosfolipidi di membrana nel cervello, il DHA è fortemente rappresentato nel cervello.

Nel caso della formula di struttura dei fosfolipidi →Le due prime posizioni occupate dagli acidi grassi che per il 40%, nel cervello, dei fosfolipidi del cervello sono occupati da DHA. Quindi si comprende che la membrana dei neuroni viene fortemente ad essere influenzata dalle proprietà chimiche, dall'ingombro sterico di queste molecole che a loro volta vanno ad influenzare le proprietà fisiche della membrana, le attività enzimatiche, i canali ionici e la neurotrasmissione.

Quando dovrebbe essere assunto il DHA in gravidanza? Quando il bambino ne ha più bisogno, come nel caso della BIOMAGNIFICAZIONE e la capacità del feto di incamerare 67 milligrammi di ACIDO DOCOSESANOICO AL GIORNO nell'ultimo trimestre, Quindi sicuramente la supplementazione va fatta nell'ultima parte della gravidanza, da quinto /sesto mese di gravidanza per favorire la neurogenesi e la maturazione del feto e andrebbe fatta fino a 2 anni, quindi il bambino dovrebbe continuare ad assumere il latte della mamma fino ad 1 anno, ma anche più la donna dovrebbe essere supplementata con DHA. Cosa hanno detto gli studi che parlavano delle carenze di DHA della mamma e dell'outcome della gravidanza, ossia dello stato di salute del feto e del bambino? che il bambino, qualora ci siano carenze di DHA, ha un ridotto sviluppo neuronale, un deficit nella neurotrasmissione, deficit neurocognitivi e alterazioni nel comportamento → avanti nel parlare di DHA e si vedrà DHA con lo sviluppo cognitivo e gli studi fatto, il DHA e sviluppo della funzione visiva e poi si parlerà dei claim ammessi per il DHA.

CAPITOLO 13

ACIDO DOCOSAESANOICO A LUNGA CATENA OMEGA 3.
Il primo aspetto che è stato valutato è quello dello sviluppo visivo, sostanzialmente il DHA è il costituente importantissimo della retina e pertanto durante la fase di sviluppo del feto, la necessità di accumulare da parte del feto DHA, quale costituente importantissimo della retina è ovviamente un aspetto fondamentale e la visione del bambino appena nato è quasi nulla e so0lo con il passare delle settimane il bambino incomincia a vedere, vede delle ombre, segue delle ombre e piano piano la sua vista va pian piano perfezionandosi e questo perfezionamento della vista nel neonato migliora lungo tutto il primo anno di vita.
Il meccanismo della vista è un sistema di trasmissione molto complesso, che coinvolge la retina, il talamo, la corteccia visiva e che matura nel corso del primo anno fino a portare il bambino con una capacità di vedere come quella dell'adulto.

I FOTORECETTORI RETINICI sono ricchi di DHA, nei quali la radopsina è immersa e con il blocchettino giallo è indicato il DHA che viene assunto con la dieta nel bambino che viene allattato, ma anche nell'adulto che assume gli alimenti, passa nel fegato, arriva a costituire e fare parte della retina dove si osserva la rodopsina, rappresentata dalle palline rosse ed è praticamente immersa e il tutto poi è collegato con il recettore. Quindi si comprende che la presenza di DHA nella retina è di fondamentale importanza affinché ci sia questa maturazione della funzione visiva.

Cosa hanno indicato gli studi osservazionali condotti su neonati su DHA e sviluppo visivo? In particolare, si osserva come si hanno delle valutazioni elettrofisiologiche funzionali, quindi sono state fatte delle valutazioni della capacità visiva attraverso la valutazione della concentrazione sia plasmatica che eritrocitaria del DHA.

È stata fatta una valutazione dell'acuità visiva nei neonati a 4 mesi in madri supplementate con DHA per confronto con madri non supplementate, è stata correlata la carenza di DHA negli ultimi 5 mesi di gravidanza, con minore sviluppo delle capacità visive a 60 giorni, quindi a due mesi dalla nascita, in più è stato dimostrato che i neonati allattati al seno hanno un aumento dell'acuità visiva dal quarto al settimo mese rispetto ai neonati nutriti con le formule.

Quindi tutti questi studi depongono a favore del fatto che il DHA sia fondamentale per lo sviluppo visivo e quali sono stati invece gli studi del DHA e del sistema immunitario e anche qui sono stati fatti degli studi osservazionali ed è stato visto che nei lattanti fino al primo anno di vita migliora la risposta all'antigene TRIPtest che è un test per valutare l'allergia, la dermatite atopica è meno severa se le mamme sono state supplementare con DHA durante l'ultima fase della gravidanza.

CHE GIUSTIFICAZIONE è STAT DATA A QUESTI RISULTATI? la giustificazione è stata data dal fatto che sostanzialmente gli omega 3 si oppongono all'azione degli omega 6 che hanno azione proinfiamamtoria e sensibilizzante, portando ad una minore incidenza delle allergie alimentari e della dermatite atopica. Tuttavia, va detto che non ci sono ancora evidenze chiarisse di questo.

Riportato uno studio, ossia un abstract di uno studio prodotto su BMJ che è buona rivista e nel 2012 che parla dell'assunzione da parte della madre di assunzione di integratori di acidi grassi della serie omega 3, che non ha ridotto l'incidenza complessiva di allergie associata all'immunoglobulina E nel primo anno di vita. Quindi:

Ecco perché nonostante alcuni studi sembrano aver evidenziato un effetto positivo del DHA, altri studi non hanno osservato vantaggi. Quindi relativamente all'aspetto della protezione dalle allergie e per la stimolazione del sistema immunitario ci sono ancora molti dubbi sull'efficacia protettiva del DHA.

DIAPOSITIVA che riporta un claim, un'indicazione salutistica (più nel dettaglio quando si parlerà degli aspetti regolatori, quindi di cosa è un claim) sull'acido docosaesanoico

Su questo documento che è un regolamento europeo che deriva da un'opinione pubblicata dall'EFS, ossia l'european food safety authority con sede a PARMA che dice che l'assunzione dell'acido **docosaesanoico, DHA, contribuisce al normale sviluppo delle capacità visive dei lattanti fino a 12 mesi.** Il consumatore va informato del fatto che l'effetto benefico si ottiene con l'assunzione quotidiana di 100 milligrammi di DHA e quest'indicazione è utilizzata per alimenti di proseguimento che devono con**tenere almeno 0,3 % degli acidi grassi totali sotto forma di DHA.**

Il fatto che esista addirittura una legge europea che sancisce l'importanza dell'assunzione dell'acido docosaesanoico nel contribuire al normale sviluppo delle capacità visive del lattante fino a 12 mesi ha fortissimamente stimolato, implementato, aumentato il mercato degli integratori alimentari di DHA.

Un'altra indicazione salutistica, un altro claim per l'acido docosaesanoico si ha anche per questo secondo claim che è parzialmente coperto, L'assunzione di acido docosaesanoico da parte della madre contribuisce allo sviluppo degli occhi nel feto e nei lattanti e anche questa indicazione si raggiunge con una supplementazione della mamma di 200 milligrammi. Quindi si può dire sostanzialmente che sono talmente tanto consolidate queste conoscenze sull'importanza del DHA nello sviluppo della vista del bambino, nello sviluppo dell'occhio e quindi della retina che addirittura questo aspetto è stato sancito da una legge e si comprende bene che il fatto di avere queste indicazioni ha portato ad una maggiore capacità, da parte anche degli operatori sanitari, che possono essere farmaci, medici e ginecologi, a portare ad un aumento della prescrizione degli integratori alimentari in gravidanza. Sicuramente il DHA migliora l'outcome della gravidanza, perché il bambino ha una circonferenza cranica maggiore se nato da madre supplementata rispetto a un bambino nato da una madre non supplementati. Quindi c'è un maggiore sviluppo del cervello. In genere la gravidanza tende ad arrivare a termine di più nei soggetti supplementati, nelle donne supplementate rispetto alle donne non supplementate.

Sicuramente migliora la vista, non c'è molto da dire sull'aspetto immunitario, ma questi vantaggi sono già molto importanti. Date tutte queste certezze sull'importanza di avere una supplementazione di DHA in gravidanza, ad oggi solo il 2% delle donne in gravidanza assume DHA in quantità adeguata. Quindi vi è veramente un ridotto consumo di pesce e questa potrebbe essere la prima causa, tuttavia si sa che il consumo di pesce, soprattutto oggi giorno deve essere ridotto, perché il pesce contiene il metil mercurio che è teratogeno, quindi il ridotto consumo di pesce deve rimanere ridotto, mai più di due porzioni a settimana per il discorso inquinamento, ma la raccomandazione FAU è di fare una supplementazione in modalità isolata tramite integratori alimentari che però deve essere di un DHA altamente purificato, quindi deve essere sicuramente indicata la provenienza del DHA, deve essere un DHA ottenuto per distillazione molecolare in modo tale che estraendo il DHA non vengano anche estratte sostanze potenzialmente teratogene, quindi assenza di sostanze dannose, come i cosiddetti acidi grassi trans, già citati come componenti epatotossici e neurotossici e nefrotossici. Come qualità sicuramente, come indice di qualità sicuramente la trasparenza dell'olio è importante e la raccomandazione europea è di un'assunzione pari a 200 milligrammi die e in quale periodo di gravidanza? dal 4-6 mesi di gravidanza e durante i 6 mesi dell'allattamento.

LE PROTEINE:

Poi si parlerà di un aspetto importante delle proteine dal punto di vista della chimica degli alimenti e della nutrizione si parlerà della celiachia, quindi l'intolleranza al glutine.

LE PROTEINE sono degli ETEROPOLIMERI LINEARI e in natura esistono centinaia di amminoacidi, ma quelli che interessano per la sintesi proteica sono molto meno e sono solo 20 e sono i venti amminoacidi che costituiscono le nostre proteine. Quali sono le funzioni delle proteine, anche per i protidi, così come è stato fatto per i carboidrato, per i lipidi, vitamine ecc.. si affronta nello stesso modo anche le proteine

LE PROTEINE nel nostro organismo **svolgono tre funzioni fondamentali:**

1) Una funzione di tipo plastica →COSTRUZIONE E MANTENIMENTO DEI TESSUTI, in quanto si hanno muscoli, proteine, proteine di membrana e proteine diffuse/ distribuite in tutto l'organismo che servono al mantenimento dei vari tessuti,
2) hanno un'azione biodinamica e basta pensare agli enzimi. Qualsiasi reazione del nostro organismo, è catalizzata dagli enzimi e senza enzimi le reazioni magari avverrebbero anche, ma a velocità troppo lente. Di conseguenza è importante garantire che l'organismo abbia enzimi a disposizione, perché senza enzimi le vie metaboliche sarebbero bloccate sostanzialmente
3) Ci sono anche degli ormoni che sono delle proteine o almeno in parte sono costituiti da proteine e anche per quanto riguarda gli ormoni di natura proteina essi sono fondamentali per il nostro metabolismo.
4) In ultimo, Anche se non è una cosa da poco, ma qualcosa di grande importanza c'è la funzione energetica delle proteine. In carenza di carboidrati e lipidi, le proteine fungono da substrato energetico e hanno un apporto calorico di 4 kilocalorie per grammo (queste sono le proteine nel nostro organismo) e negli alimenti?
5) Negli alimenti, le proteine svolgono un ruolo anche qui molto importanti, come il fatto che contribuiscono direttamente alle proprietà organolettiche come sapori e aromi, che sono connessi con le proteine e con i prodotti aromatici che si formano a seguito del trattamento termico delle proteine e con la loro interazione con gli zuccheri nella cosiddetta reazione di Maillard. Negli alimenti riscaldati, la reazione tra le componenti proteiche e gli zuccheri si formano delle sostanze responsabili dell'aroma e anche del colore e del sapore di molti alimenti.
6) In più LE PROTEINE CONTRIBUISCONO A DETERMINARE particolari proprietà fisiche, formano o stabilizzano particolari schiume, emulsioni o gel.

ESEMPIO che viene subito alla mente: la capacità dell'albume, quindi l'uovo che sono proteine nello stabilizzare le schiume, quando si monta a neve l'albume dell'uovo piuttosto che la capacità delle proteine di stabilizzare le emulsioni, → è il caso della maionese, ma anche del gelato →grazie alle proteine del latte nel gelato piuttosto che grazie alle proteine dell'uovo nella maionese c'è la stabilizzazione dell'emulsione

7) agiscono stabilizzando anche i gel anche se per quanto riguarda i gel un altro componente che ha questa funzione come è stato ampiamente detto è rappresentato dai carboidrati non disponibili, quindi dalle fibre gelificanti

Tutti questi aspetti sono aspetti positivi delle proteine che hanno un importantissimo valore nutrizionale, perché contribuiscono a supportare il pull di amminoacidi liberi che serve per la sintesi proteica. Hanno delle funzioni energetiche. Conferiscono proprietà agli alimenti → quindi tutti aspetti positivi, ma va anche riportato un aspetto molto negativo connesso con le proteine, che è quello delle allergie→ infatti gli allergeni sono prevalentemente di natura proteica, infatti noti allergeni sono proteine dell'uovo, del latte, quelle presenti in muscoli, crostacei, frutta da guscio, come le noci e le arachidi piuttosto che il glutine al quale si dedicherà un intero capitolo.

Quindi oltre ad essere degli allergeni, le proteine hanno anche un secondo aspetto negativo, che è quello di essere dei fattori antinutrizionali o antinutrizionali, ad es. di natura proteica ci sono degli inibitori di enzimi digestivi, ad esempio: **ANTIAMILASI** (l'amilasi è un enzima che aiuta ad ottenere glucosio dall'amido). Se si ha sempre di natura proteica un inibitore dell'alfa amilasi si comprende che questo è un fattore antinutrizionale o gli inibitori della tripsina che si trovano nella farina di soia cruda. Anche la tripsina è un enzima digestivo, è un enzima che serve per digerire le proteine. Se insieme a un pasto si introduce un fattore antinutrizionale, inibitore della tripsina, si comprende che non si possono ricavare amminoacidi dal punto, oppure l'ovomucoide che è anch'esso un inibitore degli enzimi digestivi, si trova nelle uova, viene denaturato dal calore e fortunatamente perde la sua attività a seguito della cattura, un'alterazione ragione per cui è importante assumere le uova cotte, proprio anche per andare ad inibire l'ovomucoide. Poi si hanno le lectine, da non confondere con le lecitine perché succede spesso questa cosa.

LE LECTINE che non sono le LECITINE, manca la I alla seconda sillaba si trovano in cereali e leguminose e le lectine ostacolano la digestione e l'assorbimento dei nutrienti provocando danni alla mucosa intestinale, agiscono con le catene polisaccaridiche ramificate legate alle proteine di membrana dei microvilli intestinali e chiaramente la membrana viene ad essere alterata, anche le lectine vengono inattivate dal trattamento termico, non a caso infatti sia i cereali che i legumi non si assumono mai crudi, ma a seguito del trattamento termico.

LA TOSSINA, la cosiddetta TETRADOTOSSINA DEL PESCE PALLA, pesce tossico dei mari tropicali che produce la tossina e rende il pesce tossico per questa tetradotossina che ha un tropismo a livello nervoso. La tossina botulinica, il cosiddetto Clostridium botulinum che è un microrganismo contaminato alimentare, anaerobio, che si trova anche nelle acque, in quelle reflue, nei fanghi ecc.. provoca delle gravissime tossinfezioni alimentari anche mortali, non tanto per la sua presenza come microrganismo anaerobio che può contaminare un alimento, quindi causare 8un'infezione, quanto perché causa una tossinfezione, ha quest'azione neurotossica letale, la tossina botulinica e se ne parlerà in una lezione finale sui fattori negativi presenti negli alimenti

COME SI RICONOSCE UN ALIMENTO CONTAMINATO DAL CLOSTRIDIUM BOTULINUM? Lo si riconosce attraverso il rigonfiamento del contenitore, perché essendo un microrganismo anaerobio, sviluppa del gas del suo metabolismo, quindi il botulino tende a moltiplicarsi, a sviluppare questi gas, provocano un rigonfiamento e quindi una confezione con rigonfiamento è sempre da eliminare perché contiene una contaminazione da Clostridium botulinum. Non è tanto importante il fatto che ci sia una contaminazione microbica, quanto il fatto che venga sviluppata la tossina, una delle tossine più tossiche esistenti in natura.

Così come quando si è parlato dei lipidi, quindi si è parlato dei trigliceridi e quindi dei costituenti dei trigliceridi che sono gli acidi grassi, analogamente per le proteine bisogna fare un inciso sugli amminoacidi che sono i costituenti delle proteine.

Gli amminoacidi sono i costituenti di questi eteropolimeri lineari. Gli amminoacidi sono 20 e di questi 20 solo 9 sono essenziali che sono quelli che hanno il conetto di essenzialità più volte declinato, ossia che devono essere necessariamente assunti con la dieta in quanto non siamo in grado di sintetizzarli e tra questi vi è: la valina, la leucina, l'isoleucina, la lisina, la metionina, la fenilalanina, il triptofano e l'istidina. Gli amminoacidi essenziali sono fortemente importanti, perché in assenza di un amminoacido essenziale non si riescono a sintetizzare le proteine, e cosa succede se per assurdo non si introduce con la dieta uno dei 9 amminoacidi essenziali? succederebbe un disastro nell'organismo perché la proteina che sta per essere sintetizzata in corrispondenza della sintesi della quale manca l'amminoacido, viene smontata, non giunge a termine la sua sintesi e n tutti gli amminoacidi che andavano a costituire tale proteina vengono eliminati sotto forma di urea → questo è un danno, perché se non si ha la sintesi di una proteina, si ha un danno all'organismo, perché bisogna immaginare che una via metabolica che un tessuto non venga sostenuto dalla presenza delle proteine, quindi una dieta a base di soli ortaggi o frutta cosa che si vede spesso è una dieta poverissima che porta l'organismo ad avere una carenza ed è una dieta estremamente pericolosa, così come è pericolosa una dieta ricca di proteina perché grava sui reni, quindi sull'emuntorio renale

Oltre ai 9 amminoacidi essenziali, vi è la cisteina e la tirosina che sono semiessenziali, perché permettono di risparmiare metionina e fenilalanina e poi ci sono gli amminoacidi condizionatamente essenziali → che sono la glicina, prolina, arginina e la glutammina e la taurina che in alcune condizioni fisiopatologiche possono non essere sintetizzate alla velocità sufficiente per soddisfare il fabbisogno dell'organismo. Quindi in condizioni di salute non sono essenziali, ma in particolari condizioni patologiche possono non essere sintetizzate dall'organismo a velocità sufficiente e questo porta a chiamarli condizionatamente essenziali. Questi servono per la sintesi proteica e anche per la produzione di molecole biologiche importanti per funzioni particolari. La vitamina PP e la serotonina derivano da un amminoacido oppure il glutatione è costituito da un amminoacido. L'arginina da origine all'ossido di azoto che partecipa alla trasmissione dell'impulso nervoso ed ha un'azione vasodilatante, quindi gli amminoacidi non sono solo importanti per la sintesi proteica, fondamentale per tutte le ragioni dette, ma anche perché alcuni amminoacidi sono precursori di sostanze biologicamente attive → come vitamine, agenti antiossidanti o come agenti ad azione vasodilatante.

LA SINTESI PROTEICA richiede contemporaneamente la disponibilità di tutti i 20 amminoacidi essenziali e tutte le proteine contengono tutti i 20 amminoacidi con una diversa sequenza, con diversa quantità e rapporti e quindi è fondamentale per il nostro organismo poter avere nel pull di amminoacidi liberi tutti gli amminoacidi che servono per la sintesi proteica. Il pull di amminoacidi liberi non derivano solo ed esclusivamente dagli amminoacidi che derivano dalla digestione delle proteine, ma il pull di amminoacidi liberi è costituito anche da quelli che derivano dal turn over delle proteine → le proteine infatti sono tra le componenti dell'organismo ad elevato turn over → nel senso che ogni giorni parecchie decine di grammi di proteine vengono degradate per dare origine al pull di amminoacidi liberi che viene utilizzato per sintetizzarne altri o vengono eliminati sotto forma di urea. Quindi il fabbisogno più la capacità dell'organismo di rendere disponibili gli amminoacidi ed utilizzabili per la sintesi proteica contribuisce a definire il cosiddetto valore biologico delle proteine

LE PROTEINE POSSONO ESSERE DI VARIA ORIGINE:

si hanno sia alimenti di origine animale che vegetale che contengono le proteine e in natura esistono centinaia di amminoacidi e bisogna capire cosa succede, quindi:

Le proteine di origine animale sono ottenute da tessuti e organismi che sono più vicini a noi dal punto di vista dell'evoluzione e di conseguenza queste proteine hanno una composizione amminoacidica molto simile alla nostra, per cui se si ha una fetta di carne, di bovino che si assume come alimento e da questa si ottengono gli amminoacidi per la sintesi proteica, si immagina che nel muscolo della carne del bovino, e di conseguenza la carne ha delle proteine cosiddette nobili perché sono proteine in grado di fornirci non solo tutti gli amminoacidi di cui si ha bisogno, ma anche negli stessi rapporti con gli amminoacidi sono rappresentati nel nostro organismo

Quindi il LATTE, CARNE E UOVA contengono proteine che dal punto di vista quali e quantitativo sono molto simili alle nostre e pertanto se si devono utilizzare queste proteine per sintetizzarne delle nuove e queste proteine sono simili alle nostre, è chiaro che queste proteine forniscono tutti gli amminoacidi necessari per la sintesi proteica nei giusti rapporti e queste proteine vengono definite ad altro valore biologico nutrizionale. Diversamente Le proteine di origine vegetale non saranno Così simili alle nostre proteine, perché si sta parlando di organismi, come i vegetali che sono ovviamente differenti da noi. Di conseguenza si può dire che ci sono proteine a medio valore biologico nutrizionale, che sono quelle dei legumi. I legumi sono degli alimenti molti ricchi di proteine, ma non contengono proteine nobili, ma contengono proteine a medio valore biologico nutrizionale. Proteine a basso valore biologico nutrizionale sono quelle dei cereali.

PERCHÈ LE PROTEINE DEI LEGUMI E DEI CEREALI NON SONO NOBILI? e quindi ad alto valore biologico nutrizionale? la spiegazione sta nel fatto che le proteine dei legumi sono carenti di amminoacidi solforati, quelle dei cereali sono carenti di lisina. Quindi cosa si può dire? Dal momento in cui si assumono solo legumi o solo cereali, prima o poi si andrà incontro ad una carenza di amminoacidi solforati e di lisina rispettivamente.

Ecco perché è tanto importante una DIETA VARIEGATA, una dieta che contenga tutti gli alimenti dei 7 gruppi nutrizionalmente omogenei, perché è necessario fornire tramite la dieta tutti i componenti e nel loro giusto rapporto, ma i vegetariani muoiono? sicuramente non muoiono e non vanno incontro a carenze perché assumono comunque latte e latticini, uova non tramite la carne, ma tramite altri alimenti di origine vegetale riescono ad assumere proteine ad alto valore biologico nutrizionale.

Per quanto riguarda i cosiddetti VEGANI, coloro che non assumono in assoluto alimenti di origine animale c'è una scappatoia, ossia quella di utilizzare delle miscele di legumi e cereali per colmare con i cereali la carenza di legumi e con i legumi la carenza di cereali. Questa possibilità di non avere carenze tramite l'assunzione contemporanea in quantità 1 a 1 di legumi e cereali è una soluzione che risale al passato. Nel passato la gente non assumeva la carne, perché la carne aveva dei costi elevati, diversamente dagli alimenti di origine vegetale, anche li andavano tutti incontro a carenze? no, avevano sviluppato già dai tempi più remoti delle ricette che permettevano di assumere contemporaneamente legumi e vegetali → si pensa al riso e piselli, alla pasta e fagioli e tutti quei piatti che combinano legumi e vegetali e che permettono con un alimento di colmare la carenza dell'altro.

COS'È LA PROTEINA IDEALE? è LA COMBINAZIONE DI AMMINOACIDI ESSENZIALI in modo che un amminoacido venga utilizzato per sintetizzare nuove proteine corporee. La sintesi proteica si interrompe quando non sono più disponibili contemporaneamente tutti gli amminoacidi essenziali.

È stato introdotto un nuovo concetto, ossia quello di amminoacido limitante, ossia se è presente un amminoacido in quantità insufficiente per un'adeguata sintesi proteina, quell'amminoacido è chiamato limitante, perché limita la sintesi proteica.

Esistono delle proteine alimentati negli alimenti di uso comune, quindi nella carne piuttosto che negli alimenti di origine vegetale che non contengono qualche amminoacido essenziale, non che è carente, ma che non lo contiene (abbiamo detto che i cereali sono carenti di lisina, i legumi sono carenti di amminoacidi solforati). Esistono alimenti di uso corrente che non contengono in assoluto un amminoacido essenziale oppure no? Esiste una proteina che manchi completamente di almeno uno dei 9 amminoacidi essenziali?

Il punto è che tutte le proteine alimentari contengono tutti gli amminoacidi essenziali. LA PROBLEMATICA NON È DI TIPO QUALITATIVO, MA QUANTITATIVO, cioè la problematica è che anche la proteina a più basso valore biologico nutrizionale che io conosca, presente in un frutto, anche molto lontana dal punto di vista evolutivo dalla nostra specie, contiene tutti gli amminoacidi essenziali, il problema non è che li contenga o meno, ma il problema è di tipo quantitativo.

Quindi la problematica, sulla base di quanto detto fino ad ora, se si dovesse dare una definizione di proteina NOBILE? è una proteina di origine animale che dal punto di vista dell'evoluzione ha una composizione amminoacidica molto simile al nostro organismo, quindi è una proteina che contiene tutti gli amminoacidi necessari per la sintesi proteica. Fermarsi qui nella definizione, non è sufficiente, manca qualcosa, in quanto bisogna considerare la quantità di amminoacidi essenziali nelle proteine. Quindi una proteina nobile è una proteina che contiene tutti gli amminoacidi essenziali nelle giuste proporzioni per la sintesi proteica.

Nel caso della domanda sulle proteine nobili a medio, alto o basso valore biologico nutrizionale. PROTEINA AD ALTO VALORE BIOLOGICO NUTRIZIONALE è una proteina di origine animale che contiene tutti gli amminoacidi essenziali necessari per la sintesi proteica. Questa definizione che non è sbagliata, non è completa, manca di un pezzo, quindi questa definizione è incompleta perché bisogna aggiungere il pezzo **fondamentale che dice che tiene tutti gli amminoacidi essenziali nelle corrette proporzioni per la sintesi proteica.**

Quindi bisogna non solo citare l'aspetto biologico nutrizionale come presenza di amminoacidi necessari per la sintesi, ma citare anche l'aspetto quantitativo di tutti gli amminoacidi che servono per la sintesi proteica nelle giuste quantità, perché non è che esiste una proteina che non contiene in assoluto un amminoacido, ma lo può avere in quantità scarse ed è quello il problema, che quando poi comincia la sintesi proteica, questa si deve bloccare, perché c'è un amminoacido limitante, quindi manca il mattoncino che serve per terminare la proteina, e il danno è grave, perché tutti gli amminoacidi vengono smontati dalla proteina che non può essere sintetizzata e non può arrivare alla fine e vengono eliminati sotto forma di urea, quindi è un danno gravissimo, perché si perdono anche degli amminoacidi che servirebbero eventualmente per la sintesi di un'altra proteina. Questo concetto è importantissimo e differenzia le proteine nobili, da quelle a medio valore biologico nutrizionale, a quelle a scarso valore biologico nutrizionale.

Nessun vegetale contiene proteine nobili e per ovviare alla mancata introduzione, come succede nella dieta soprattutto vegana di alimenti origine animale, quindi si può ovviare a questa mancanza di assunzione di proteine di origine animale con l'assunzione di proteine complementari tra di loro, ossia che nel loro insieme forniscono una miscela di proteine ad elevato valore biologico, quindi il cereale carente di lisina, ma che contiene metionina associato al legume carente di metionina, ma che contiene lisina. Nel suo insieme questa miscela è una miscela ad alto valore biologico.

PROBLEMA MOLTO IMPORTANTE → PROBLEMA DELLE ALELRGIE ALIMENTARI, che sono delle reazioni avverse che si manifestano in particolari soggetti e non in tutti in seguito all'assunzione di alimenti che per la stragrande maggioranza di soggetti non hanno nessun effetto negativo, ma che per alcuni soggetti porta ad effetti negativi, ad es. a reazioni abnormi del sistema immunitario che sono in genere mediate da immunoglobuline E. Questi danni che possono derivare da reazioni abnormi del sistema immunitario sono ovviamente, possono essere o di tipo temporaneo, dei danni che poi si risolvono, ad es. la dermatite atopica e i bambini, dei neonati e dei lattanti (faccino rosso tipico di questa mascherina rossa tipica della dermatite atopica, quando il bambino cresce e supera l'allergia al latte o perché assume un latte diverso dai latto formulati di origine vegetale, quindi +è un latte che non gli provoca allergie, supera la dermatite). Quindi le reazioni cutanee in genere sono tutte reazioni temporanee e possono esserci reazioni come mal di testa, disturbi gastrointestinali, quindi nausea, diarrea e vomito, ma in alcuni casi, quelli più gravi ci sono i casi di shock anafilattico che se non si interviene prontamente, questi casi possono essere anche letali.

Le allergie sono particolarmente frequenti nell'infanzia e scompaiono nell'età adulta e perché sono frequenti nell'infanzia? proprio perché l'organismo del bambino, il sistema immunitario del bambino non è ancora matura e si ha una reazione agli alimenti comuni dovuta a questa immaturità, questo si sperimenta ed è una condizione assolutamente normale, durante lo svezzamento quando si introduce l'uovo, si tende ad introdurre prima un cucchiaino del rosso dell'uovo, quindi del tuorlo che è meno allergizzante, dopodiché si introduce l'uovo intero solo in seconda battuta, perché in questo modo l'organismo del bambino si abitua all'assunzione di queste proteine che sono in genere allergizzanti

Non è detto che il fatto di essere allergici alle proteine dell'uovo da piccoli durante lo svezzamento porti ad essere allergico alle proteine dell'uovo per sempre L'organismo poi matura, prima sottraendo l'alimento durante l'alimento, poi reintroducendolo dopo qualche settimana, il bambino può avere anche nessun tipo di reazione allergica perché l'organismo è andato via via maturando. Le allergie possono comparire non solo nei bambini, ma anche nei soggetti adulti e a volte compaiono in modo assolutamente anche in modo improvviso, senza che si manifestino prima di questa comparsa dei sintomi e qualsiasi alimentato soprattutto di origine proteica può provocare reazione allergiche anche se esiste una lista di allergeni che più frequentemente portano ad avere allergie e sono responsabili della stragrande maggioranza delle reazioni allergiche gravi che si possono verificare → lista degli allergeni alimentari che sono cereali contenenti il glutine, costacei e derivati, le uova e derivati, il pesce e i suoi derivati le arachidi, la soya, il latte ed i latticini, la frutta da guscio come le noci e alcune noci anche non della nostra tipica tradizione, anche derivanti da altri paesi tropicali, nella lista degli allergeni vengono inseriti anche i solfiti, anche se in effetti i solfiti non sono dei veri e propri allergeni, ma provocano le cosiddette PAR, reazioni pseudoallergiche che non sono IGE mediate, ecco perché sono pseudoallergiche, perché non sono effettivamente allergia.

Proprio a questo proposito si ricorda che non sempre reazioni provocate dagli alimenti sono delle vere e proprie reazioni allergiche. Le pseudoallergie ne sono un esempio, un esempio come le ammine biogene, come la putrescina, la cadaverina, la tiramina, l'istamina che portano ad avere reazioni pseudoallergiche che possono essere quasi scambiate per reazioni allergiche nel senso che cono caratterizzate da dermatiti, reazioni cutanee, vomito, prurito, diarrea, reazioni gastrointestinali → nonché l'istamina può portare all'innalzamento della pressione, tachicardia e sintomi particolari, ma non essendo IG mediate, sono reazioni che non possono definirsi reazioni allergiche, ma sono reazioni pseudoallergiche . Ci sono soggetti particolarmente sensibili alle reazioni pseudoallergiche, come il caso dei solfiti e c'è chi non riesce a bere il vino bianco che è di solito addizionato di maggiori quantità di solfiti, c'è chi non riesce ad assumere alimenti fermentati, nei quali sono presenti istamina, tiranina ecc.. che sono queste ammine biogene che praticamente derivano dalla reazione di decarbossilazione degli amminoacidi liberi presenti negli alimenti e sviluppano queste manifestazioni allergiche, per cui viene mal di testa, tachicardia, eruzioni cutanee.

Ci sono soggetti che non possono mangiare formaggi e salumi, proprio perché essendo fermentati contengono queste ammine biogene. Esiste qualche alimento che contiene ammine biogene e che può dare origine a reazioni pseudoallergiche? sono alimenti che si consumano anche quotidianamente →la pasta per il glutine e quindi bisogna essere celiaci, e una reazione pseudoallergica può avvenire a chiunque, anche a persone che non sono allergiche → questo è anche il caso di alcuni frutti fermentati, i formaggi di malga, quelli buoni tradizionali, fatti stagionare → spesso e volentieri quei formaggi che sono così ricercati, pregiati e costosi e poiché vengo fatti con delle colture starter del caglio che non sono selezionate e che contengono questi batteri che hanno degli enzimi che decarbossilano gli amminoacidi possono essere molto ricchi di ammine biogene, di istamina e tiramina e quindi a volte l'assunzione di formaggi particolarmente casarecci, ossia di formaggi preparati dal pastore che dovrebbero essere assolutamente naturali sono molto più pericolosi rispetto al formaggio industriale, perché a livello industriale si selezionano le colture starter che innescano la fermentazione del formaggio in modo tale da limitare al massimo il contenuto di istamina e di tiramina

Nel caso dei SOLFITI -→È necessario riportare sugli altri alimenti il contenuto di solfiti, non purtroppo nel vino, il vino sfugge a questa regola, e pertanto la gente può assumere il vino bianco e star emale, ma chi sa di avere questa sensibilità al vino tende di non assumerlo. Alcune delle proteine che sono tipiche allergeni, sono LA TROPOMIOSINA che si trova in crostacei e molluschi, e che mantiene le sue proprietà allergizzanti anche dopo la cottura → chi è allergico ai crostacei e ai molluschi lo è sia quando questi crostacei e molluschi sono crudi o cotti. L'ovoalbumine e l'ovomucoide che sono delle proteine dell'albume che in generale danno reazioni allergiche nei bambini che poi tende a scomparire.

La dicillina e la CONGLUTINA che si trovano nelle arachidi e sono molto pericolose, in quanto sono coinvolte in reazioni anafilattiche soprattutto nella popolazione anglosassone dove questi alimenti sono molto consumati e queste proteine sono responsabili di shock anafilattico.

La quantità che si può mangiare per avere uno shock anafilattico può essere veramente irrisoria e questa triste notizia da anche la possibilità di differenziare le allergie dalle pseudoallergie. Mentre per le pseudoallergie, l'entità della reazione pseudoallergica è dose dipendente, quindi se si beve un microlitro di vino bianco che contiene solfiti, ovviamente non mi succede nulla, se ne bevo tre bicchieri al contrario si ha una reazione pseudoallergica e nel caso delle reazione allergiche, quelle IGE mediate queste non sono dose dipendente, in quanto a volte, soprattutto nei soggetti molto allergici, basta una quantità infinitesima, per scatenare la reazione antigene anticorpo e instaurare delle reazioni anche gravissime come lo shock anafilattico.

Alcuni soggetti sono addirittura in grado di sviluppare delle reazioni allergiche, anche solo per inalazione di proteine, quindi veramente delle quantità infinitesime di proteine presenti nell'aria e che vengono addirittura inalate e nemmeno l'assunzione per via orale. Tradizionalmente si hanno come proteine tipiche che danno reazioni allergiche sono le caseine e le sieroproteine che sono quelle del latte che provocano reazioni di sensibilizzazione soprattutto nell'età infantile e che tendono a scomparire nei primi anni di vita.

Non confondere le reazioni allergiche alle sieroproteine e caseine del latte con l'intolleranza al lattosio, in quanto sono due cose completamente diverse. L'intolleranza al lattosio è dovuta al fatto che la lattasi che si trova sull'orletto a spazzola dei villi intestinali, o per causa primaria o secondariamente a un'enterite non viene prodotta, quindi non idrolizza il lattosio che svolge un'azione provocando diarrea e quest'intolleranza.

Le allergie alle caseine e alle sieroproteine sono invece delle vere e proprie allergie dove nelle caseine esiste l'epitopo, ossia la sequenza amminoacidica, l'epitopo sequenziale che scatena la reazione antigene anticorpo e porta all'allergia.

Qualcuno sostiene che chi è allergico al latte di mucca, alle proteine, alle caseine e sieroproteine del latte non sia allergico al latte di capra o di pecora. È corretto o meno?

Il latte vaccino e quello di capra hanno caseine che per la sequenza amminoacidica si sovrappongono moltissimo, quindi se in genere si è allergici al latte vaccino, è allergico al latte di capra e di pecora, ma comunque ci sono le dovute eccezioni. Una cosa diversa è il latte d'asina al contrario rispetto al latte vaccino presenta una sequenza amminoacidica abbastanza diversa e pertanto non contiene l'epitopo sequenziale che da origine alla reazione antigene -anticorpo, quindi perché il tutto poi si deve ricondurre alla sequenza di amminoacidi che porta ad avere l'allergia, perché è quella che scatena la reazione antigene-anticorpo.

COME SI FA AD ALIMENTARE UN NUEONATO CHE NON HA LA POSSIBILITÀ DI ESSERE ALLATTATO AL SENO E PRESENTA ALLERGIA AI LATTI FORMULATI A BASE DI LATTE VACCINO? COSA SI FA? si **usano i latti idrolizzati, parzialmente o fortemente idrolizzati → sono dei latti PREDIGERITI,** dove caseine e sieroproteine vengono tagliate, quindi vengono idrolizzati i legami peptidici e questo fa in modo che il famoso epitopo sequenziale non sia presente. Addirittura nei bambini superallergici, quelli parallergici, anziché dare i latti idrolizzati dove i legami peptidici sono idrolizzati e quindi ci sono degli spezzoni e dei peptidi piccolini e non l'intera proteina, nei bambini superallergici si danno delle miscele amminoacidiche, quindi i singoli amminoacidi → serve la tirosina, la fenilalanina, l'istidina, quinti tutti i singoli amminoacidi nei giusti rapporti, quelli tipici del latte materno e si danno questi amminoacidi affinché si riesca a fornire tutti gli amminoacidi per la sintesi proteica e dei componenti bioattivi senza dare nemmeno una proteina, dando solo i singoli amminoacidi. Quindi con l'aggravarsi dell'allergia si parte dal bambino non allergico che può assumere le proteine del latte vaccino ovviamente in genere le proteine del latte vaccino sono deprivate delle caseine, in quanto meno digeribili e per fare un latte più vicino a quello materno arricchendolo di siero proteine e impoverirlo di caseine, poi si usano i latti parzialmente idrolizzati, in genere per i bambini con fratellini e la mamma allergica, quindi per cercare di prevenire l'allergia. I latti fortemente idrolizzati dove ci sono dei piccoli spezzoni di peptidi che non contengono più l'epitopo sequenziale e non sono più allergizzanti e addirittura i bambini che sono anche allergici ai latti idrolizzati si vanno a dare i singoli amminoacidi. C'è un'alternativa al percorso dei latti idrolizzati pei i bambini allergici? il latte di soia. La soia è un latte che viene utilizzato proprio per bambini molto allergici, oltre alla soia si utilizza il latte di riso →anche se per i bambini piccoli si preferiscono i latti idrolizzati. Il latte di soia non ha proteine del latte vaccino ed ovviamente il latte di soia viene utilizzato come base di partenza per la formula di inizio o di proseguimento che verrà poi arricchita con taluni Sali minerali piuttosto che altri con talune vitamine piuttosto che altre, verrà arricchito di amminoacidi solforati. Quindi il latte di soia è la partenza e poi viene ottimizzata la composizione per cercare di renderlo più possibile simile al latte materno, compatibilmente con il fatto che si parla di un latte alla base vegetale. Il latte di soia provoca un aumento di estrogeni e nei bambini sono state alimentate almeno due se non tre generazioni di bambini con latte di soia e problematiche di tipo ormonale non ne sono mai state rilevate, certo è che il latte di soia agli adulti invece fornisce fitoestrogeni, che hanno comunque una loro affinità per i recettori degli estrogeni e hanno un effetto estrogenico. Anche se oggi giorni vengono assolutamente preferiti i latti idrolizzati o addirittura le miscele di amminoacidi, i latti di soia vengono comunque ritenuti safe, quindi sicuri. La soia può essere allergenica, ma bisogna capire se un bambino è allergico alle caseine del latte vaccino, magari non è allergico al latte di soia, poi bisogna provare, perché il bambino potrebbe essere allergico anche al latte di soia

Il problema sono i bambini parallergici, ossia allergici a tutto, quindi per quelli si danno i singoli nutrienti, gli amminoacidi, i Sali minerali, le vitamine, quindi si fa una vera e propria miscela, quindi un mix di nutrienti già digeristi in modo che li utilizza e i bambini parallergici sono un problema. Anche per lo svezzamento, un bambino parallergico è un bambino che continua a mangiare alimentati costituiti ad HOC, un bambino che è allergico a tutto cosa mangia? niente, costituisce un problema sociale.. I prodotti a base di soia sono stati utilizzati e sono utilizzati anche senza successo per aiutare la donna per superare i problemi della menopausa, la soia non rientra nella nostra cultura mediterranea e la dieta induce anche delle modificazioni epigenetiche e quindi porta ad avere una risposta dell'organismo alla dieta stessa, se si assume un alimento tutto ad un tratto, ma assunto nella propria esistenza potrebbero effettivamente verificarsi degli effetti avversi

OME SI ALIMENTA UN NEONATO CHE NON HA LA POSSIBILITÀ DI ESSERE ALLATTATO AL SENO?

CAPITOLO 14

LA CELIACHIA è una patologia molto diffusa e che è di tipo alimentare e cosa vuol dire? è scatenata da una componente degli alimenti di uso corrente e quindi è una patologia che interessa da vicino in un contesto di food science.
PRIMA DEFINIZIONE → CELIACHIA MALATTAI → contenenti glutine da parte di individui

Viene messa in evidenza una predisposizione genetica della patologia. Questa definizione ha al suo interno dei punti chiave → malattia permanente dell'intestino tenue, non è una forma di allergia che può essere superata, in quanto se si continua ad assumere glutine, la patologia si manifesta. Connessa con l'ingestione di cereali contenti glutine, viene data una chiara relazione causa-effetto, cereali contenenti glutine causa, effetto →irritabilità permanente dell'intestino tenue da parte di individui predisposti.

È una malattia nella quale entrano come fattori causali → fattori ambientali ossia la presenza di glutine nell'alimento, fattori genetici presenza nell'individuo di questi antigeni che Human leucocite antigen che provocano, scatenano questa reazione. Ovviamente si dice che non tutte le popolazioni hanno la stessa identica sensibilità al glutine e non tutte le popolazioni c'è la stessa incidenza della celiachia. Ci sono alcune popolazioni, vi è poi una sorta di valutazione di quella che può essere la dispersione di questa patologia nel mondo sulla base anche dei flussi migratori. Ci sono delle zone del mondo più a rischio di intolleranza al glutine e zone meno a rischio.

Considerando i principali flussi migratori nel mondo. Sostanzialmente la distribuzione geografica della celiachia ha seguito la diffusione del consumo di frumento nel mondo perché quando addirittura popolazioni non erano stanziali si pensa che la celiachia non ci fosse e quando le popolazioni sono divenute stanziali, ossia quando si è capito che seminando alcuni semi ricavati dalla natura, se rimanevano nello stesso posto potevano raccogliere quei semi l'anno successivo e le popolazioni migravano in altre zone del mondo, ma poi restavano in queste zone e da popolo che non era stanziale diventava un popolo stanziale. L'uomo in origine non assumeva glutine, perché aveva una vita nomade, quindi si procurava il cibo con la caccia, la pesca piuttosto che con la raccolta di frutti, verdura e anche semi, quando li trovava

L'evoluzione di questa patologia ha seguito anche l'evoluzione della storia dei cereali che contengono glutine.

IMMAGINE → **ICEBERG CELIACO**, perché fino a qualche tempo fa la celiachia era considerata una patologia rara che colpiva un individuo addirittura su 2000, quindi una patologia che aveva una diffusione piuttosto limitata. Oggi al contrario, sicuramente qualche conoscente è celiaco, perché la celiachia la celiachia è divenuta molto comune. In EUROPA si pensa che colpisca 1 individuo su 100

L'immagine dell'iceberg celiaco è stata fatta per mettere in evidenza che i casi effettivamente di celiachia che oggi sono visibili, diagnosticati, conclamati, sono la punta dell'iceberg, quindi soggetti che hanno un morbo celiaco conclamato con lesioni a livello della mucosa, dimostrate tramite endoscopie, sono solo la punta dell'iceberg, perché poi sotto il livello dell'acqua, quindi la parte dell'iceberg che non si vede ci sono i celiaci **cosiddetti silenti e i celiaci latenti.**

Si osserva la distinzione tra queste **varie forme di celiachia**:

- **la forma silente** caratterizzata da lesioni sulla mucosa intestinale tipiche della celiachia, ma non ha alcuna sintomatologia. Quindi la forma silente così come si vedrà è sicuramente la forma più subdola, perché il soggetto non ha sintomi specifici, ma ha una mucosa intestinale danneggiata, con lesioni, quindi c'è un malassorbimento di micronutrienti, ci sono lesioni a livello della mucosa intestinale, non avendo una sintomatologia impor tante non vengono prese le debite precauzioni non assumere alimenti privi di glutine e pertanto, ovviamente si capisce bene che si verifica che il malato di celiachia continua ad essere malato perché non sottrae glutine dalla dieta.

Non vengono prese delle precauzioni di non assumere alimenti privi di glutine, si verifica che il malato di celiachia continua ad essere malato perché non sottrae il glutine dalla dieta

- **LA FORMA LETENTE** è quella caratterizzata da condizioni intestinali normali, quindi la mucosa intestinale non presenta ancora le lesioni tipiche del morbo celiaco, ma potrebbero svilupparsi dei cambiamenti in tempi brevi e improvvisi anche

Quindi ad oggi poiché non si conosce esattamente l'estensione dell'iceberg celiaco non è possibile conoscere quanti soggetti sono effettivamente malati di celiachia.

Ovviamente C' è la punta dell'iceberg rappresentata da malati conclamati quindi quelli che associano a lesioni della mucosa intestinale tipiche, vomito, diarrea, dolori di pancia, dolori addominali alla lesione della mucosa intestinale diagnosticate con la celiachia

Questa forma è quella che un tempo era conosciuta come un 'unica forma di celiachia e oggi si sa che ci sono anche le forme silenti e latenti

LA FORMA SILENTE è una forma particolarmente SUBDOLA, perché quando una ha una celiachia concladmata, caratterizzata da tutta la sintomatologia tipica gastrointestinale che la celiachia porta, ovviamente sta male, va a fare la colonscopia e la situazione tende a risolversi perché togliendo il glutine pian piano le lesioni in qualche modo si cicatrizzano e la barriera intestinale torna a svolgere la funzione in modo corretto, permettendo l'assorbimento di nutrienti, permettendo al soggetto celiaco di avere una vita normale se è un soggetto giovane, oppure di avere un normale metabolismo, una salute ottimale a fronte del fatto che è stata rimossa la causa che porta alla celiachia

Sono stati fatti degli studi, egli screening sulla popolazione e ad oggi nelle popolazioni europee l'incidenza della celiachia è intorno a 1 a 120 o 1 a 100 come si diceva prima. Per quanto riguarda l'Europa, la Svezia, la Finlandia, e l'Austria hanno una prevalenza molto simile e va anche detto che la celiachia non è necessariamente una patologia che viene diagnosticata da piccoli, quindi nella fascia giovanile, perché a volte le forme latenti si manifestano ancora quando si è nell'età adulta→ quindi il morbo celiaco si può manifestare anche nella fase più avanzata della vita indipendentemente dall'età.

COME SONO QUESTE LESIONI? Molto spesso, già parlato nel caso degli omega 3, ma anche per la celiachia e anche quando si parlerà dei polifenoli. La celiachia è caratterizzata da un'infiammazione cronica della mucosa intestinale, che porta all'atrofia dei villi e questo è il discorso del MALASSORBIMENTO.

Si osserva che si ha un villo intestinale normale e si sa che i villi intestinali hanno proprio la funzione di aumentare la superficie assorbente e di favorire l'assorbimento dei nutrienti. Invece in un soggetto celiaco i villi assumono questa conformazione, innanzitutto si osserva un appiattimento, vi è un villo che ha il suo spessore, ha la sua formazione classica. Nel caso della celiachia i villi sono più bassi e quindi sono appiattiti, in più si formano delle cripte e anche delle vere e proprie cicatrici nella mucosa intestinale e li dove si vede una cripta e si osserva come vi è un solco molto fine, poi in alcuni casi manca un pezzo → è un disegno fatto sulla base di referti facendo le biopsie dell'intestino tenue dei soggetti celiaci, in un contesto simile l'assorbimento è fortemente posto a rischio. Quindi si osserva come sostanzialmente si ha un'alterazione della mucosa intestinale. Quest'alterazione è permanente, nel senso che se si continua ad assumere glutine, quest'alterazione permane. In un contesto simile si può immaginare cosa può essere l'assorbimento dei nutrienti, ossia praticamente molto basso.

Nel caso di bambini ci possono essere bambini anemici, bambini che manifestano problemi di rachitismo, dovuto al fatto che il bambino assume gli alimenti, ma poi non riesce ad assorbire i nutrienti ed è quindi come se fosse un bambino malnutrito, sottonutrite.

Si osserva ancora che al superficie della mucosa mostra la perdita di villi, risulta solcato da creste, da numerose aperture a cripta e presenta anche un aumento dei linfociti intraepiteliali, perché c'è un'infiammazione e c'è proprio un richiamo linfocitario, quindi i linfociti arrivano li dove c'è un tessuto infiammato al fine di porre fine all'infezione → si osservano anche queste raccolte di linfociti nel tessuto intraepiteliale proprio dovute al richiamo da parte del segnale dell'infiammazione dei linfociti stessi.

LA GRAVITÀ DI QUESTI CAMBIAMENTI MORFOLOGICI DELLA MUCOSA INTESTINALE è diversa a seconda che si abbiano diversi gradi di sviluppo della patologia, quindi non tutti i celiaci sviluppano la stessa sintomatologia e la patologia nella stessa forma di gravità. Tuttavia, la cosa classica che nelle forme di celiachia classiche c'è il fatto di avere un'atrofia dei villi.

Si osserva quali sono le RICERCHE e quali gli avanzamenti della conoscenza che ci sono stati su questa patologia. Proprio per il tipo di sintomatologia si è pensato che ci fossero proprio delle porzioni del glutine che scatenavano la reazione antigene -anticorpo, infatti sono stati proprio evidenziati gli epitopi antigenici presenti nel glutine e sono degli spezzoni di proteina che scatenano la reazione antigene anticorpo, poi sono state identificate le molecole antigeniche. Quindi si è andati a fare anche questa valutazione.

Ovviamente si è cercato di dare una spiegazione della condizione di adattamento e della risposta che l'organismo da allo stimolo antigenico che poi porta ai cambiamenti, ad es nei villi intestinali che subiscono un'infiammazione cronica si appiattiscono e subiscono i cambiamenti morfologici di prima.

COSA SONO LE PROTEINE E QUESTO GLUTINE NEL VERO SENSO DELLA PAROLA?

È l'unione di due tipologie di proteine → LE GLIADINE E LE GLUTENINE che unite insieme grazie all'instaurarsi di legami a H danno origine nel loro insieme al glutine. Le gliadine sono quelle solubili in alcol, le glutenine sono invece solubili in acidi o basi diluiti e nel loro insieme gliadine e glutenine si uniscono, si instaurano questi legami a H, si ha questa struttura tridimensionale che è il glutine. Ovviamente nel grano non ci sono solo ed esclusivamente gliadine e glutenine, ma anche le albumine e globuline che però non rientrano nella composizione del glutine e sono proteine che sono anch'esse presenti nei cereali in generale e corrispondono alla composizione di questi alimenti.

Le GLIADINE sono in genere costituite da proteine, spezzoni di amminoacidi che variano tra i 32 mila e i 58 mila dalton e gli amminoacidi prevalenti sono la glutammina e la prolina e queste proprio, perché contengono prevalentemente prolina sono chiamate prolammine. A questa famiglia di proteine, alle gliadine appartengono anche le secaline della segale, le ordeine dell'orzo e le avenine dell'avena. Quindi già da questa prima informazione si potrebbe già capire che sostanzialmente segale, orzo e avena sono dei cereali potenzialmente pericolosi per il celiaco.

LE GLIADINE sono suddivise in varie isoforme → alfa, beta, gamma e omega a seconda della motilità elettroforetica e sono tutte in grado, perché sono state testate su animali da esperimenti nei quali veniva mimato il morbo celiaco di aggravare la malattia celiaca, quindi le gliadine sono delle proteine che sono molto pericolose per il celiaco

Detto che il glutine è l'insieme di gliadine e glutenine la domanda che sorge spontanea è ma perché in alcuni soggetti il glutine porta a questa reazione e in altri soggetti invece no? tra le giustificazioni e spiegazioni meglio date a questa domanda c'è sicuramente quella che riguarda al digestione delle proteine del glutine che è considerato un aspetto fondamentale nella patologia della malattia celiaca e questo è dovuto al fatto che alcuni amminoacidi possono subire deaminazione ad opera di enzimi intracellulari come le transglutaminasi e possono ionizzare negativamente e interagire con le molecole a cui sono legati gli antigeni e in questo modo si instaura questa reazione antigene-anticorpo che poi porta all'instaurarsi dell'infiammazione e così via. Quindi praticamente è una sorta di azione di queste transglutaminasi che portano ad avere questa deaminazione e questi prodotti della deaminazione di questi amminoacidi praticamente sono responsabili dell'inizio, dell'instaurarsi di questa reazione antigene -anticorpo. Quindi cosa succede nel celiaco secondo queste teorie? c'è l'esposizione alla gliadina, quindi a queste proteine contenute nel glutine, questi enzimi tissutali vengono attivati, catalizzano il cambiamento delle proteine per deaminazione degli amminoacidi e queste proteine che vengono cambiate dal punto di vista strutturale vengono riconosciute come anomale dal nostro sistema immunitario ed ecco che si verifica la reazione antigene -anticorpo e vengono riconosciute come un qualcosa di diverso, in effetti non lo sono, lo sono diventate diverse, grazie all'azione delle transglutaminasi

LA PROTEINA praticamente viene assunta come glutine, si separano le glutanine dalle gliadine e le gliadine sostanzialmente vengono modificate grazie all'azione delle transglutaminasi intracellulari e questo porta ad avere una reazione spropositata del sistema immunitario, e cosa comporta questo sistema immunitario che impazzendo non riconosce le prolammine modificate

Si ha innanzitutto l'attivazione dei linfociti T presenti nella lamina propria della mucosa, questi nel vero e proprio senso della parola migrano li dove c'è stata la produzione di citochine PROINFIAMMATORIE, come il famoso TNFalfa, la IL2, IL4 che sono interleuchine PROINFIAMAMTORIE che si sono sviluppate, che sono state sintetizzate dall'epitelio a seguito della reazione antigene-anticorpi. Questi linfociti T attivati inducono apoptosi, c'è poi un'ulteriore proliferazione di LINFOCITI, LEUCOCITI e di tutti queste cellule che arrivano per questo richiamo proinfiammatorio e questo porta all'appiattimento dei villi intestinali, quindi si innesca questo processo infiammatorio come reazione dell'organismo nei confronti della proteina che è stata modificata, deaminata dagli enzimi intracellulari. La reazione infiammatoria porta alla produzione di citochine proinfiammatorie. Con le citochine proinfiammatorie si ha il richiamo dei linfociti, ma a loro volta questi stessi portano a un richiamo anche di altre cellule del sistema immunitario e il tutto porta all'instaurarsi di un'infiammazione di tipo cronico, che sfocia in lesioni permanenti della mucosa intestinale, lesioni che compromettono in modo più o meno severo le capacità di assorbire i nutrienti

LA CELIACHIA non è solo la malattia diagnosticata nei bambini, nella prima infanzia intorno ai due anni, ma anche nell'età adulta fino a 40 anni di età, ma anche successiva. La maggior parte dei sintomi sono dovuti al malassorbimento dei micronutrienti perché i macronutrienti sono comunque assunti in quantità elevate e in qualche modo zuccheri, amminoacidi e lipidi vengono comunque assorbiti, essendo dei macronutrienti ed essendo estremamente rappresentati ovviamente nella nostra dieta.

I componenti che sono meno rappresentati e che sono microelementi quindi i Sali minerali e le vitamine ovviamente si può andare incontro a carenze. Si osserva che le manifestazioni cliniche variano da caso a caso, c'è la celiachia silente e quella sintomatica, quindi evidente e conclamata→ Sfortunatamente oggi i casi di celiachia silente sono ritenuti molto più numerosi di quelli della celiachia conclamata e questo è un grave problema, perché il malassorbimento, la malnutrizione è causa di molte patologie.

LA GRAVITÀ DEI SINTOMI non è proporzionale alla gravità delle lesioni della mucosa, quindi ci sono pazienti con totale atrofia dei villi che sono asintomatici, mentre altri pazienti con leggera atrofia dei villi e presentano altri sintomi come crampi addominali, diarrea, vomito che sono estremamente invalidanti.

Spesso per assurdo ci si accorge della celiachia asilente per la presenza di sintomi subclinici come carenza di ferro o crampi muscolari, che non c'entrano con l'atrofia dei villi, quindi con i disturbi intestinali, ma c'entrano con il malassorbimento quindi anemia e crambi muscolari →tutto è connesso con questa sintomatologia particolare che si verifica in seguito al malassorbimento.

I sintomi tipici della celiachia sono FENOMENIDIARROICI, DISIDRATAZIONE, SHOCK CELIACO, o CRISI CELIACA dovuta alla disidratazione, ANORESSIA, DOLORI ADDOMINALI, VOMITO,

CALO POMEDERALE, ARRESTO DELLA CRESCITA →a volte ci sono proprio delle alterazioni dell'umore come irritabilità o fenomeni tipo apatia e questi ultimi sono stati connessi con la relativamente recente scoperta del gap brain axis, quindi asse intestino -cervello →in questo caso acquisisce grande importanza il microbiotica intestinale, quindi la composizione di batteri buoni dell'organismo e non quelli patogeni. In un intestino così malridotto ovviamente anche tutta la flora microbica, che non si trova solo a livello colonico, ma lungo tutto l'intestino compreso lo stomaco e non nel lume, perché a pH 2 con l'acido cloridrico non sopravvivrebbero, ma comunque vi è tutta una flora microbica distribuita compresa quella del cavo orale, distribuita lungo tutto il tratto gastrointestinale e si pensa che queste alterazioni dell'umore possano essere causate da questi fenomeni di alterazione del microbiota e del rapporto gut brain axis

LA CELIACHIA ATIPICA è quella che non ha una sintomatologia a livello intestinale, ma ha una sintomatologia a livello invece extraintestinale e le manifestazioni cliniche sono tutte quelle che sono connesse con il malassorbimento e quindi da una bassa statura, rachitismo, osteoporosi, displasie dello smalto dentale, dolori addominali frequenti, stipsi piuttosto che diarrea, alopecia, quindi tutta una serie di sintomi extraintestinali che hanno un problema fondamentale, che non possono essere bypassati, minimizzati o ridotti dall'intervento dietetico, perché?

Perché nel caso si abbia una carenza, quindi un'anemia ferropriva, ovviamente a furia di dare supplementi di ferro, una dieta ricca di ferro, quindi implementare l'assunzione di ferro con la dieta o con agenti riducenti→ oppure agenti riducenti, come l'acido ascorbico che riduce il ferro da ferro 3 a ferro 2 rendendolo più biodisponibile, si riesce a superare l'anemia ferropriva, con tutti questi accorgimenti che sono stati messi in atto.

Il problema nel caso della celiachia è che anche se si cerca di modificare la dieta per migliorare questa sintomatologia extraintestinale, non si ottiene nessun risultato, o pochi risultati, poco soddisfacenti →perché il problema è dovuto all'assorbimento, quindi nel caso si da ferro in più, Sali minerali in più, vitamine in più, nutrienti in più → se questi non vengono assorbiti, è come non darli.

Si osserva LA FORMA LATENTE e sono i soggetti che svilupperanno la malattia nel corso della vita e sono soggetti che non hanno nulla, hanno i marcatori anticorpali positivi, quindi essi potenzialmente hanno gli anticorpi e quando dovesse presentarsi la molecola con le caratteristiche antigeniche, la reazione anticorpo antigene dovrebbe avvenire, portando a quella manifestazione descritta prima, come l'infiammazione, linfociti che arrivano e l'attivazione fino ad arrivare all'infiammazione cronica, ma succede che al momento questi soggetti hanno gli anticorpi positivi, ma non hanno ancora sviluppato la patologia → quindi in genere non vengono nemmeno sottoposto a un regine privo di glutine, perché il glutine in quel preciso momento della vita non fa male, ma vengono ovviamente monitorati perché al primo segnale di malassorbimento, di sintomi intestinali, si sa che questi soggetti potrebbero andare incontro a quelle lesioni,

perché sia il disconfort intestinale è qualcosa di negativo, invalidante del soggetto, ma si sta pur sempre parlando di problematiche a volte possono essere anche molto contenute. → uno dei problemi sono le lesioni a livello della mucosa intestinale e possono essere delle lesioni anche molto importanti

DETTAGLIO DEI SINTOMI EXTRAINTESTINALI → NEUROPATIA PERIFERICA, ANEMIA determinata d CARENZA di ferro, di B12, di acido folico, osteoporosi, portata da carenze di vitamine D che non favorisce i l riassorbimento del calcio e porta ad una decalcificazione delle ossa, crampi muscolari per carenza di calcio, ma anche e soprattutto di magnesio → problemi visivi, abbassamento della vista proprio per carenza di vitamina AS, perdita di peso, edema per la perdita di proteine e albumina, debolezza perché se non si assorbe il potassio e si ha una deplezione di elettroliti, ovviamente si ha un senso di spossatezza e fiacchezza, emorragie per deficit della famosa vitamina K. Quindi ci sono quindi tutti questi disturbi secondari che vanno da disturbi dell'occhio a disturbi cardiaci, a quelli dermatologici piuttosto che disturbi neurologici che sono tutti connessi con questa problematica dell'intolleranza al glutine.

Addirittura, si pensa che ci siano delle malattie, soprattutto diffusa tra le donne, come tiroidite di Hashimoto, malattia autoimmune e sembra che anch'essa in qualche modo sia collegata con la celiachia proprio perché tutte queste malattie autoimmuni in qualche modo sono comunque connesse con il fatto che l'organismo ha una risposta immunitaria che non è ovviamente adeguata.

COSA FARE PER QUESTI SOGGETTI CHE HANNO LA CELIACHIA DIAGNOSTICA con la biopsia e tutte le procedure del caso?

Uno dei primi rimedi che vengono fatti è **quello di eliminare il glutine dalla dieta**, poi si cercherà di sopperire con integratori alimentari alle carenze per cercare di aiutare il soggetto a riprendersi.

Questo è possibile grazie all'eliminazione di alcuni cereali, che sono quelli che contengono glutine. L'educazione del paziente circa l'importanza di evitare il glutine è tanto più gestibile, tanto più piccolo è il soggetto, quindi quando le abitudini alimentari stanno ancora per essere plasmate, più si va verso soggetti adulti più è difficile modificare le abitudini alimentari. È necessario informare anche che

I PAZIENTI ASINTOMATICI che hanno problemi a livello della mucosa, che non sono dovuti a sintomi particolari, sono ancora più difficili per questi, perché questi non hanno il problema della sindrome intestinale e quindi tendono a non capire il motivo per cui devono eliminare alcuni alimenti. Per assurdo in questi pazienti asintomatici, non c'è solo il caso di persone sottopeso, ma ci sono anche casi, contrariamente a quello che si può immaginare in un'ottica di malassorbimento soggetti che sono in sovrappeso o addirittura obesi.

QUALI SONO I CEREALI CHE NON SI POSSONO MANGIARE E QUALI DA SOSTITUIRE?

ORZO, SEGALE E GRANO sono i primi da eliminare, sull'avena ci sono ancora dei dubbi, perché l'avena contiene comunque le avenine che sono delle proteine che potrebbero far parte delle prolammine e dare gli stessi problemi, ma secondo dei risultati più recenti sembra che l'avena sia ben tollerata e quindi oggi c'è un tentativo di inserire comunque l'avena nella dieta del CELIACO. Sicuramente non contengono prolammine e quindi vanno bene →i cereali quali riso e mais, infatti ci sono pasta a base di farine di riso piuttosto che mais e tra l'altro oggi giorno anche per supportare vitamine piuttosto che eccipienti di farmaci si usano maltodestrine da mais per evitare che maltodestrine da grano contengano delle tracce di glutine e quindi possano scatenare la crisi da malattia celiaca

Proprio su questo aspetto parla anche questa diapositiva, quindi non solo farmaci, ma anche integratori alimentari, lo stesso dentifricio, bisogna aggiungere agenti addensati al dentifricio e spesso si tratta di polimeri, di carboidrati ottenuti dal grano piuttosto che anche collutori, piuttosto che anche il rossetto o addirittura la colla per i francobolli potrebbe anch'essa contenere dei residui di prolammine, quindi a volte tracce di glutine possono essere molto pericolose, perché basta piccole tracce per scatenare questa reazione antigene. anticorpo (rossetto un po' sulle labbra, qualcosa viene assunto e va nell'intestino, ma si sta parlando di tracce).

Questo porta a dire qualcosa importante, ossia che oggi giorno i ristoranti, bar, piuttosto che mense cercano di evitare in tutti i modi la cross contamination, ossia il fatto che se bisogna preparare un pasto per soggetti celiaci bisogna stare attenti a non utilizzare stoviglie (coltelli, taglieri ecc..) che siano state utilizzate per la preparazione culinaria dell'alimento che contiene grano, orzo, segale o anche avena.

Quindi bisogna fare molta attenzione alla cross contamination, e bisogna fare anche attenzione anche alle cosiddette contaminazioni domestiche, si può verificare che si utilizzi la stessa forchetta o lo stesso cucchiaio per la preparazione di alimenti che contengono amido da grano e tracce di prolammina sicuramente ne hanno all'interno, quindi bisogna stare molto attenti alla cross contamination e un giusto approccio del soggetto celiaco è quello di non temere questa patologia, ma anche di comunicarla al fine che l'eventuale persona o barista o persona che gli predispone gli alimenti sia avvisato che deve stare molto attento alla cross contaminazione

Oggi giorno in aiuto ai celiaci che un tempo mangiavano solo riso e polenta piuttosto che prodotti da forno ottenuti con farine di riso e di mais → oggi giorni ci sono anche prodotti da grandi multinazionali come la stessa Barilla, sia paste per celiaci, che sughi pronti per celiaci, infatti ci sono prodotti da forno tipo pane piuttosto che biscotti, dolci e quant'altro, gelati che non sono preparate per contenere o bassi livello o tracce. In particolare, bisogna distinguere due tipologie di alimenti per celiaci:

- I PRODOTTI SENZA GLUTINE con tenore e residui di glutine inferiore ai 20 milligrammi kilo e sono i cosiddetti prodotti senza glutine e in chimica analitica, dire che un composto non è presente non è corretto, si dice che un composto è sotto il limite detection, di una certa tecnica analitica, quindi prodotti con residui di glutine inferiore a 20 grammi kilo sono considerati i cosiddetti prodotti senza glutine o gluten free
- PRODOTTI CON RESIDUO DI GLUTINE INFERIORE A 100 sono prodotti privati del glutine sulla cui etichetta compare la dicitura "con contenuto di glutine molto basso " e sono destinati ai soggetti che non hanno forme gravi di celiachia, ma che possono sopportare anche questa tipologia di alimenti contenenti glutine

GLI ALIMENTI GLUTEN FREE, quelli cosiddetti senza glutine, contenenti glutine inferiore al 20 milligrammi kilo sono erogati gratuitamente ai soggetti celiaci con le spese a carico del sistema sanitario nazionale e questo è un vero e proprio riconoscimento della patologia celiaca come patologia importante che deve essere curata con l'assunzione della dieta senza glutine, quindi bisogna aiutare le persone favorendo anche la possibilità dal punto di vista economico di far fronte alle spese perché questi alimenti hanno un costo elevato

Questo lavoro pubblicato che mette in correlazione i Bambini con sindrome dell'intestino irritabile e il morbo celiaco e questo lavoro è molto interessante, perché i bimbi con la sindrome dell'intestino irritabile sono bambini che hanno un problema di infiammazione a livello intestinale, che hanno spesso una risposta immunitaria non consona → ed è uno studio che fa suonare una sorta di campanello d'allarme, perché se c'è questa maggiore predisposizione, un bambino che ha la sindrome dell'intestino irritabile deve essere assolutamente monitorato anche nel contesto della celiachia → si sta parlando di un campione di quasi 1000 bambini, quindi un campione statisticamente significato→ si dava rilevanza il ruolo del soggetto del farmacista che deve aiutare il soggetto nella scelta dell'alimento adatta per evitare delle crisi celiache

Quindi è importante anche il contributo del farmacista che al fronte del fatto che ci sia un bambino con sindrome dell'intestino irritabile, con genitori e fratellini celiaci, possa essere monitorato al fine di essere individuato subito ed essere guidato verso una dieta adeguata prima che si instauri la celiachia con tutte le problematiche intestinali ed extraintestinali viste.

Riesce a guarire dall'appiattimento dei villi? c'è sicuramente un miglioramento perché le mucose si rinnovano, tendono a rinnovarsi, ecco perché è necessario rimuovere l'agente causale, perché altrimenti si continuerebbe ad avere l'infiammazione → c'è un continuo turn over, rinnovo della mucosa così come accade per la pelle. Tanto più gravi sono le lesioni, le cripte e le varie cicatrici tanto più ovviamente il ristabilirsi è complesso e possono rimanere tracce di queste lesioni, ecco perché c'è l'importanza di monitorare i bambini che si pensa possano sviluppare la celiachia, di avere un bambino rachitico, anemico, con problemi neurologici, si cerca di intervenire prima sottraendo dalla dieta il glutine.

Soggetto a cui inizialmente nelle prime fasi della vita a cui era stata diagnosticata la celiachia, poi era guarita, è stata rintrodotta l'assunzione del glutine, considerando la componente genetica e non quella ambientale, che sarebbe tornata la celiachia c'era da aspettarselo → in alcuni casi ci sono dei tentativi di reintroduzione, ma se si sta andando in una direzione sbagliata non viene fatta la reintroduzione → se la ragazza aveva i marcatori positivi e poi

CAPITOLO 15

Si è parlato di amminoacidi e proteine → INTEGRATORI IN AMBITO SPORTIVO E MEDICO SPORTIVO →perché gli amminoacidi soprattutto quelli ramificati fanno parte di prodotti comunemente impiegati dagli sportivi.

La FINALITÀ DEGLI INTEGRATORI IN AMBITO SPORTIVO è:

- L'AUMENTO DELLE PRESTAZIONI, quindi la maggiore resistenza allo sforzo
- LA migliore capacità di recupero
- Attenuare segni e sintomi e lesioni muscolari che possono essere indotte dall'esercizio.

Sostanzialmente l'effetto dell'integratore a livello muscolare è condizionato da alcuni fattori di tipo estrinseco, legati all'integratore assunto, come la natura del supplemento (si avranno vari tipi di integratori, la dose assunta, la combinazione con altri elementi o fattori intrinseci → ne abbiamo parlato con le proteine.

FATTORE INTRINSECI → ne abbiamo parlato nel caso di vitamine, sono fattori legati al soggetto e sono l'età il genotipo e il sesso e sostanzialmente sono tutti quelli legati all'organismo stesso

DI QUALI PRODOTTI SI PARLERÀ?

Ci sono 3 argomenti connessi con il discorso proteine → amminoacidi, amminoacidi essenziali e amminoacidici ramificati →si parlerà della CARNITINA E CREATININA, BETA IDROSSI BETA METIL-BUTIRRATO e delle MALTODESTRINE.

Cominciando dagli AMMINOACIDI:

20 AMMINOACIDI TOTALI costituiscono le nostre proteine, è stato detto che si hanno 8-9 amminoacidi (a seconda delle correnti di pensiero), di cui 3 che sono LEUCINA, ISOLEUCINA E VALINA che sono i cosiddetti amminoacidi ramificati ed è stata data la definizione di amminoacidi essenziali e non essenziali secondo il concetto evidenziato per gli acidi grassi, omega 3, omega 6 e omega 9, essenziali e non essenziali. La principale funzione degli amminoacidi è stata già citata nella precedente lezione ed è riguardante la sintesi proteica e dal momento in cui si parla di sintesi proteica e funzione plastica, si parla anche di crescita cellulare. In particolare:

C'è un **REGOLATORE che è mTOR, la cui stimolazione, stimola la sintesi proteica muscolare attraverso l'attivazione di effettori che** inducono l'RNA messaggero a svolgere il processo di traduzione, ossia a legare il pull di amminoacidi liberi per dare origine alle proteine e la stimolazione di questo regolatore è molto importante, perché dal momento in cui si ha la stimolazione di mTOR, questo stimola la sintesi proteica, con aumento della traduzione dell'RNA messaggero.

Sono stati ovviamente fatti degli studi che hanno permesso di capire l'effetto con la supplementazione di amminoacidi → sono stati fatti degli studi sugli amminoacidi essenziali e la somministrazione di amminoacidi essenziali porta ad un aumento della sintesi proteica a livello del muscolo, ma ad un aumento del catabolismo proteico e riduzione degli amminoacidi circolanti e si ha questo ipercatabolismo che si verifica quando c'è uno sforzo fisico durante l'attività fisica molto intenso che viene controbilanciato dalla somministrazione di amminoacidi essenziali. Praticamente l'utilizzo di integratori che contengono amminoacidi essenziali a livello di questo effetto biosintetico porta ad aumentare la massa muscolare, meglio definirla, in questo modo aumentare la prestazione, quindi ha un effetto sulle prestazioni, ma anche un effetto sulla riparazione a livello muscolare dei danni, proprio perché c'è questa accelerazione nella sintesi proteica.

Supplementazioni di amminoacidi ramificati anch'essi come quelli essenziali stimolano la produzione di proteine e aiutano a mantenere il trofismo muscolare e questo è un aspetto molto importante

Questi studi condotti sugli sportivi sono stati anche in qualche maniera mutuati sulla popolazione anziana che va a incontro al fenomeno della sarcopenia.

LA SARCOPENIA è una diminuzione della massa muscolare dovuto da un lato ad un'inattività fisica che può verificarsi nella terza età e da un lato ad un decadimento fisico, tipico del decadimento che avviene con l'invecchiamento. Dosi sovra fisiologiche di amminoacidi ramificati possono promuovere la sintesi attenuando il processo della sarcopenia.

Tra l'altro hanno anche un'**azione di miglioramento, di improvement dell'insulino resistenza, quindi si riduce l'insulina resistenza, si ha un consolidamento del metabolismo mitocondriale** → L'invecchiamento è connesso anche con il decadimento dell'attività mitocondriale e dagli studi sugli sportivi sono state fatte delle raccomandazioni anche per le persone anziane per ridurre le manifestazioni della sarcopenia (non si può evitare l'invecchiamento)

Il fatto di aiutare la sintesi proteica, stimolare la sintesi proteica è un aspetto molto interessante e importante anche nel mantenimento della massa muscolare e delle prestazioni che vengono fatte → ma è stato fatto già un discorso sul danno da esercizio, soprattutto le attività che prevedono contrazioni eccentriche ed eccentriche a carico del tessuto muscolare provocano dei vari e propri danni al tessuto muscolare, perché ci sono dei danni a queste proteine e questo poi instaura un meccanismo di infiammazione a livello locale, che a sua volta l'infiammazione porta ad altre problematiche in quanto la presenza di citochine proinfiammatorie porta ad una riparazione che induce un danno nel muscolo stesso. Quindi il fatto di massimizzare la sintesi proteica muscolare, di MINIMIZZARE IL CATABOLISMO PROTEICO che avviene a causa di questi danni è un aspetto molto importante perché c'è una sorta di effetto sulla supplementazione positiva sul contenimento del danno che deriva da un esercizio fisico intenso.

QUALI STUDI SONO STATI FATTI SULL'UOMO? **sono stati fatti degli studi sugli sportivi, dove si dava la supplementazione prima, durante dopo lo sforzo fisico,** magari cambiando il tipo di sport, con il tipo di contrazione che può provocare danni piuttosto che invece un altro tipo di contrazione che è meno induttiva di danni. Si è cercato di riassumere in questa diapositiva. Si osserva che la supplementazione con amminoacidi ramificati prima e per alcuni giorni dopo l'esercizio di alta intensità riduce i sintomi e il quadro oggettivo del danno muscolare e sono stati riportati dei vantaggi quando l'esercizio non è di alta intensità, ma moderato e invece di essere uno sforzo intenso, ma più modesto come tipo di potenza → porta ad una riduzione del rilascio della fenilalanina muscolare e quindi ha una riduzione del catabolismo proteico, nei soggetti che sono stati supplementati rispetto a quelli che erano nel controllo.

STUDI SULLA PERFORMANCE →STUDIO FATTO SU 9 SOGGETTI SUPPLEMENTATI CON AMMINOACIDI RAMIFICATI oppure una miscela contenente carboidrati oppure il placebo. Sostanzialmente chi consumava gli amminoacidi ramificati manifestava una minore sensazione di affaticamento → disegno sperimentale dello studio clinico, sono stati presi i soggetti, è stato fatto un esercizio di 95 minuti e alcuni avevano ingerito precedentemente la miscela dei carboidrati piuttosto che il placebo piuttosto che la miscela di amminoacidi ramificati.

Vi è un altro STUDIO SU AFFATICAMENTO FISICO e la riduzione dei livelli di amminoacidi essenziali, ramificati suggerisce che questi siano utilizzati come fonte energetica e non solo come iniziatori della sintesi proteica e se la loro carenza poi porta ad affaticamento, se vengono supplementati, questo spiga il fatto che poi l'affaticamento è minore e c'è una diminuzione della sensazione di danno da esercizio.

Bisogna anche CAPIRE LA SICUREZZA DI QUESTI PRODOTTI, e si osserva che sono stati fatti anche qui degli studi dove si è cercato di individuare una quantità media teorica, di amminoacidi e sostanzialmente nessuno studio, anche se gli studi sono relativamente limitati, perché sono prevalentemente studi da esperimento, condotti su animali. comunque, hanno indicato che c'è un livello di sicurezza piuttosto buono, non sono tossici fino 3 volte il valore richiesto medio. Ovviamente va anche detto che 3 volte sono quantità importanti, significative. Tuttavia, se la quantità assunta è molto elevata e purtroppo con alcune bevande e alimenti per sportivi purtroppo si possono raggiungere quantità più elevate e può esserci una quantità che effettivamente si traduce in un effetto tossico. Quello che è importante ricordare è che le dosi, gli integratori vanno sempre assunti alle dosi alimentari consigliate e non vale il principio secondo cui se si prende una pastiglia fa bene, se ne prendo 2 o tre ancora di più perché ovviamente questo non è vero, perché qualsiasi nutriente anche più salutistico possibile se assunto in quantità troppo elevate, provoca una possibile tossicità.

LA CARNITINA anch'essa è assunta dagli sportivi perché è una molecola che è stata trovata come molecola interessante per porre rimedio ai danni muscolari e la carnitina è una molecola nota dall'inizio dello scorso secolo, così chiamata perché isolata dalla carne. Inizialmente era stata ritenuta come gli acidi grassi essenziali, una vitamina, poi si è capito che non era una sostanza ad attività vitaminica ed è stata abbondonata questa dicitura di vitamina BT. La carnitina è necessaria per fare entrare gli acidi grassi nel mitocondrio, nella cellula. Avere una carenza di carnitina può comportare una carenza in questo processo di produzione dell'energia e può avere un riscontro sulla produzione di energia e affaticamento dovuto all'attività svolta dall'atleta. Una parte della carnitina è proveniente dalla dieta e le fonti più importanti sono carne, carne rossa e formaggi, quindi i derivati del latte in generale, ma c'è anche quella di origine endogena, sintetizzata dall'uomo.

L'apporto giornaliero di carnitina si aggira intorno agli 0,3-0,9 milligrammi per kilogrammo di peso corporeo al giorno, ma è ovvio che se la carnitina è un componente tipico di alimenti di origine animale, quindi latte e derivati, carne e derivati, si comprende che l'apporto giornaliero della carnitina con le diete vegetariane se la carne è la principale fonte ovviamente è molto molto più basso → si sta parlando di almeno 10 o anche più volte inferiore rispetto a chi ha una dieta normale.

Anche coloro che hanno una dieta vegetariana riescono a mantenere i livelli di carnitina normali, perché la biosintesi della carnitina viene a sopperire alla carenza con la dieta e la funzione biosintetica è pari circa allo 0,2 milligrammi per kilogrammo di peso corporeo al giorno che non è tanto più bassa rispetto a quella assunta con la dieta.

La carnitina di origine endogena viene prodotta a livello epatico e splenico ed **è sintetizzata a partire da due amminoacidi essenziali, che sono LA LISINA e LA METIONINA**. Nella sintesi della carnitina intervengono ovviamente dei cofattori che sono molto fondamentali e in carenza dei quali la sintesi della carnitina ovviamente è ridotta, che sono la vitamina C, la carenza di ferro. La carenza di ferro viene meno in soggetti che assumono carne rossa, in particolare di altre due vitamine che sono ovviamente la piridossina e la niacina. Quindi a livello epatico e a livello della milza, si ha la sintesi che invece non avviene nel muscolo scheletrico e nel cuore e questa è un po' una limitazione della possibilità che la carnitina ha di essere sufficiente per il processo di produzione di energia visto prima, perché viene prodotta in due organi e in altri organi che tanto avrebbero bisogno di produzione di energia, quali il muscolo scheletrico ed il cuore e non è eseguita e li la carnitina deve arrivare dalla carnitina prodotta in altri organi.

Questo si verifica perché la carnitina si localizza a livello muscolare, li dove serve e la riduzione dei livelli circolanti di carnitina è proprio dovuta a una riduzione dei livelli tissutali, quindi c'è necessità di produrre energia, viene utilizzata la carnitina e si ha bisogno di rintegrarla e nei tessuti che non sintetizzano la carnitina, ovviamente la concentrazione in quei tessuti dipende dal trasporto, perché la carnitina dai tessuti dove è prodotta deve essere trasportata ai tessuti in cui non è prodotta tramite il sangue e deve essere internalizzata dai tessuti che non producono carnitina, perché la carnitina serve per quel processo visto in precedenza,

Ci sono dei recettori OCTN che si trovano nel muscolo, cuore e rene, nei linfoblasti, fibroblasti che hanno un ruolo fondamentale nel mantenimento dei livelli fisiologici della carnitina nei vari tessuti e li dove la carnitina non viene sintetizzata è necessario che vi arrivi e ci sono dei soggetti che sono portatori di mutazioni nel gene che codifica per queste proteine che presentano livelli circolanti di carnitina molto bassi, perché la carnitina viene persa con le urine, quindi questa mutazione nel gene porta ad una perdita di carnitina sia quella biosintetica che quella assunta con la dieta e questo porta ad una deficienza primaria della carnitina e questa mutazione porta ad una malattia che è caratterizzata da bassi livelli circolanti di carnitina libera. Ovviamente questa è una patologia, ma anche studiando questa patologia si è giunti a meccanismi alla base del trasporto di carnitina dai tessuti produttori a quelli non produttori, ma che ovviamente ne hanno bisogno.

Parlando più precisamente della carnitina e dell'esercizio fisico:

LA DISPONIBILITÀ DELLA CARNITINA è un fattore limitante l'ossidazione degli acidi grassi e quindi se non si ha sufficiente carnitina non si riesce a traghettare gli acidi grassi all'interno del mitocondrio e di conseguenza si comprende che tutto il processo diventa un processo rallentante, ma non solo è limitante l'ossidazione degli acidi grassi nel mitocondrio, ma anche la riduzione dell'acetil CoA nel corso dell'esercizio fisico, quindi la supplementazione di carnitina evita che ci sia un accumulo di lattato, quindi:

- riduce l'accumulo di lattato
- aumenta portando la performance, perché dal momento in cui si ha la possibilità di non andare in acidosi e quindi di continuare a lavorare, quindi a svolgere il lavoro che l'esercizio fisico impone
- si ha ovviamente un effetto sulla performance del soggetto, sia che sia un atleta professionista che atleta dilettante
- un maggiore recupero del danno postesercizio, se non si ha accumulo di acido lattico nei muscoli e se si ha un ridotto accumulo, si ha un recupero molto più rapido
- ci sarà un'attenuazione del danno muscolare che ne deriva, perché il muscolo ha più energia e meno accumulo di acido lattico

Un altro meccanismo attribuito alla carnitina nella riduzione del danno muscolare da esercizio fisico è l'azione ANTIOSSIDANTE, perché la carnitina **un'azione sullo STRESS OSSIDATIVO**, che ovviamente portando ad un aumento delle specie reattive dell'O all'interno dell'organismo, instaura una situazione di danno perché le specie reattive dell'ossigeno sono in grado di modificare, sia ossidando i lipidi di membrana, modificando le proteine e quindi interagendo con esse, modificare anche ovviamente il DNA, quindi lo stress ossidativo, sembra che attenui la forza sviluppata dal muscolo, pertanto se si attenua lo stresso ossidativa, si rende il muscolo capace di svolgere meglio il suo lavoro, essendo meno sensibile alla fatica ed essendo più performante.

Considerando sempre lo stress ossidativo, la carnitina riduce la fatica attraverso quest'azione, scavenger dei radicali superossidi e si ha questo effetto antiradicale che è ovviamente importante, perché aumenta la performance dell'organismo e si ha un'azione protettiva nei confronti dello stress ossidativo che migliora la performance dell'atleta.

È importante parlare della SEFETY, SICUREZZA D'USO DEGLI INTEGRATORI A BASE DI CARNITINA:

LA L CARNITINA è una delle forme di carnitina che viene supplementata, insieme a questa vi è l'acetilcarnitina e la proprionil carnitina e le tre molecole sono utilizzate indifferentemente e la molecola quella endogena non porta ad effetti avversi per la salute al punto tale che non è prevista una NOAEL e quindi non si ha proprio nessun effetto tossico causato dall'assunzione di carnitina, quindi la carnitina è supplementata a diversi dosaggi per tempi anche lunghi senza effetti tossici.

LA CREATININA è una molecola che ha questa struttura di tipo amminoacidico, ottenuta per sintesi per la combinazione **tra arginina, la glicina e la S adenosin metionina. LA CREATININA è ANCH'essa UNA MOELCOLA ENDOGENA**, in parte viene sintetizzata dall'organismo e la creatitina viene anche assunta, quindi introdotta con la dieta e la creatinina si trova anch'essa negli alimenti di origine animale, in particolare nella carne, ad es. la bistecca, parte muscolare dell'animale, si assume la creatinina contenuta nella parte muscolare, è tutta nel muscolo in quanto è presente intorno al 95% nel muscolo. CI sono frazioni significative anche in altri tessuti, organi, come nel cervello e testicoli

LA QUOTA DERIVANTE DALLA BIOSINTESI ENDOGENA è derivante dagli organi che la sintetizzano e quindi dal fegato e dal pancreas e poi viene anch'essa immessa nel torrente circolatorio, e dal torrente circolatorio si distribuisce nei muscoli, al cervello e così via.

LA CREATINA è connessa con la produzione di energia, infatti la creatina va a fosforilare, ha l'azione di fosforilare l'adenosina difosfato, ADP ad ATP durante e dopo l'esercizio fisico intenso e pertanto se si deve produrre energia durante l'esercizio fisico intenso, si avrà un passaggio da ADP ad ATP e si incrementa la fosfocreatina che si deposita nel muscolo e si ha un esaurimento delle scorte di fosfocratina, quando la disponibilità di energia diminuisce e non si può continuare a svolgere l'esercizio di alta intensità, perché se non si ha più ATP, ovviamente non si riesce a far fronte alla richiesta di energia per svolgere l'attività e si ha questo bilancio tra creatina da un lato e ADP e fosfocreatina dall'altro e ADP ed è importante che questo bilancio venga mantenuto bene al fine di poter avere la possibilità di continuare l'esercizio fisico e continuare a sintetizzare ATP a partire dalla fosfocreatina.

LA CREATINA è contenuta nell'organismo e c'è un pull di creatina muscolare intorno a 120 -140 grammi e si ha la capacità di accumularla e di arrivare fino a un deposito totale di 160 grammi

Nel soggetto vegetariano il pull di creatina muscolare totale ovviamente è più basso, perché non c'è tutta la creatina che si assume con la dieta, quindi soprattutto se c'è il soggetto vegetariano, la necessità di supplementare la creatina nella dieta del soggetto vegetariano permette di avere un accumulo di creatina, quindi una maggiore capacità di risposta dall'organismo che grazie alla creatina introdotta riesce ad avere una maggiore produzione di energia. Non a caso il vegetariano risponde meglio alla supplementazione di creatina del soggetto che non è vegetariano, perché il vegetariano ha una concentrazione muscolare minore di creatina e quando si da dall'esterno ha un aumento che risulta essere sensibile a differenza del non vegetariano che se introita creatina con la supplementazione avrà un aumento proporzionalmente più basso.

Quindi La risposta del vegetariano alla supplementazione con creatina è migliore e c'è un effetto maggiore sulla produzione di energia rispetto al soggetto non vegetariano. Come tutte le molecole endogene considerate, viste per proteine, vitamine e lipidi hanno un turn over corporeo elevato arrivando anche fino a 2 grammi al giorno e quindi può essere importante, perché è difficile con la sola dieta introdurre già solo un grammo al giorno di creatina, può essere importante assumere integratori a base di creatina → La creatina impiegata negli integratori sono: CREATINA MONOIDRATO, LA FORMA FOSFATA, CITRATA O PIRUVATA.

LA MONOIDRATA in genere da risultati migliori rispetto ad altre forme, anche se le altre forme hanno il vantaggio di essere maggiormente solubili e questo fa si che queste supplementazioni possano avvenire tramite gel, bibite, quindi si assume la bibita e nel contempo si assume anche la creatina citrato e fosfato che è solubile e non deve assumere polveri o altri prodotti di questo genere.

Si osserva che l'assunzione, anche per parlare della sicurezza è intorno allo 0,3 grammi per kilogrammo di peso corporeo al giorno e questa dose si fa per 5-7 giorni e ovviamente questo comporta di avere un aumento della creatina circolante particolarmente importante addirittura del 10 -40 % e alternativamente alle dosi di attacco, moltiplicando quello 0,3 grammi per il peso dell'atleta e si sta parlando di dosi abbastanza elevate per un tempo più piccolo oppure si parla di una dose un pochino meno elevata, quindi 3 grammi al giorno che sono molto meno di 0,3 grammi per kilogrammo, ma in questo caso non c'è una sorte di dose d'attacco, quindi vari grammi per 5-7 giorni, ma sono solo 3 grammi al giorno moltiplicati per 30 giorni, quindi assunti per un periodo più prolungato. L'interazione con la CAFFEINA può interagire negativamente sugli effetti della creatina, infatti creatina e caffeina di solito non sono consumati insieme, anche se ci sono dei dati contrastanti in letteratura, perché alcuni evidenziano un effetto sinergico positivo e in generale non viene di solito associata con la caffeina.

GLI EFFETTI DELLA CREATINA sono sicuramente sulla performance, velocità e potenza, sull'anabolismo muscolare, quindi aiutare il muscolo a svilupparsi, effetti sull'ipertrofia dopo allenamenti di forza, recupero muscolare, riduzione, aumento della massa magra, aumento della forza muscolare e aumento di prestazione e quindi la creatina viene proprio utilizzata perché risponde a tutte e due le principali finalità dell'utilizzo degli integratori, ossia migliorare la performance e ridurre i danni dell'esercizio.

Ci sono soggetti che sono responder e soggetti che sono non responder e c'è una grossa variabilità che è collegata al fatto che ci sono alcuni soggetti con una maggiore attività dei trasportatori della creatina e questi sono i soggetti cosiddetti responder rispetto ai soggetti nei quali questi trasportatori di creatina hanno un'attività minore e sono i non responder.

I SOGGETTI CHE SONO RESPONDER tendono ad avere una quantità iniziale di creatina intramuscolare inferiore, **perché c'è un'accelerazione del trasporto, hanno una maggiore % di fibre muscolari di tipo 2 connesse con la funzione della creatina**, presentano più massa magra, muscolo più sviluppato e tutto era in connessione con gli effetti che la creatina induce.

Per quanto riguarda la sicurezza anche la creatina è una sostanza sicura nel soggetto sano e anche a livelli di assunzione elevatissima, non portano ad avere effetti tossici. L'assunzione per il corto periodo di 5 grammi, per il medio periodo di 14 grammi e non ha evidenziati effetti negativi a livello renale, ma se dovesse assumerlo soprattutto in quantità significative il soggetto con insufficienza renale o malattie renali potrebbe esserci un aggravamento delle patologie renali e dell'insufficienza renale, per cui la creatina può essere somministrata a soggetti sani, sia a sportivi agonisti che non agonisti, ma va ben evidenziato che in soggetti non agonisti non si può pensare di somministrazione creatina se ci sono patologie renali in corso. Ci sono soggetti con sensibilità particolare alla creatina, per cui possono sviluppare degli effetti collaterali di tipo gastrointestinale come nausea, diarrea e crampi addominali. Il fatto di avere un aumento della massa muscolare, della sintesi delle fibre muscolari dovuto anche ad un'azione a livello della sintesi proteica ovviamente può portare anche ad aumento ponderale, ma in genere porta ad un aumento ponderale non della massa gramma, ma di quella magra.

BETA IDROSSI BETA METILBUTIRRATO → è un metabolita della LEUCINA ed è assunto perché ha un'azione inibitoria sul catabolismo delle proteine muscolari, quindi ha **un'azione cosiddetta antiCATABOLICA** e la leucina stessa ha quest'azione anticatabolica, ma l'effetto anticatabolico è dovuto più che alla leucina al suo metabolita, l'HMB tipico ingrediente di integratori per sportivi per l'azione di riduzione della distruzione, quindi della degradazione delle proteine che avviene durante il turn over. Il beta idrossi beta metil butirrato si forma a partire dalla leucina, c'è la produzione di un chetoacido, alfa cheto isocaproato, che viene convertito in isovalerico enzima A a livello mitocondriale e da questo si forma il beta idrossii beta metil butirrato che poi viene escreto nelle urine dove si trova come metabolita della leucina.

IL PRIMO PASSAGGIO DI DEGRADAZIONE DELLA LEUCINA avviene nel muscolo, poi convertito nel fegato e si forma l'HMB che viene eliminato attraverso l'emuntorio renale. **Si osserva la quantità di metabolita della leucina che viene prodotta ogni giorno che è intorno ai 200-400 milligrammi** e ovviamente varia in funzione dell'apporto di LEUCINA. L'apporto di HMB deve essere fatto con gli integratori alimentari, deve essere decisamente superiore alla quantità che viene completamente prodotta a livello endogeno, si tratta di dosi intorno all'ordine di qualche grammo e se si dovesse pensare di riuscire a produrre 3 grammi di HMB al giorno, si dovrebbero introdurre almeno 600 grammi di proteine di buona qualità(quindi di elevato valore biologico nutrizionale, quindi quelle di origine animale) e solo questo permetterebbe di avere a disposizione i 60 grammi di leucina e di avere la produzione endogena della quantità di HMB che potrebbe svolgere questi effetti positivi di anticatabolita → assumere 600 grammi di proteine di buona qualità vorrebbe dire assumere una quantità di carne, formaggi, di latte molto elevata che porterebbe dietro tutta una quantità di lipidi, che sono presenti nella carne, nel latte e formaggio che porterebbero a un accumulo troppo elevato di calorie.

Se l'organismo di suo sintetizza tra i 200 e 400 grammi, per arrivare a sintetizzare questa quantità di qualche grammo richiesta per avere l'effetto di questo metabolita della leucina sarebbe assolutamente spropositata, ecco che si può fare ricorso all'assunzione di metabolita già pronto e sintetizzato e di solito è assunto sotto forma di Sali di calcio, in compresse e più raramente come forma acida e questo prodotto per le sue azioni di evitare il catabolismo proteico porta a un ritardo nell'insorgenza di indolenzimento muscolare, piuttosto che di affaticamento muscolare, un miglioramento nella capacità del muscolo di rispondere al danno indotto dall'esercizio fisico.

L'ASSUNZIONE DI UN 1 GRAMMO DI SALE CALCICO DI HMB porta ad un picco di concentrazione ematica dopo circa 2 ore e l'assunzione di 3 grammi determina un picco già dopo 1 ora con una concentrazione molto più elevata rispetto alla semplice assunzione di 1grammo. Quindi c'è un elevato incremento anche del picco plasmatico e ci sarà anche un incremento dell'escrezione a livello urinario e in generale la forma acida che viene assunta meno frequentemente di quella salificata del sale di calcio comunque è anch'essa, sembra addirittura che renda disponibile il prodotto, questo metabolita della leucina già dopo 30 minuti con una curva, con una cinetica migliore rispetto a quella del sale calcico, anche se di solito l'HMN viene utilizzato come sale calcico. Le quantità utilizzate per stimolare l'ipertrofia sono circa 3 grammi al giorno che equivalgono a 38 milligrammi, kilogrammo die e vengono dati, frazionati nella giornata → 1 grammo al mattino,1 al pomeriggio e 1 di sera, quindi frazionati durante l'arco della giornata. In caso di allenamento particolarmente impegnativo, la somministrazione è ravvicinata in modo che praticamente varia il picco a livello glicemico già tra i 30 minuti e 2 ore prima dell'esercizio fisico. Quindi si da un'unica soluzione, quindi un'unica quantità con 3 grammi prima dell'esercizio, in modo da avere il picco quando l'organismo si trova sotto effetto dello stress fisico dovuto all'esercizio

Anche in questo caso il beta idrossi beta metil butirrato non è una sostanza tossica. Sono stati fatti studi tossicologici, ma tutti hanno escludono che si tratti di una sostanza tossica e in questo caso c'è una NOAEL che è intorno a 4 grammi per kilogrammo. Se ne da una quantità molto più bassa, perché viene data in quantità al massimo di 3 grammi in un'unica soluzione, in un'unica volta, quindi 3 grammi per persona, quindi avere una dose che non porta effetti tossici di 4 grammi kilo, vuol dire che si potrebbe ipotizzare che dando ad un soggetto 250-240 grammi di HMB, questo non porti effetti tossici. Realmente quasi 100 volte-80 volte meno perché si danno 3 grammi a fronte di 40. Quindi assolutamente c'è un effetto assolutamente di safety, quindi un'indicazione assolutamente di safety per questa molecola.

LE MALTODESTRINE sono state studiate nel contesto dei polisaccaridi idrosolubili che si ottengono dall'idrolisi enzimatica dell'amido in genere di mais o di patate. Le maltodestrine non hanno un effetto sul, muscolo, sul catabolismo proteico, sull'ipertrofia muscolare, sulla creazione di fibre, sull'affaticamento. Le maltodestrine (anche se si stava parlando di sostanza che concernono con le proteine in quanto si è parlato di amminoacidi essenziali, ramificati, della creatina, di derivati di amminoacidi come la carnitina, di un metabolita, di amminoacido come l'idrossi metil butirato.

Le maltodestrine sono anch'esse utilizzate negli integratori per sportivi, quindi la ragione per cui è stata inserita nella lezione che si sviluppa a margine delle lezioni fatte sulle proteine, sono state inserite le maltodestrine non perché abbiano a che vedere con le proteine, con il catabolismo proteico o con i derivati delle proteine, ma perché vengono usate come ingrediente di integratori alimentari.

LE MALTODESTRINE sono utilizzate perché forniscono energia, sono molecole che non sono proprio come dare uno zucchero semplice, ossia glucosio o saccarosio perché hanno un metabolismo un po più lento, ma permettono una volta assunte di avere un livello di glicemia stabile, omogeneo nel tempo e così permettono all'organismo di avere energia sufficienza per un certo periodo. Quindi è indicato per un soggetto che sta facendo uno sport intenso assumere una soluzione di glucosio, perché questo fa sparare un picco glicemico alto che permette all'organismo di sfruttare quest'energia, ma poi così come rapidamente cresce, rapidamente decresce e quindi il soggetto si trova a corto di energia. Eventualmente può essere interessante la combinazione, quindi una bevanda o un integratore che contenga sia zuccheri semplici che fanno salire, non in elevata quantità, immediatamente la curva glicemica, il picco glicemico, quindi il soggetto che va in ipoglicemia reagisce perché gli sale la glicemia, ma poi non tante quantità per non farlo salire troppo, ma intervengono in un secondo momento le maltodestrine che permettono di stabilizzare il plateau ed evitano che il soggetto vada in ipoglicemia.

Leggendo quanto tentato di spiegare, si ha un indice glicemico che varia e può andare da un minimo di 4-6 fino a un massimo di 36-39, più è alto è il valore dell'indice di qualità delle maltodestrine, più corte sono le catene di polisaccaridi, quindi sono piccoli spezzoni di maltodestrine, quindi si ottiene una digestione molto più rapida → le maltodestrine sono digerite pi+ rapidamente e questo porta a far aumentare la curva glicemica più rapidamente. Se si utilizzano maltodestrine con un indice di qualità più basso → queste saranno digerite in tempi più lunghi e spesso si utilizzano in combinazione per cercare di mantenere dei livelli stabili e omogenei nel tempo, quindi le maltodestrine vengono impiegati in ambito sportivo, perché modulano il rilascio di energia nel tempo ed evitano degli sbalzi di livelli di glicemia, quindi andranno bene in sport dove è richiesta fatica, come ciclismo, maratona, scii di fondo → quindi sport molto lungo nel tempo, quindi non la corsa o i 100 metri, non lo sport di potenza, ma molto breve che quindi richiede uno sforzo molto breve nel tempo, ma sport di enduras, dove il soggetto deve pedalare per kilometri e kilometri, deve camminare nella maratona per kilometri e kilometri e così via, quindi servono in allenamento, quando è richiesto un allenamento lungo, perché rilasciano energia e il soggetto in questo modo non va in ipoglicemia e può continuare a svolgere l'allenamento perché non viene a mancare energia.

LE FORMULE sono sia le barrette energetiche che contengono maltodestrine, ma presentano anche una certa % di zuccheri semplici, ad es se si mettono dentro zuccheri semplici, entrano subito in circolo, mentre le maltodestrine arrivano dopo che sono state digerite, quindi la prima botta al picco glicemico, la da lo zucchero semplice e poi interviene la maltodestrina che la mantiene

Sono indicate prima e durante l'allenamento e il dosaggio deve dipendere sia dall'apporto calorico giornaliero sia dal tipo di allenamento che viene fatto, da quante calorie effettivamente spese dall'organismo durante l'allenamento e anche terminato lo sforzo vengono date per favorire il recupero, che non è un recupero da affaticamento muscolare, ma si sta parlando di un recupero da attacco ipoglicemico dovuto al fatto che è stata consumata tutta quest'energia. Anche le maltodestrine sono considerate delle molecole sicure e si parla di maltodestrine di mais o di amido di patate e quindi sono maltodestrine, bevande che vanno bene anche per celiaci, ma non contengono nemmeno tracce di glutine, ed ecco perché non si utilizzano maltodestrine di grani, piuttosto che di orzo o di avena perché potrebbero contenere le glutine e le gliadine che formano il glutine e danno origine alla reazione che si manifesta nella celiachia, quindi sono di mais e di patate e quindi sono sicure.

Anticipando queste 4 diapositive che anticipano una discussione che poi si farà

I composti di natura POLIFENOLICA → componenti minori degli alimenti, quanto la settimana prossima in cui parleremo di attività regolatoria e terminerà il corso parlando di legislazione alimentare.

ANTICIPAZIONE SUL:

IL DISCORSO DEI CLAIM. Gli alimenti e quindi gli integratori alimentari che sono alimenti sono dei prodotti che possono vantare dei claim salutistici ai termini di legge che devono essere approvati dall'authority europea per la sicurezza alimentare e quando nel 2006 c'è stata questa legge ed è cominciato tutto l'esame da parte di EFSA delle indicazioni salutistiche che vantano gli alimenti per poterli approvare oppure no sono andati a valutare anche gli effetti degli amminoacidi ramificati sulla crescita e mantenimento di massa muscolare, sull'attenuazione della diminuzione della potenza muscolare dopo l'attività fisica e come si osserva nelle diapositive → EFSA nonostante ci siano tante evidenze scientifiche, effetti degli amminoacidi ramificati, degli effetti della carnitina, creatina, del beta idrossi be ta metil butirrato, l'EFSA ha quasi sempre con piccole eccezioni sulla creatina espresso un parere negativo e come è possibile che ci sia tutta questa letteratura scientifica a supporto e poi l'EFSA non riconosca in alcun modo questi effetti salutistici al contrario per le maltodestrine che ha dato una relazione causa-effetto tra il consumo dei carboidrati e il miglioramento della funzione intestinale rispetto al consumo di altri zuccheri durante l'attività sportiva, ma sono veramente pochi i pareri favorevoli.

Nel caso dei claim, ci sono molte criticità che la legge sui claim ha e nonostante ci siano evidenze scientifiche, che dare amminoacidi ramificati nella terza età purché non sia un'insufficienza renale, quindi patologie in corso che costituiscono controindicazioni potrebbe essere molto utile nella sarcopenia e tutto questo non è riconosciuto dall'EFSA (si considerano le criticità di questa legge che ha portato l'EFSA a esprimersi in modo negativo).

CAPITOLO 16

COMPOSTI POLIFENOLICI che sono presenti negli alimenti. Questi composti sono dei metaboliti secondari degli alimenti presenti nei vegetali.

COSA SIGNIFICA METABOLITA SECONDARIO DI UN VEGETALE (DELLE PIANTE)? Perché sono chiamati secondari? I metaboliti secondari si contrappongono ai cosiddetti metaboliti primari, come zuccheri, proteine e derivano dal cosiddetto metabolismo secondario che arriva a seguito del metabolismo primario.

I polifenoli negli alimenti di origine vegetale e quindi nelle piante, hanno una funzione di difesa, e cosa vuol dire? Innanzitutto, sono ANTIBATTERICI, ANTIVIRALI, ANTIFUNGINI, sono amari e quindi allontanano gli erbivori.

(intervento → aculei sulla pianta che hanno funzione di difesa → è una componente morfologica, è una difesa morfologica, la pianta assume un aspetto connesso con una particolare morfologia e ovviamente erbivori piuttosto che altri organismi viventi che possono appunto mangiare la pianta, sostanzialmente si trovano in difficoltà, perché la pianta presenta questa particolare morfologia, ma si sta parlando non di questo aspetto, ma di un qualcosa di diverso, perché si sta parlando di un insieme di sostanze che ovviamente hanno questa funzione e che quindi hanno una funzione di difendere gli organismi, quindi le piante dall'attacco di questi microrganismi)

Ci sono alcuni POLIFENOLI che hanno la particolarità di essere presenti SOLO IN ALCUNE piante e sono caratteristici di una particolare pianta. ESEMPI:

- **LE curcumine sono** presenti nella curcuma longa, e non sono presenti più in altre piante, ma solo nella curcuma longa.
- In più **invece ci sono altre piante che contengono polifenoli comuni** che tendono ad essere presenti in tutti i vegetali, un esempio tipico è della quercetina

LA QUECERTINA è UN POLIFENOLO UBIQUITARIO, in quanto la quercetina è presente in tantissime piante → nelle mele, nell'uva, nel the quindi la quercetina è un polifenolo estremamente diffuso e presente in tantissime piante, quindi ci sono dei polifenoli specifici per certe piante, e altri polifenoli che al contrario non sono specifici per certe piante, ma sono generalmente distribuiti in tutte le piante e in tutti i vegetali.

UNA PORZIONE DI FRUTTA in genere apporta una quantità di polifenoli pari a circa 500 milligrammi, quindi sono comunque quantità molto piccole all'interno della dieta. Quindi un bicchiere di vino contiene una Quantità DI POLIFENOLI intorno ai 200 milligrammi e sono le antocianine (poi ci considerano i polifenoli presenti nel vino) e sono presenti in un unico picchiere di vino e quindi quanto sarà l'apporto dei polifenoli con la dieta? sarà contenuto e sarà dell'ordine di 1 o 2 grammi massimo al giorno.

NELLA DIAPOSITIVA ci sono le varie classi di polifenoli →vi è la classe di:

- ACIDI IDROSSIBENZOICI che sono un acido benzoico con attaccato 3 OH che essendo legati ad un anello aromatico sono ovviamente non gruppi alcolici, ma gruppi fenolici
- gli acidi IDROSSICINNAMICI che sono quelli in cui vi è anche l'acido cinnamico riportato che presenta come sostituenti degli OH sull'anello benzenico e fanno parte della categoria degli acidi idrocinnamici → l'acido caffeico e ferulico e poi si hanno gli stilbeni.

GLI STILBENI → RESVERATROLO è una sostanza che si ritrova nella buccia dell'uva e quindi nel vino, in quanto sostanzialmente il resveratrolo si solubilizza all'interno del vino durante il processo di vinificazione e va a formare la composizione polifenolica del vino. Il resveratrolo è uno stilbene ed è classificato come **FITOALESSINA**, che sono quelle sostanze che hanno una funzione di difesa della pianta nei confronti degli attacchi patogeni. Le fitoalessine sono queste piante con funzione di difesa

LIGNANI→ Altri polifenoli sono i lignani con una formula più complessa e si ritrovano solo in alcune particolari piante

GLI ALCOLI FENOLICI → l'idrossitirosolo e il tirosolo e questi sono i tipici polifenoli dell'olio di oliva

I FLAVONOIDI sono circa 8 -10 mila molecole diverse e se una di queste classi rappresenta un numero pari a *circa 8 mila -9 mila -10 mila molecole*, si comprende che si sta parlando di classi davvero molto ampie di composti:

- **ACIDI IDROSSIBENZOICI s**ono fra quelle molecole presenti un po in tutti gli alimenti anche se in quantità piuttosto basse con dovute eccezioni come l'acido gallico nelle more presente fino a 270 milligrammi per kilogrammo di peso fresco delle more, ACIDO GALLICO nel the, particolarmente presenti nelle foglie verdi del the con quantità che vanno nell'ordine di qualche grammo per kilogrammo di foglie verdi.
- **L'ACIDO PROTOCATECHICO** presente nel LAMPONE, 100 milligrammi kilo e anche nell'olio di oliva. L'acido protocatechico è stato a lungo studiato, perché gli acidi idrossicinnamici sono presenti in quantità piuttosto basse negli alimenti e il fatto di seguire la presenza di questi composti nel torrente circolatorio, nelle urine ha fatto si che si facesse una scoperta un po particolare.

L'acido protocatechico ha delle concentrazioni in vivo che sono maggiori di quanto viene effettivamente assunto con gli alimenti e questo ha posto alcuni dubbi, perché da dove deriva questo acido protocatechico se non si assume con la dieta? la risposta è stata che l'acido protocatechico, del quale si risale alla formula di struttura osservando la formula nella slide perché ha R1 =a R2 = a OH e R3 è =a OH → si osserveranno i 2 sostituenti che si possono avere. L'acido protocatechico ha la particolarità di derivare dal metabolismo delle protoantocianine che sono delle sostanze, dei flavonoidi che vengono metabolizzate dall'organismo a produrre le ANTOCIANINE.

Si osservano gli acidi IDROSSICINNAMICI hanno come composto più diffuso nella nostra dieta l'ACIDO CLOROGENICO è quel polifenolo che conferisce sapore amaro al caffè → coffea arbusta e coffea arabica sono due varietà del genere coffea. La coffea arabica e robusta hanno proprietà sensoriali differenti, in particolare:

- LA COFFEA ARABICA presenta un sapore meno amaro
- LA COFFEA ROBUSTA ha un sapore più amaro

Questa differenza nelle proprietà sensoriali dei chicchi di caffè appartenenti a queste due varietà di caffè sono proprio da imputare al diverso contenuto di acido clorogenico, presente nella coffea arabica in quantità minore, un po' di più della metà rispetto a quella robusta.

L'acido clorogenico è veramente un componente importante dei semi di caffè, che vengono poi tostati e macinati e utilizzati per preparare il caffè perché si arriva ad avere per tazza di caffè anche 350-500 milligrammi di acido clorogenico. Quindi il principale rappresentante degli acidi idrossicinnamici è rappresentato dall'acido clorogenico presente nel caffè. Ci sono altre fonti importanti di acido clorogenico?

Questo vegetale è ricco di un componente amaro, in particolare i carciofi ricchi di acido clorogenico, anche i mirtilli contengono acidi idrossicinnamici, anche se in concentrazioni più basse a quelle tipiche dei chicchi di caffè, dove si arriva a 3-4 grammi per 100 grammi di polvere o ai carciofi. Gli acidi clorogenici non sono tanto spesso in forma libera, ma si ritrovano spesso in forma glicosilata o come esteri dell'acido chinico, shichimico o tartarico → il CAFFEOIL TARTARICO, quindi l'estere dell'acido caffeico che è un acido idrossicinnamico esterificato appunto con l'acido tartarico si trova in quantità molto significative in un altro vegetale caratterizzato da sapore amaro, che è rappresentato dal cosiddetto RADICCHIO DI CHIOGGIA, RADICCHI VENETI (radicchio di Chioggia, di Treviso) che hanno queste foglie rosse con caratteristico sapore amaro e gli acidi idrossicinnamici sono presenti in molti alimenti non tanto in forma libera, ma prevalentemente in forma glicosilata o di esteri con gli acidi riportati. Sicuramente L'ACIDO CLOROGENICO che è l'acido caffeoilchimico, quindi il caffeico esterificato con l'acido chinico è il maggior componente di carciofi e di caffè.

GLI STILBENI e in particolare di resveratrolo → gli stilbeni sono apportati con la dieta in modeste quantità e sono prodotti dalle piante in risposta a stimoli come attacco dei patogeni o condizioni di stress ambientali. Fino ad ora si è parlato dei polifenoli in risposta ad attacchi biotici, quindi di organismi vivi, quindi uno stress biotico può essere un attacco di batteri, virus, funghi, animali erbivori.

Il resveratrolo e anche gli altri patogeni a volte sono **anche prodotti in reazione stress abiotici, quindi non connessi con organismi viventi.** Uno stress abiotico potrebbe essere la siccità, o il troppo freddo o l'eccessiva abbondanza di acqua e così via e si hanno quindi questi stress di tipo abiotico che vengono in qualche modo parati e quindi ridotti dai polifenoli.

Si osserva che per quanto riguarda il resveratrolo, ci si concentra soprattutto nella parte esterna del frutto, quindi dell'uva, quindi vitis vinifera ed è per questo che il resveratrolo si trova nel vino e perché si ritrova di più nel vino rosso rispetto al bianco?

Il resveratrolo si trova nella buccia dell'uva e come si fa il vino? Il vino si ottiene tramite la pigiatura dell'uva e quindi si ha l'inizio della fermentazione da parte dei funghi e lieviti presenti sulle bucce del vino o che vengono aggiunti che portano alla fermentazione degli zuccheri con formazione di alcol. Le bucce vengono subito rimosse nella vinificazione in rosso o restano nella botte dove avviene la fermentazione? restano, mentre nella fermentazione in bianco, le bucce vengono rimosse. Nella vinificazione in rosso si astrae il resveratrolo dalla buccia, che è più solubile in etanolo-acqua, e questo resveratrolo resta. Se invece si fa la pigiatura, si fa partire la fermentazione, si tolgono le bucce, cosa succede? il resveratrolo nelle bucce viene eliminato, viene allontanato dalla botte e non fa in tempo a essere estratto. Siccome il resveratrolo è più solubile in acqua -etanolo che in sola acqua e l'etanolo però si forma solo quando avviene la fermentazione, del resto il vino non è altro che una soluzione idroalcolica. In origine il succo d'uva è una soluzione acquosa, solo quando si verifica la fermentazione e quindi il vino che è già fermentato diventa così una soluzione idroalcolica.

Perché c'è di più nel vino rosso di resveratrolo che nel vino bianco? perché quando si pigia l'uva, nel vino bianco le bucce sono eliminate all'inizio della fermentazione e di conseguenza non fa in tempo ad essere estratto il resveratrolo presente nelle bucce, viene allontanato subito e rimane nelle bucce che vengono eliminate. Al contrario nel vino rosso siccome le bucce restano a macerare nella soluzione idroalcolica che si forma a seguito della fermentazione, quindi nel vino rosso si hanno queste bucce che rilasciano piano piano il resveratrolo. Le bucce dopo un po vengono allontanate, ma hanno fatto già in tempo a lasciare un po di resveratrolo nel vino.

Va detto che LA QUANTITÀ DI RESVERATROLO nella buccia è intorno ai 50 -100 milligrammi kilo, mentre nel succo e nel vino ci si trova intorno a 7 milligrammi kilo, quindi comunque nel vino anche se rosso il contenuto di resveratrolo è circa da 5 a 10 volte più basso rispetto a quello presente nella buccia dell'uva, ma non è solo l'uva a contenere il resveratrolo, perché il resveratrolo si trova nel mirtillo e nel luppolo (per preparare la birra, tipica bevanda giovanile → è una bevanda con buon potere calorico.

Anche nella soia, nel the e nel cacao → queste sono le fonti di resveratrolo.

I LIGNANI sono DEI POLIMERI che derivano dalla dimerizzazione ossidativa di due unità di fenilpropano, sono presenti in natura in forma libera. In natura l'unica importante fonte di lignani è rappresentata dai semi di lino che contengono fino al 3,7 grammi per kilogrammo di questo particolare componente. La flora microbica metabolizza i lignani a sostanze di natura ormonale, come l'enterodiolo e l'enterolattone che sono riportati in piccolo. Quindi i LIGNANI hanno queste particolari proprietà che si connettono con la somiglianza con gli ormoni che derivano dal loro metabolismo ad opera della microflora intestinale

ALCOL FENOLICI → TIPICI ALCOLI FENOLICI sono il TIROSOLO e L'IDROSSITIROSOLO contenuti nell'olio di oliva extravergine e il contenuto di tirosolo è intorno a qualche decina di milligrammo per kilogrammo d'olio e l'idrossitirosolo intorno a qualche unità di milligrammi.

La concentrazione di IDROSSITIROSOLO e del tirosolo nell'olio dipende dalla varietà di olive, dal clima in cui le olive sono prodotte e si hanno produzioni di olive in tutta Italia e la produzione di olive varia da Liguria, toscana per scendere nelle regioni come la Puglia piuttosto che la Sicilia, però sicuramente si sa che ci sono delle zone ad alta produzione di olio di olive extravergine, anche intorno al lago di Garda e il clima delle zone del lago di Garda in cui vivono gli olivi che si trovano in Veneto, il clima è estremamente diverso rispetto a un clima che potrebbe essere della puglia piuttosto che della Calabria o della Sicilia. Quindi il clima è molto in siccità, in risposta alle radiazioni solari, alla quantità di piogge e si comprende che la composizione in polifenoli di un olio del Garda, sarà molto diversa rispetto alla composizione in polifenoli di un olio pugliese.

CARATTERISTICHE TIPICHE DELL'OLIO DI OLIVA EXTRAVERGINE DI PRIMA SPREMITURA DELLA PUGLIA, come è questo olio? è scuro, amaro, ha un sapore che pizzica, invece l'olio extravergine di oliva della Liguria piuttosto che del lago di Garda e della toscana è più chiaro e trasparente ed ha un sapore più amabile e questo è proprio connesso con le differenze quantità di alcoli fenolici, idrossitirosolo, tirosolo e olio europeina contenute nelle olive di partenza.

UN ALTRO IMPORTANTE ASPETTO è IL GRADO DI MATURAZIONE DELLE OLIVE, importante per garantire un quantitativo di acidi fenolici ottimale nell'oliva matura e anche la raccolta delle olive deve essere fatta in modo tale da poter avere queste quantità ottimali di questi polifenoli. Non sono contenuti solo nelle olive, ma anche nel vino, in quanto presenti, nel frutto della vitis vinifera che è il frutto che appunto da il vino.

LA SESTA CLASSE DI POLIFENOLI è rappresentata da una classe molto numerosa che prende il nome di **FLAVONOIDI, a loro volta divisi in 6 sottocategoria:**

- **FLAVONOLI**
- **I FLAVONI**
- **I FLAVANONI**
- **GLI ISOFLAVONI**
- **LE ANTOCIANINE**
- **I FLAVANTREOLI**

Si osserva la formula di struttura comune → che sono due anelli benzenici legati attraverso un eterociclo, si osserva l'anello C e quello A e B, benzenici legati attraverso un anello eterociclico

I FLAVONOLI sono i flavonoidi più diffusi in natura, infatti sono ubiquitariamente distribuiti negli alimenti e la quercetina è il composto più rappresentato, presente nelle cipolle, nelle mele, nell'uva, nel the, nel cacao, nei frutti rossi, nel porro e cavoli, quindi nelle brassicacee ed è il composto polifenolico più rappresentato nelle piante e a volte è presente in quantità piuttosto elevate e a volte ubiquitariamente è presente in diversi prodotti vegetali di tipo alimentare.

La biosintesi della quercetina è stimolata dalla luce e son ostati fatti degli studi ed ad es. nella mela che tende a maturare sull'albero a differenza della mela a nurca, coso unico e raro. La mela resta esposta per una sua faccia verso l'esterno della pianta, quindi verso le radiazioni solari. Quindi si è provato a dosare il contenuto di quercetina all'interno della buccia soprattutto della mela e si è costatato che la parte esposta alla luce è più ricca di quercetina della parte che sta in ombra e da qui si è capito che la biosintesi dei flavonoidi è stimolata dalla luce ed varia la concentrazione a seconda dell'esposizione

I FLAVONI → sono meno comuni dei flavonoli. L'apigenina è presente anche nella buccia del mandarino come flavone polimetossilato, che è presente nell'olio essenziale di mandarino, perché se è presente nella buccia, quando si fa una corrente di vapore che serve per ottenere l'olio essenziale, si ha ovviamente l'estrazione anche dell'apigenina. L'APIGENINA è uno dei componenti primari più caratterizzanti della PROPOLI.

LA PROPOLI è un ingrediente delle caramelle della gola, è una sostanza resinosa prodotta dalle api che raccolgono le resine dagli essudati delle piante, dalle gemme, dai fiori, elaborano questi essudati con la saliva che contiene enzimi, vitamine ecc e danno origine alla propoli. LA propoli è questa sostanza di natura resinosa che contiene anche gomme che è un prodotto dell'alveare. La propoli presenta nota attività antibatterica, ma anche attività antinfiamamtoria, antiossidante e l'attività antiossidante della propoli è proprio legata al complesso polifenolico presente nella propoli pur essendo la propoli un prodotti di origine animale, in quanto prodotta dalle api che sono degli insetti e quindi ha anche la componente polifenoli, perché sono dei metaboliti secondati delle piante, ha questa componente polifenolica proprio per il fatto che la propoli viene prodotta a partire dagli essudati e dalle resine che si trovano sulle piante. Quindi i flavoni sono componenti anche della propoli a cui conferiscono proprietà antiossidanti e antinfiammatorie.

I FLAVANONI → esempio tipico è la naringenina, presente nei pomodori, nelle arance, nei frutti acidi, in alcune piante aromatiche ed è un flavanone, oltre alla laringenina c'è anche. L'ESPERETINA fa parte della stessa classe di composti caratterizzati dalla presenza di un O carbonilico in posizione 4 e ha un idrossile in posizione 7 del primo anello benzenico, quello A. La naringenina è presente in quantità rilevanti nell'uva perché si sta parlando di 400-800 milligrammi -litro di succo di uva.

→ DAIDZEINA, GLICETINA sono tutti isoflavoni che sono presenti nella soia, ma anche in altre piante come ad es. l'erba medica e sono isoflavoni che sono presenti anche in altre leguminose e la soia è una leguminosa. La soia è sicuramente la principale fonte di isoflavoni e si osserva che nella soia a peso fresco, il contenuto di isoflavoni va da circa 150 a circa 1 grammo e mezzo di isoflavoni per kilogrammo di peso fresco di soia e anche il latte di soia per i bambini contiene da 10 a 130 milligrammi litro di isoflavoni

CHE PARTICOLARITÀ HANNO GLI ISOFLAVONI? Osservando la formula di struttura, è un estrogeno e gli isoflavoni hanno proprio per la distanza tra i due OH, che si trova nella formula della daidzeina come di tutti gli isoflavoni, c'è una certa somiglianza tra la molecola di natura ormonale, quindi che ha un'azione ormonale e la daidzeina per cui gli isoflavoni si chiamano appunto fitoestrogeni, ossia sono come degli estrogeni di origine vegetale. GLI ISOFLAVONI per la loro struttura chimica, hanno la particolarità di avere una certa affinità per i recettori degli estrogeni, quindi agli isoflavoni è attribuita un'azione similestrogenica, perché ai fitoestrogeni, non viene data una funzione estrogenica nel latte? perché l'effetto dell'estrogeno nel bambino prima della crescita, quindi della tempesta ormonale che avviene in fase adolescenziale, i fitoestrogeni della soia non hanno un'azione estrogenica nel latte e ormai ci sono due popolazioni di generazioni allattati con il latte di soia che non hanno mai mostrato problemi di questo tipo, ossia dell'azione estrogenica dei fitoestrogeni contenuti nella soia.

LE ANTOCIANINE sono dei pigmenti idrosolubili responsabili del colore rosso e viola di molti vegetali e hanno le antocianine hanno un sapore amaro e si assumono le antocianine, in numerosi alimenti→ nel caso dei radicchi, fragole, frutti rossi, ribes, mirtilli, lamponi che contengono molte antocianine, così come l'uva rossa e le antocianine sono le responsabili del colore rosso del vino.

LE CIPOLLE DI TROPEA sono cipolle rosse che contengono antocianine piuttosto che vari cavoli, quello nero e nero che contengono antocianine, ancora i ravanelli, come anche alcune varietà di mais rosso, le arance rosse di Sicilia che contengono antocianine, il riso rosso, non quello fermentato che deriva dalla fermentazione del monascus purpueus, ma si sta parlando di riso che ha una cuticola rossa come il mais, quindi se si mangia il riso integrale, questo riso ha questa cuticola rossa, come il mais ha la cuticola rossa e si ha il mais rosso. Il quantitativo di antocianine presenti nei frutti di bosco, si aggira intonro a qualche grammo per kilogrammo di prodotto fresco. Le antocianine hanno un ruolo molto importante nella pianta, perché le antocianine colorano anche i fiori e aiutano nell'impollinazione piuttosto che uqando si osservano le foglie di autunno che diventano rosse, in effetti non è che diventano rosse, ma decade la clorofilla e resta il colore rosso delle antocianine che non è più coperto dal colore verde della clorofilla e che sono responsabili della colorazione tipica delle foglie autunnali.

I FLAVANTREOLI O FLAVANOLI che hanno come capostipite, LA CATECHINA che può essere presente sia in forma libera, monomerica, sia in forma polimerica con grado di polimerizzazione 2-3, ma anche 5-7 e così via. Le catechine polimerizzate si chiamano PROANTOCIANIDINE (che non vanno confuse con le antocianine che sono la classe vista prima). Le proantocianidine sono il prodotto di polimerizzazione delle catechine. Le proantocianidine fanno parte della famiglia dei tannini.

I TANNINI sono delle sostanze astringenti che sono presenti ad es nei vini stagionati, invecchiati ci sono i tannini e anche nel the, le procianidine sono anche presenti nel the. I tannini condensati derivano dalla condensazione delle catechine che si ritrovano in tutti questi vegetali →albicocche, ciliegie, the verde, cicciolato e vino rosso e le procianidine sono invece tipiche dell'uva, delle mele, dei frutti di bosco, dei cacao e così via e si osserva che hanno un grado di polimerizzazione che può essere 4-11, ma esistono anche i dimeri, trimeri presenti anche nell'uva.

PER COSA ERANO USATI I TANNINI IN PASSATO, ma anche oggi?

Per la lavorazione delle pelli, perché i tannini precipitano le proteine e quando si scuoia un animale la pelle deve essere opportunamente essiccata per conservare sia le pelli, quelle senza il manto dell'animale, sia quelle con il manto dell'animale, le pellicce sono trattate con i tannini proprio per la cosiddetta concia delle pelle per cui l'animale scuoiato, la pelle non può essere impiegata così come è, ma deve essere opportunamente conciata, allontanata tutta la componente proteica in modo al punto tale da eliminare la componente proteica.

Proseguendo con l'aspetto dei polifenoli e perché sono degli antiossidanti sono sostanze che bloccano i radicali chimici e qual è la componente strutturale dei polifenoli? OH fenolici che si ossidano a chinoni, quindi sulla base del numero di OH fenolici, della posizione degli OH fenolici si ha un'opportuna attività antiossidante. Sono stati fatti degli studi struttura-attività che hanno evidenziato come la presenza di OH fenolici sui due anelli aromatici che sono presenti nella struttura tipica dei flavonoidi conferiscono questo potere antiossidante e addirittura sono stati calcolati i potenziali di riduzione e come si può osservare ad es:

- **L'ACIDO CAFFEICO** si trova in mezzo tra il potenziale di riduzione della vitamina C o il potenziale di riduzione del glutatione
- **L'EPIGALLOCATECHINA GALALTO** si trova in mezzo tra vitamina C e ed E

Il potenziale di riduzione dei polifenoli è una misura della reattività antiossidante della molecola e quindi è un'indicazione che i polifenoli possono aiutarci a risparmiare vitamina C e altre vitamine proprio perché hanno questo potere antiossidante, potenziale di riduzione che si colloca nella scala riportata, quindi i flavonoidi a sua volta rigenerano l'acido ascorbico il quale a sua volta rigenera, la vitamina A che sono noti agenti antiossidanti dell'organismo e sono anche vitamine.

Una particolare cosa da ricordare è proprio che l'azione dei polifenoli agisce a livello di bloccare le reazioni di inizio della conversione tra i radicali liberi e la successiva loro azione su lipidi proteine e DNA e bloccano le cosiddette reazioni di propagazione. Quindi le reazioni del danno ossidativo sono un esempio di reazioni radicaliche a catena (visto un esempio nel caso della perossidazione lipidica e se si blocca a vari livelli la reazione, ovviamente si riesce a bloccare la presenza dello stress ossidativo che porta a un danno ossidativo e a lungo andare può portare a malattie e fa parte del fenomeno dell'invecchiamento.

SULL'AZIONE BIOLOGICA DEI POLIFENOLI ci sono molti studi, ma sono veramente pochi quelli che hanno dimostrato l'azione farmacologica nell'uomo. Gli effetti farmacologici dimostrati nell'uomo e sono quelli di cui si è certi, ad es si sa che:

- Proteggono dall'ossidazione delle LDL
- Inibiscono l'aggregazione piastrinica, quindi hanno un effetto antitrombotico
- Hanno un'azione di vasodilatazione, per cui hanno un effetto ipotensivo e antiaritmico
- Agiscono come antipertensivi ed antinfiammatori

Queste sono le azioni dimostrate nell'uomo. Un'altra tipologia di attività che i polifenoli presentano si ritrova soprattutto nel tratto gastrointestinale e perché questo? perché quando si assumono degli alimenti, si mangia un calice di vino, si beve del the, noi introduciamo deipolifenoli, i quali hanno un'azione antiossidante a livello del cavo orale e dal momento in cui si deglutiscono svolgono un'azione antiossidante all'interno del tratto gastrointestinale, e addirittura sono capaci di modulare la crescita dei microrganismi del microbiota INTESTINALE → hanno un effetto di MODULAZIONE DEL MICROBIOTA INTESTINALE. Quindi possono svolgere l'azione antiossidante nell'apparato grastrointestinale senza che vengano assorbiti, metabolizzati ed eliminati con le urine.

In particolare è stato dimostrato che gli acidi clorogenici del caffè hanno un'azione antiadesiva nei confronti degli streptococchi orali, quindi inibiscono l'adesione alla placca del dente, e quindi hanno una potenziale azione anticarie, antibiofilm e contribuiscono alla salute del cavo orale.

METABOLISMO, MA QUESTI POLIFENOLI HANNO SOLO UN'AZIONE A LIVELLO DEL TRATTO GASTROINTESTINALE O HANNO ANCHE UN'AIZONE A LVIELLO SISTEMICO, quando vengono assorbiti e assunti?

L'azione a livello sistemico è stata dimostrata in alcuni casi → effetto antitrombotico, antipertensivo, vasodilatatorio ecc.., ma c'è anche da dire che siccome i polifenoli non sono nutrienti, ma sono componenti minori degli alimenti vegetali, quindi vengono riconosciuti dall'organismo umano come dei nutrienti, e quindi vengono trattati come se fossero degli xenobiotici, quindi rapidamente metabolizzati a composti glucoronidati, solfati, metilati e vengono così eliminati, perché diventano più solubili e vengono eliminati con le urine.

Si osserva lo schema:

I FLAVONOIDI DELLA DIETA sono assunti, passano nel tratto gastrointestinale, arrivano all'intestino e al colon, qui vengono assorbiti e passano nel fegato oppure per assorbimento sia a livello del tratto superiore dell'intestino piuttosto che a livello colonico, qui vengono metabolizzati dal fegato, glucoronidati, solfati ecc e poi diventano più solubili, passano nei reni e vengono escreti nelle urine e solo in piccole quantità arrivano a cellule e tessuti dove svolgono diverse azioni di cui si parlato prima.

ULTIMA DIAPOSITIVA → riporta la quantità di polifenoli ingerita, la quantità massima nel plasma molto più bassa, la quantità nelle urine, in quanto sono rapidamente eliminati attraverso urine. Quindi si ha un accumulo dei polifenoli nell'organismo molto piccolo. Tuttavia, siccome queste sostanze sembrano agire attraverso un meccanismo epigenetico, quindi riuscendo a modificare in qualche modo la parte genetica modificabile dell'organismo → polifenoli presentano quelle azioni salutistiche di cui si è fatto cenno.

COSA RICORDARE DEI POLIFENOLI →le varie classi, (non formule, ma conoscere classi)perché sono metaboliti secondari delle piante che hanno funzioni biologiche nell'organismo e quindi vanno conosciuti → è importante quindi conoscere le classi, conoscere le fonti alimentari delle varie classi di polifenoli, conoscere i flavonoidi, andare a guardare quella parte che riguarda le proprietà biologiche e sapere questo discorso che sono assorbiti, ma svolgono l'azione nel tratto gastrointestinale come anche agenti protettori della carie agendo anche modulando il microbiota intestinale e poi agiscono anche a livello i sistemico e tramite uno schema vengono assorbiti e vengono poi inviati a cellule e tessuti

LE ANTOCIANINE si ritrovano nelle urine, azione protettiva delle antocianine che vengono metabolizzate a acido protocatechico e che vanno a svolgere l'azione antinfiammatoria a livello del tratto urinario, perché si ritrovano nelle urine.

CAPITOLO 17

Latte alimento di uso corrente → regolamentato dalle leggi di uso corrente, non è un integratore alimentare, non si possono avere indicatori su proprietà, etichettatura, perché il latte non è un integratore alimentare
REGOLAMENTAZIONE ORIZZONTALE che vale per tutti gli alimenti

LEGISLAZIONE VERTICALE che vale per tutte le categorie

Quando si assume un alimento di uso corrente, non si aspetta sia efficace sulla salute, alimento di uso corrente, non si mangiano con la finalità di avere un effetto sulla salute, ma si assume per motivi nutritivi e quindi per un aspetto edonistico, ossia per un piacere nell'assumere un certo alimento. Al contrario se si ha una capsula, una compressa o un alimento destinato a fini medici speciali, destinato a una persona che ha fenilchetonuria. persona allergica → ci si aspetta che l'alimento, caratteristica che vale per tutti gli alimenti, ci si aspetta che sia efficace anche sulla salute. Latte è un alimento di uso corrente, è un alimento che apporta calcio, alimento che ci piace, si è interessati all'assunzione del latte, ma si può essere interessati al fatto che il calcio apporti calcio, integri la dieta con calcio, ma non è assolutamente necessario. Se si assume una capsula che contiene calcio e vitamina D, non si assume per fine edonistico, la si assume solo ed esclusivamente se può vantare una certa efficacia.

GLI ALIMENTI DI USO CORRENTE DEVONO ESSERE SICURI e non per forza efficaci sulla salute

GLI INTEGRATORI ALIMENTARI piuttosto che gli alimenti destinati ai fini medici speciali devono essere sicuri, in quanto questa è una conditio sin equa non che serve per tutti gli alimenti, ma devono essere anche efficaci, perché devono vantare di una certa proprietà, altrimenti non c'è ragione per cui si assumino.

COSA VUOL DIRE CHE UN ALIMENTO È SICURO DAL PUNTO DI VISTA DELLA LEGGE ...?

Concetto mutuato dalla preistoria, in quanto gli uomini primitivi andavano per tentativi, ad es. se un prodotto non era tossico e quindi non faceva moriva chi lo assumeva. Se una bacca non era tossica e non faceva moriva chi l'assumeva, la persona imparava, l'uomo imparava che la bacca non doveva essere assunta. Al contrario se il prodotto aveva dato quella tossicità, nel senso che un altro membro della tribù era rimasto vittima perché il prodotto era tossico, ovviamente i membri restanti della tribu imparavano che la bacca non doveva essere consumata, quindi la storia significativa di consumo viene mutuata dall'idea che se il prodotto non è risultato tossico per un certo periodo, per un periodo prolungato, quindi ha una storia di consumo sicuro, questo prodotto è consumabile, è assumibili e non è tossico ed è automaticamente sicuro.

Al contrario → Se un prodotto non ha una storia significativa di consumo in Europa è chiamato Novel food e perché questo possa essere immesso sul mercato deve rispondere a determinate caratteristiche e deve essere testato al fine di non poter essere in alcun modo tossico. La legge attualmente in vigore è quella del 2015, la 22-83, è entrata in vigore praticamente da 2 anni, dal primo gennaio del 2018, quindi quasi 3 anni che è in vigore.

LA PRIMA LEGGE che oggi non è più in vigore ma che ci ha dato una data del 1997 è il regolamento 258 di quell'anno e una sostanza è una novel food se non ha una storia significativa di consumo prima del 1997.

INTEGRATORI ALIMENTARI → DEFINIZIONE

A regolamentare gli integratori alimentari è una regolamentazione verticale, perché regolamenta una specifica e particolare categoria di alimenti c'è una direttiva Europea 2002 46, che, come tutte le direttive per diventare esecutiva, deve essere recepita dallo stato membro. L'Italia ha recepito questa direttiva due anni dopo con il decreto legislativo numero 169.

QUALI SONO I COSTITUENTI? Mentre per vitamine e Sali minerali che sono sostanze che hanno un effetto nutritivo, infatti si chiamano micronutrienti è prevista un'armonizzazione a livello europeo e si osserva la regolamentazione 1925 del 2005 e la 1170 del 2009 che ne regolamenta le fonti, perché ad es.

Il CALCIO SI PUÒ ASSUMERE COME CALCIO CLORURO, SOLFATO E BICARBONATO, si possono avere varie fonti di calcio, quindi questi regolamenti indicano tutti i Sali di calcio, ma ovviamente di tutti i Sali minerali piuttosto che tutte le forme di vitamine, ad es:

LA TIAMINA si può assumere salificata in un modo piuttosto che in un altro. Quando si parla di vitamina K, vi è quella di origine animale piuttosto che di origine vegetale, la stessa vitamina A si può assumere sotto forma di retinolo che è la forma biologicamente attiva, ma anche come beta carotene che è la provitamina, quindi sono indicate tutte le fonti di Sali minerali e di vitamine ammesse e sono indicate le quantità o valori nutrizionali di riferimento che si possono avere nell'integratore

COSA IMPORTANTE DA DIRE a questo proposito:

Si suppone che una vitamina possa essere assunta sotto una forma nuova che viene messa quest'anno e non è presente nella lista del 2009, quella più aggiornata, come si fa a inserire una nuova fonte di vitamina? per inserire una nuova fonte di vitamina? bisogna fare un percorso autorizzativo che dimostra che la nuova fonte di vitamina è una fonte uguale a quella già presente sul mercato (ci vogliono studi comparativi che dimostrino che dare una vitamina sotto un certo formato è equivalente che dare una vitamina sotto un formato nuovo). Queste liste vengono aggiornate sulla base delle richieste che possono venire dalle industrie. Oltre alle vitamine ei Sali minerali possono esserci altre sostanze nutritive o effetto fisiologico, che possono essere ad es. amminoacidi, acidi grassi essenziali, le fibre, i botanicals (estratti vegetali) e i probiotici, microrganismi vivi assunti per le loro funzioni sia a livello intestinale che a livello extraintestinale.

Per questi componenti non ci sono leggi europee comuni, quindi l'unione europea ad oggi non si è ancora messa d'accordo con i vari stati membri per individuare una legge che riporti tutti gli estratti botanici che si possono inserire, piuttosto che le fibre che si possono inserire, piuttosto che le quantità che si possono utilizzare negli integratori alimentari. Allora? cosa succede? Non c'è la legge?

Le leggi ci sono, ma sono delle norme nazionali e tramite il mutuo riconoscimento si può vendere un prodotto realizzato in Italia, in Francia piuttosto che in Germania o in spagna. Quindi si produce il prodotto in Italia si notifica al ministero e una volta notificato al ministero, si può vendere anche in altri paesi membri

Un prodotto è sicuro se non è un è un novel food, ossia se ha una storia di consumo significativa prima del 1997 e un prodotto è efficace, si possono avere tre tipologie di indicazioni da porre sull'etichetta o sulla pubblicità di un prodotto, sia esso un prodotto alimentare di uso corrente piuttosto che un integratore alimentare che si chiamano claim, dal termine inglese heath claim, ossia claim sulla salute.

Ci sono 3 tipi di claim e i claim vengono regolamentati dal regolamento 1924 uscito nel 2006, che tipi di claim si possono avere?

CLAIM NUTRIZIONALI

CLAIM SULLA SALUTE

CLAIM SULLA RIDUZIONE DI RISCHIO DI MALATTIE E CLAIM SULLO SVILUPPO DEI BAMBINI

CLAIM NUTRIZIONALI:

La lista di queste indicazioni è riportato sull'allegato del regolamento1924 del 2006, quindi alla fine di questo regolamento c'è scritto allegato 1 e c'è l'elenco di questi claim e i claim nutrizionali rivendicano la presenza o l'assenza di un certo nutriente o una sostanza avente effetto nutritivo fisiologico.

ESEMPIO DI CLAIM NUTRIZIONALE:

UN CLAIM che si può decidere di apporre su una confettura, merendina, formaggio, claim che dice a BASSO CONTENUTO CALORICO. Prima dell'uscita di questa lista, poteva esserci scritto su un alimento a basso contenuto calorico perché rispetto all'alimento di riferimento questo aveva 5 kilocalorie in meno, quindi una cosa minima.

Questa legge, questo regolamento introduce dei paletti ben precisi, quando si può dire che un alimento è a basso contenuto calorico, quando il prodotto contiene non più di 40 kilocalorie per 100 grammi se è solido o 20 kilocalorie però 100 millilitri se è liquido. Se si dice che un succo di frutto è a basso contenuto calorico vuol dire che il succo di frutta normalmente dovrebbe avere 80 kilocalorie per 100 mL, mentre quello che si sta vendendo sul quale si scrive sull'etichetta a basso contenuto calorico ne ha non più di 20, ma viene ben definito e se ne ha 21?

Se ne ha 21 non è un alimento a basso contenuto calorico, quindi viene definito uno specifico contenuto calorico, quindi se è da 20 in giu è a basso contenuto calorico, se è da 21 in su non può vantare questo claim. Quindi viene riportato l'esempio delle kilocalorie.

Si potrebbe dire anche che il parmigiano reggiano è una fonte di calcio perché contiene una quantità di calcio opportuna secondo una certa definizione data nel regolamento, per cui un alimento fonte di un sale minerale contiene almeno una certa % rispetto ai valori nutrizionali di riferimento.

Si può dire che un prodotto è senza zuccheri aggiunti, perché magari è una confettura solo a base di frutta e dolcificanti non zuccherini, quindi magari perché dentro dell'oxilitolo piuttosto che l'acesulfame, allora si può dire che la confettura è senza zuccheri aggiunti, quindi contiene solo gli zuccheri della frutta o a basso tenore di lipidi se ha una certa quantità di lipidi, o senza lipidi, perché ha una quantità di lipidi inferiore a una piccola traccia che però è ben definita. Quindi si dice che questo regolamento ha avuto l'aspetto positivo di introdurre dei paletti ben chiari, delle quantità ben definite e si ha così la possibilità di dire che un prodotto ha queste caratteristiche, se le rispetta si può vantare il claim, se non le rispetta non si può vantare.

IL CLAIM è un'indicazione, sono delle proprietà dell'alimento che possono essere vantate solo se si rimane all'interno di certe limitazioni.

C'è stata una polemica sul discorso "senza zuccheri "perché all'inizio erano usciti dei claim tipo senza zuccheri, una confettura non può essere senza zuccheri. Una confettura sarà senza zuccheri aggiunti, senza zuccheri non è possibile perché la frutta ovviamente contiene naturalmente fruttosio e glucosio, che sono presenti nella frutta. Pertanto, se è stata usata la frutta per fare la confettura ovviamente i zuccheri si hanno, ma si ha appunto glucosio e fruttosio che non sono aggiunti, quindi non si ha del saccarosio, non è stato messo dentro dello zucchero da cucina per fare questa confettura, ma sono stati messi dei polialcoli o altri dolcificanti intensivi. Quindi dire senza zuccheri è sbagliato, tanto è vero che le aziende che avevano impiegato questo claim sono state multate, mentre la dicitura corretta è senza zuccheri aggiunti.

CLAIM SALUTISTICI sono indicazioni che affermano, suggeriscono sottintendono l'esistenza di un rapporto tra una categoria di alimento, un alimento e uno dei suoi componenti e ovviamente la salute.

AD ESEMPIO → si può dire l'olio di olivo che contiene idrossitirosolo ha potere antiossidante oppure il CALCIO che contribuisce alla normale coagulazione, il calcio ha questo claim se si trova nell'alimento in una certa concentrazione e così via.

In particolare, questi claim sulla salute stabiliscono una relazione efficacia contro assunzione, quindi una relazione causa effetto → causa → assumo il formaggio → effetto: l'assunzione del formaggio permette di mantenere il normale trofismo osseo e questa affermazione la si può fare solo se si ha una determinata concentrazione di calcio → quindi anche qui ci sono delle limitazioni. Quindi non è che un alimento che contiene:

1 milligrammo per porzione di calcio possa essere considerato un alimento che contribuisce al trofismo delle ossa, perché è troppo poco un milligrammo di calcio, ma un alimento che contiene una quantità adeguata di calcio (ci sono delle regole per fare questi calcoli) ossia è una fonte di un certo sale minerale, si può dire per quell'alimento ha un certo ruolo sulla salute, se si assume il trofismo osseo resta normale.

Ci sono altre tipologie di indicazioni di questo genere? ce e sono moltissime

Ad es.:

- mantiene la corretta funzionalità del tratto gastrointestinale
- mantiene la corretta glicemia plasmatica
- mantiene la corretta colesterolemia
- mantiene i trigliceridi normali
- mantiene una regolare funzione, mantiene il normale fisiologico sonno
- contribuisce al mantenimento della forza muscolare ecc..

Questi sono tutti claim salutistici, quindi c'è una relazione causa-effetto tra l'assunzione e l'effetto sull'organismo. Un claim salutistico potrebbero essere "aiuta a ridurre una certa malattia"?

No, in quanto un claim salutistico non può vantare un effetto terapeutico, perché gli alimenti non possono vantare effetti terapeutici, quindi semplicemente per questa ragione e un claim di malatta non esiste, bensì esiste un claim di riduzione del fattore di rischio della malattia, con un integratore alimentare, con un alimento non si possono ridurre le malattie cardiovascolari, si può ridurre il colesterolo che è un fattore di rischio di malattia, quindi con un alimento non si può ridurre il diabete, ma si può ridurre la glicemia plasmatica, fattore di rischio di diabete.

Quindi UN CLAIM DI RIDUZIONE DI MALATTIA è UNA QUALUNQUE INDICAZIONE che afferma, suggerisca o sottointenda che il consumo di una categoria di alimenti, di un alimento o di un suo ingrediente riduce un fattore di sviluppo, di rischio di sviluppo di una malattia umana, quindi è si in deroga alla proprietà che gli alimenti non hanno di prevenzione, però ovviamente un claim di questo genere deve essere appositamente dimostrato, deve essere autorizzato ad hoc.

IL BETA GLUCANO DELL'AVENA riduce i livelli ematici di colesterolo, elevati livelli ematici di colesterolo sono un fattore di rischio di malattia cardiaca coronarica e ovviamente vengono indicati quanti beta glucani bisogna assumere in un giorno affinché si abbia questa protezione dal fattore di rischio di malattia che è l'ipercolesterolemia. Quest'indicazione è valida per un consumo di 3 grammi al giorno di beta glucano dell'avena.

Nell'etichettatura, nella pubblicità si può trovare un claim di riduzione di fattore di rischio della malattia, ma deve essere riportato anche che la malattia è una malattia multifattoriale e che ridurre un fattore di rischio non significa che questo possa bastare a non avere la patologia, perché si sta parlando di malattie multifattoriali.

Nello stesso articolo del regolamento 1924 del 2006, oltre all'articolo 13.1 sui claim salutistici, oltre a quello 14.1 A, claim di riduzione di fattore di rischi odi malattia si ha vi è il 14.1 b che si riferiscono allo sviluppo e alla salute del bambino. Ad oggi ci sono claim di questo genere e anche loro ovviamente devono essere autorizzati ad HOD, come il caso dell'acido docosaesanoico che contribuisce al normale sviluppo della vista dei bambini fino a 12 mesi di età o il ferro che contribuisce allo sviluppo cognitivo del bambino, il calcio, fosforo, vitamina D e proteine che contribuiscono al normale sviluppo delle ossa o lo iodio che contribuisce alla normale crescita.

Quindi ci sono dei claim sul normale sviluppo del bambino e questi claim proprio perché sono claim che possono essere autorizzati o meno e solo se sono autorizzati questi claim vengono permessi sulle etichette dei prodotti.

Un claim di riduzione di rischio di malattia è il claim sull'acido folico, in quanto l'assunzione integrativa di acido folico aumento lo stato del folato materno. Un basso folato materno cosa comporta? comporta problemi al feto di mancata chiusura del tubo neurale e di possibile insorgenza di malattie del tubo neurale. Quindi l'assunzione di acido folico nella riduzione di malattie del tubo neurale nel bambino è un tipico claim di riduzione del fattore di rischio di malattia

AUTORIZZAZIONE DI UN CLAIM:

I claim devono essere veritieri e non si può vantare una cosa che non è vera, devono essere comprensibili al consumatore medio, non si può utilizzare una terminologia medica troppo complessa che un consumatore medio non è in grado di capire, devono avere evidenze scientifiche validate e devono essere autorizzati dalla commissione europea.

Ad oggi si hanno claim nutrizionali nell'allegato del regolamento 1924/2006 ed è una certa lista, si hanno dei claim salutistici secondo quel regolamento 432 del 2012 (pagina relativa al calcio), potrebbe essere che domani si scopre che il selenio fa qualcosa di particolare, ad es. grazie alla ricerca scientifica che il selenio ha una certa indicazione salutistica, come si fa a introdurre quest'indicazione salutistica che è stata autorizzata anche con studi clinici? bisogna richiedere l'autorizzazione alla commissione europea. Lo stato membro invia a EFSA, che è l'authority per la sicurezza alimentare che si esprime anche sull'efficacia e si ha la possibilità di farmi approvare un claim salutistico, se EFSA esprime un'opinione favorevole, l'unione europea esce con una legge, un regolamento che introduce ad es. un claim salutistico sul selenio.

AD OGGI QUANTI CLAIM CI SONO? ci sono 229 health claims, hanno approvato 14 claim di fattore di riduzione di rischio di malattia, hanno approvato 11 claims di sviluppo dei bambini, ma ci sono state una marea di indicazioni che sono state bocciate, ad es ci sono 2031 claim rigettati a fronte di un totale di 262 claim ammessi e in più ci sono i cosiddetti claim pending e cos'è un claim pending? è un claim per il quale EFSA era stata chiamata in prima battuta ad esprimere un'opinione, ma che poi sono stati bloccati perché sostanzialmente le aziende si erano rese conto che i claim sui botanicals che quelli sui probiotici venivano praticamente bocciati tutti e quindi per non danneggiare il mercato hanno deciso di ricorrere alla corte di giustizia europea per bloccare le valutazioni di EFSA. Quindi ad oggi ci sono 2031 claims rigettati e questi sono rigettati fino a prova contraria, ossia fino a quando non si fanno studi che permettono di dimostrare la famosa relazione causa-effetto tra la struttura -funzione e un certo effetto di rischio di riduzione di malattia, quel claim non si può usare e poi invece si hanno i claim cosiddetti pending che sono stati bloccati che ad oggi non sono sotto studio, ma che quando saranno sbloccati verranno appunto valutati da EFSA e dopo la valutazione potrà esprimere un parere favorevole o uno negativo.

DEFINZIONE DI ALIMENTO

DEFINIZONE DI SICUREZZA

DEFINIZIONE DI EFFICACIA ATTTRAVERSO LE TRE TIPOLOGIE DI CLAIM

DESCRIZIONE E DEFINIZIONE DI INTEGRATORE ALIMENTARE E COMPONENTI CHE LO POSSONO COSTITUIRE

ALIMENTI DESTINATI AI FINI MEDICI SPECIALI

Il parmigiano reggiano è fatto secondo un disciplinare di produzione è naturalmente caratterizzato da un certo contenuto di calcio e non è un alimento arricchito, ma è un alimento di uso corrente, un alimento normale, quindi il concetto è " se il parmigiano reggiano è un alimento di uso corrente, ma ha un contenuto di calcio molto alto tale per cui può vantare un claim salutistico del calcio, non si ha un alimento arricchito non si ha un integratore alimentare, non si ha un alimento destinato a fini medici speciali → è un alimento di uso corrente che vanta il claim, quindi il regolamento 1924 del 2006 che introduce tutte queste definizioni di claim è un regolamento orizzontale o verticale? è orizzontale perché si può avere il parmigiano reggiano che è un alimento di uso corrente che vanta il claim del calcio, così come si può avere un integratore alimentare che vanta il claim del calcio, così come si può avere un alimento arricchito che vanta il claim del calcio. Quindi il regolamento 1924 poiché può essere esteso a tutti gli alimenti è un regolamento di tipo orizzontale.

Quindi un claim si può attribuire pure a un alimento arricchito oppure solo a un integratore alimentare oppure anche a un alimento di uso corrente? si può attribuire a tutti gli alimenti perché il parmigiano reggiano, alimento di uso corrente può vantare un claim salutistico di riduzione del rischio di malattia o può vantare quindi un claim anche se non è un integratore.

Per assurdo anche un integratore potrebbe non vantare claim, ma un integratore muto chi lo assume? e un esempio di integratore muto sono gli integratori a base di propoli, ma perché anche se sono integratori muti per i quali non c'è un claim salutistico si continuano ad assumere integratori a base id propoli? perché è talmente tanto radicato che la propoli come alimento dell'alveare è antibatterico, antiossidante, immunostimolante, antinfiammatoria, è talmente tanto radicata nella popolazione che la propoli è un prodotto salutistico che se anche la propoli si ha la caramella alla propoli e si prende per il mal di gola, anche se non c'è scritto che la caramellina alla propoli fa bene alla salute orale o per alte vie orali

ALIMENTI DESTINATI A FINI MEDICI SPECIALI →negli anni 90 quando si cominciava a delineare questa relazione tra alimentazione e salute erano stati introdotti degli alimenti chiamati alimenti destinati ad un alimentazione particolare che includevano i latti per i bambini, includevano anche gli alimenti destinati ai fini medici speciali, includevano una serie di prodotti destinati ai fini medici speciali, quindi includevano tutti una serie di prodotti alimentari aventi una destinazione particolare →sul regolamento c'era scritto che si sarebbero fatte tutte le regolamentazioni specifiche del caso, gli integratori alimentari, alimenti destinati ai fini medici speciali, latti per bambini, alimenti per celiaci →si faceva una sorta di capello sotto il quale si sarebbero messi tutti questi alimenti specifici, gli integratori alimentari che un tempo erano integratori alimentari appartenenti alla categoria di alimenti destinati ad un'alimentazione particolare, ossi sono rimasti integratori alimentari, così come gli alimenti destinati ai fini medici speciali, che un tempo erano destinati ad un alimentazione particolare, sotto categoria degli alimenti destinati ai fini medici speciali

QUANDO è STATA ABROGATA QUESTA CATEGORIA DI ALIMENTI, quelli destinati a un'alimentazione particolare, questo grande cappello sotto cui c'era tutta questa tipologia di alimento, è stata eliminata con l'entrata in vigore del regolamento 609 del 2013 che introduce i cosiddetti alimenti per un fine specifico, food for specific group. GLI ALIMENTI CHE RIENTRANO IN QUESTO

REGOLAMETNO 609 sono gli alimenti destinati ai fini medici speciali, gli alimenti destinati ai lattanti e ai bambini destinati per la prima infanzia, i sostituti del pasto per il controllo del peso.

Questo regolamento 609 introduce un concetto molto importante, si chiamano Food for specific group e introducono il concetto del gruppo vulnerabile.

Si hanno dei prodotti alimentari che rispondono a determinate esigenze " a un bambino neonato si potrebbe dare del latte di mucca oggi giorno? " no in quanto non risponde alle esigenze nutrizionali del bambino, pertanto il soggetto avrà un'esigenza nutrizionale particolare, il neonato sarà un soggetto appartenente a un gruppo vulnerabile. Se al neonato non si può che dare solo il latte di inizio, questo soggetto non potrà che bere latte di inizio e se si da qualcosa di diverso, il soggetto potrebbe sviluppare una patologia avendo dei problemi.

IL CONCETTO di GRUPPO VULNERABILE significa che si hanno dei soggetti che hanno particolari vulnerabilità, ossia soggetti che necessitano per stare bene di un particolare alimento, ad es. un latte di inizio. Un galattosemico è una persona che non è in grado di metabolizzare il galattosio. Un galattosemico è un gruppo vulnerabile, quindi appartiene a un gruppo vulnerabile → deve essere dato un latte particolare che esclude il quantitativo di galattosio, ma permette lo stesso introito di zucchero. È un soggetto che ha un'esigenza nutrizionale particolare che appartiene a un gruppo di soggetti vulnerabili ben identificabili che ha un problema che riesce a risolvere solo tramite l'ingestione di alimenti molto particolari.

IL CELIACO è UN SOGGETTO APPARTENENTE A UN GRUPPO VULNERABILE?

Perché in quanto soggetto con un'esigenza nutrizionale particolare e quindi deve risolvere attraverso l'ingestione di un particolare alimento. Nel caso della celiachia deve essere tolto il glutine, che il glutine non può mangiare. Ci sono degli alimenti senza glutine, ma il problema lo risolve togliendo il glutine e non tramite l'ingestione di un particolare alimento specifico.

Un alimento a ridotto o con tracce di glutine è un alimento per gruppi specifici, è un alimento destinato a un gruppo vulnerabile oppure no?

I celiaci possono assumere anche altri alimenti che non contengono glutine e quindi non hanno particolari esigenze che non può assumere un latte di inizio o un galattosemico. Questo concetto che il celiaco non mangia frumento, avena o orzo, ma mangerà riso, mais, polenta, ma riesce a vivere anche con una comune dieta in modo del tutto analogo chi ha un'intolleranza al lattosio →invece di bere il latte o mangiare la ricotta, la certosa o il philadelphia che contengono lattosio, mangerà un pezzo di grana che non contiene lattosio, mangerà del talegio, del formaggio stagionato, del latte fermentato, dello yogurt, anziché bere il latte. Quindi è necessario per un soggetto che ha un'intolleranza al lattosio assumere assolutamente un alimento fermentato ad hoc? no basta solo che beva il latte fermentato e che si mangi il grana. Quindi un soggetto che ha una patologia, che ha un'esigenza nutrizionale particolare è un soggetto che appartiene a un gruppo vulnerabile della popolazione, che ha bisogno di un alimento formulato ad hoc e sono i food for specific group, quindi i food for specific food sono alimenti destinati a persone che hanno vulnerabilità nutrizionali.

I celiaci vivevano lo stesso mangiando il risotto o polenta. Se dovevano mangiare la cioccolata anziché indurirla con farina di frumento, mettevano dentro la fecola di patata che è sempre amido e non contiene glutine, quindi addensavano la cioccolata in quel modo.

Il galattosemico → non si può eliminare il galattosio dalla dieta, in quanto vorrebbe dire eliminare tutti i formaggi, perché il galattosio quando c'è il formaggio stagionato, il lattosio non c'è più perché è stato trasformato in acido lattico, ma il galattosio resta all'interno, comunque, insieme al glucosio nell'alimento. Ci sono i glicosidi che hanno galattosio all'interno come molecola zuccherina che forma il glicoside. Quindi non è così semplice formulare una dieta corretta senza apportare galattosio, ancora di più con la fenilalanina nella fenilchetonuria, la fenilalanina è in tutte le proteine, come si toglie la fenilalanina dalle proteine? non si riesce e allora si tolgono tutte le proteine, si fanno delle miscele specifiche dove invece di mettere le proteine si mettono delle miscele di singoli amminoacidi. Mentre con il celiaco si toglie frumeto, orzo e avena, che sono anche nella cioccolata enei dolci e bisogna avere dolci fatti con farina di riso, dolci con più cioccolata addensata con la fecola di patate ecc... ma sono tutti alimenti normali e non bisogna mettere dentro delle miscele di amminoacidi per toglier eil glutine che è una cosa sintetica nella miscela di amminoacidi, sono amminoacidi di sintesi e si fa un bel mix di amminoacidi di sintesi, in modo che si sa per certo che non c'è la fenilalanina. Quindi gli alimenti destinati a fini medici speciali sono dei food for specific group perché sono gruppi di popolazione che richiedono un alimento nutrizionalmente adatto per l'impossibilità o grave difficoltà a soddisfare il fabbisogno nutritivo a causa del profilo nutritivo dei comuni alimenti. Al contrario i gruppi di popolazione in cui si può superare la vulnerabilità semplicemente riportando sull'etichetta delle informazione come "contiene lattosio " "contiene glutine e quindi non adatto a celiaci, si può dire che queste non sono persone vulnerabili dal punto di vista nutrizionale. Un fruttosemico a quale categoria appartiene? assolutamente a un gruppo vulnerabile, tutte le malattie metaboliche → sono tutte le patologie metaboliche rare vengono considerati soggetti appartenenti a gruppi vulnerabili. Quindi:

COS'È UN PRODOTTO DESTINATO AI FINI MEDICI SPECIALI? prodotto alimentare espressamente elaborato e formulato destinato alla gestione dietetica di pazienti compresi i lattanti, che possono essere malati da utilizzare SOTTO CONTROLLO MEDICO e non sotto prescrizione medica destinata all'alimentazione completa o parziale di pazienti con capacità limitata, disturbata o alterata, di assumere digerire assorbire o metabolizzare o eliminare alimenti comuni o determinate sostanze nutrienti in esse contenute o metaboliti o con altre esigenze nutrizionali determinate da condizioni cliniche la cui gestione dietetica non può essere effettuata esclusivamente con la modalità della normale dieta. Quindi necessitano di una dieta speciale, che con i comuni, quindi normali alimenti non può essere raggiunta

DOMANDA: DATA QUESTA DEFINZIONE DI alimento destinato a fini medici speciali che deve riportare in etichetta la malattia, ossia "destinato a soggetti con fenilchetonuria", che deve essere consumato sotto controllo medico, che è stato elaborato, formulato per la gestione dietetica di un particolare paziente, che ha una capacità limitata, disturbata, alterata di digerire, e metabolizzare ecc... un alimento destinato a fini medici speciali, può vantare un claim salutistico o di riduzione di un fattore di rischio di malattia oppure no?

Un claim che parla di un'efficacia salutistica o di riduzione di un fattore di rischio di malattia non si adegua un alimento destinato ai fini medici speciali. L'alimento destinato ai fini medici speciali non ha una finalità salutistica, ma ha la finalità della gestione dietetica del paziente e non ci si aspetta che un alimento destinato a fini medici speciali mi abbassi il colesterolo, né che abbassi la glicemia, ma ci si aspetta che serva per nutrire la persona, quindi per la gestione dietetica della persona malata.

IL FATTORE DI RISCHIO→ non è che l'assunzione di fenilalanina è un fattore di rischio, è un composto tossico per il fenilchetonuri. Il lattosio che si trasforma in galattitolo è un composto tossico per il galattosemica. →quando sono malattie metaboliche ereditarie non esiste un claim salutistico.

Una persona allergica che cosa assumerà? assumerà alimenti destinati a fini medici speciali o alimenti normali ed integratori alimentari o food for specific group? quindi un allergico è una persona vulnerabile dal punto di vista nutrizionale o no? si lo è, perché in alcuni integratori o medicinali che possono contenere quel fattore che arreca la reazione allergica alla persona → involucri, capsule, eccipienti. Quindi le persone allergiche sono persone vulnerabili dal punto di vista nutrizionale che necessitano di alimenti speciali, perché senza questi alimenti queste persone, soprattutto quelle panallergiche, quindi quelle allergiche tutto possono avere delle malattie se assumono questi prodotti.

CAPITOLO 18

COSA SONO GLI ALIMENTI, ma non dal punto di vista chimico -scientifico, bensì dal punto di vista degli aspetti regolatori. Osservando la diapositiva:
INNANZITUTTO, si comincia a fare una valutazione, una prima descrizione di quello che è il concetto di LEGISLAZIONE ALIMENTARE ORIZZONTALE E VERTICALE.

Per quanto riguarda **la LEGISLAZIONE ALIMENTARE** ci sono molte tipologie di alimenti:

- Ci sono gli alimenti di USO CORRENTE → biscotti, carne confezionate, non confezionate, pane, la farina.
- Poi ci sono alimenti come gli integratori alimentari che sono una tipologia particolare di alimenti.
- Poi ci sono i prodotti per la nutrizione parenterale e anche quelli sono alimenti, ad esempio una soluzione glucosata che contiene anche grassi che si deve utilizzare per via parenterale per persone che non possono nutrirsi per via orale, sono pur sempre anch'essi alimenti.
- SOSTITUTI DEL PASTO → Barrette per il dimagrimento
- Poi ci sono alimenti a ridotto contenuto di glutine o che sono definiti gluten free.

Alimenti senza lattosio con basso contenuto di lattosio

Quindi ci sono tantissimi alimenti e qual è la caratteristica che accomuna tutti gli alimenti? il potere nutritivo, ma ancora prima la sicurezza, quindi si assume l'alimento e bisogna avere l'assoluta certezza che questo alimento sia un alimento sicuro.

LE NORME CHE REGOLANO IL CONTENUTO DI MICOTOSSINE. le norme che regolano IL CONTNEUTO DI PESTICIDI piuttosto che LE NORME CHE REGOLANO COME DEVE ESSERE L'ETICHETTATURA, piuttosto le norme che regolano chi ha la responsabilità del prodotto immesso sul mercato. Queste sono tutte norme valide per tutti gli alimenti. Quindi che un alimento non debba contenere pesticidi, è valido sia che sia un alimento per uso corrente, sia che sia confezionato o che sia sfuso, sia che sia un integratore alimentare, sia che sia una barretta per il mantenimento o la riduzione del peso corporeo →per qualsiasi tipo di alimento.

Queste norme che valgono per tutte le tipologie di alimenti si chiamano LEGISLAZIONE ORIZZONTALE. Oltre alla legislazione orizzontale che sono le norme che riguardano tutte le tipologie di alimenti, si ha la cosiddetta legislazione di settore, quindi la legislazione cosiddetta verticale e sono norme che riguardano le singole categorie di alimenti:

Quindi si avrà la legislazione che riguarda gli integratori alimentari, si avrà la legislazione che riguarda i prodotti arricchiti, quella che riguarda i prodotti senza glutine, si avrà la legislazione che riguarda i latti formulati per i bambini, di inizio, di proseguimento e di crescita → quindi quelle legislazioni che si intersecano sulla legislazione cosiddetta orizzontale sono chiamate legislazioni verticali e sono legislazioni di settore. Questo concetto di legislazione orizzontale e verticale è di fondamentale importanza che si sa di cosa si sta parlando perché questo concetto di orizzontale e verticale verrà ancora richiamato.

Quindi detto questo una legislazione che parti dell'etichettatura sarà una legislazione che vale non solo per delle fette biscottate, ma vale per tutti gli alimenti indipendentemente dalla tipologia. La legislazione che invece riguarda una categoria tipica specifica sarà una legislazione settoriale che viene chiamata verticale.

CONCETTO DI ALIMENTO →**la definizione risale al 2002** → quindi al regolamento numero 178 ed è qualsiasi sostanza o prodotto trasformato o parzialmente trasformato, non trasformato destinato ad essere ingerito o di cui si prevede ragionevolmente che possa essere ingerito da esseri umani con l'eccezioni di mangimi, vegetali di prima raccolta ....

Quindi si sta parlando di prodotti che si pensa debbano essere ingeriti dall'uomo e pertanto i I MANGIMI non rientrano nella legislazione alimentare, ma nemmeno l'animale prima di essere macellato. Poi ci sono delle eccezioni, perché ad es.

Si può pensare alle ostriche piuttosto che altri crostacei che vengono consumati o venduti vivi e queste rappresentano delle eccezioni

UN ALIMENTO DEVE AVERE COME PARAMETRO FONDAMENTALE come conditio sin equa non il fatto che sia sicuro, quindi un alimento deve avere un valore nutritivo.

La sicurezza è un concetto imprescindibile, quindi non si può pensare di introdurre con la dieta un alimento con non sia sicuro per la salute umana. Nel caso di particolari tipologie di alimenti, che sono gli integratori alimentari e i cosiddetti alimenti destinati ai fini medici speciali =AFMS, sigla che indica gli ALIMENTI A FINI MEDICI SPECIALI, oltre al fatto di essere sicuri, condizione imprescindibile che vale per tutti devono essere anche efficaci e cosa vuol dire che devono essere efficaci e perché un integratore deve essere efficace?

Cos'è UN INTEGRATORE ALIMENTARE?

Integratore a base di pappa reale, era sotto forma di compresse. Gli integratori alimentari possono essere sotto forma di sciroppo, liquido o in un flaconcino o capsule o un granulato.

Gli integratori alimentari sono degli alimentari in forma di dosaggio(non in forma farmaceutica, perché essa ci riconduce al farmaco, quindi si parla di forma di dosaggio) mono o pluri composti e quindi possono essere costituiti →Ad es. integratori alimentari a base di vitamine del gruppo B, sono tutte le vitamine del gruppo B o si può fare un integratore a base di acido folico o a base di B6,B12,B1, vitamina C →quindi sono alimenti in forma di dosaggio mono o pluri composti che contengono sostanze nutritive, vitamine, acidi grassi, amminoacidi, Sali minerali che contengono sostanze nutritive o sostanze aventi un effetto fisiologico concentrate.

Al supermercato si compra una passata di pomodoro, per fare la pasta di pomodoro e la passata di pomodoro cha un valore nutritivo ed un valore edonistico. Se si va a comprare il parmigiano reggiano, lo si compra perché ha un valore nutritivo e uno edonistico.

Se si compra un integratore alimentare come quelli per gli sportivi o un integratore a base di acido docosaesanoico, lo si compra per un motivo edonistico? quindi si ha il piacere di assumere una capsula molle di acido docosaesanoico? no, si compra perché ha un effetto nutritivo o fisiologico, quindi sia nella passata di pomodoro che nell'integratore alimentare a base di acido docosaesanoico bisogna trovare quello che è il concetto di sicurezza, perché nell'integratore alimentare a base di acido docosaesanoico non deve esserci il mercurio, così come nella passata di pomodori non deve esserci il piombo.

IL CONCETTO è QUESTO: La passata di pomodoro è un alimento che si assume per motivi nutritivi ed edonistici. L'INTEGRATORE DI DOCOSAESANOICO lo si assume perché abbia un'efficacia, quindi il concetto che entrambi gli alimenti devono essere sicuri, ma ad un integratore se non si riconosce l'efficacia, non si assume per fini edonistici, ossia perché piace mangiare l'integratore, ma si assume perché ha una sua efficacia.

Lo stesso vale per un alimento destinato a fini medici speciali. Si suppone che un alimento destinato a fini medici speciali sia del latte senza galattosio perché la persona è un galattosemico o una miscela di proteine senza fenilalanina, perché il soggetto è fenilchetonurico, anche in questo caso non si va ad assumere un latte privo di galattosio se non si ha una specifica necessità di assumere del latte senza galattosio, si assume perché si ha la galattosemia e quindi si ha bisogno di un alimento destinato a fini medici speciali.

Quindi il concetto è il seguente:

Noi abbiamo un alimento che se è come l'integratore alimentare, come l'alimento destinato a fini medici speciali, un alimento che ha una particolare finalità, questo alimento deve presentare un'efficacia che deve essere vantata sull'etichetta. Si dice che l'alimento destinato a fini medici speciali, si vedrà l'etichetta, si dice che l'alimento destinato ai fini medici speciali è un alimento senza, si suppone che sia il latte senza galattosio, formulato in modo particolare senza galattosio destinato al soggetto galattosemico, mentre un alimento di uso corrente può avere una funzione anche fisiologica, ma non è indispensabile che si abbia. Ad es. Si comprano dei cereali della prima colazione con la crusca d'avena, contiene beta glucani, che sono fibra solubile e che quindi aiuta a ridurre la colesterolemia plasmatica o mantenerla normale. Quindi si ha che il nostro alimento, cereali per la prima colazione, si assumono per un motivo nutritivo, per un contesto edonistico, perché mi piace mettere i cereali nel latte quando si fa la colazione al mattino, ma anche per una sua efficacia nel ridurre la colesterolemia, ma i cereali si assumevano anche prima di sapere che contenevano la crusca d'avena che riduce la colesterolemia? si, perché i cereali della prima colazione sono stati messi sul mercato ben prima che si conoscesse questa loro funzione qualora contengano la crusca d'avena.

Per queste due classi di alimenti considerati nel dettaglio: integratori e gli alimenti destinati a fini medici speciali non basta che sia sicuro, ma ci vuole anche che ci sia un'efficacia.

Concetto per cui se si ha un ALIMENTO DI USO CORRENTE può essere efficace, ma si assume lo stesso anche se non è efficace (di gusto, piace mangiare un cioccolatino) oppure si può avere un integratore alimentare che ha un effetto nutritivo fisiologico, senza che a questo integratore venga riconosciuto un effetto nutritivo fisiologico, non lo si assume.

Un alimento deve essere SICURO → l'acido docosaesanoico non deve contenere il mercurio, una marmellata, una confettura di frutta non deve contenere pesticidi. Il caffè non deve contenere acrotossina, che è una micotossina → sono tutti esempi di assenza di qualche componente, tale per cui l'alimento diventa sicuro. La margarina non deve contenere acidi grassi trans perché sono epatotossici e citotossici, ma dal punto di vista regolatorio cosa si è pensato di dire?

Un alimento è sicuro se ha una significativa storia di consumo. Se una persona ha sempre assunto dell'olio di oliva extravergine di prima spremitura, questo prodotto ha una storia di consumo sicuro? si, quindi è un alimento sicuro perché non ha mai fatto male a nessuno. Se si mangia la pesca. La pesca ha una storia di consumo sicuro? assolutamente si, prima di noi la mangiavano i nostri genitori, prima dei genitori, i nonni e poi i bisnonni → quindi sono alimenti che hanno una storia significativa di consumo, quindi il legislatore ha pensato che per dire che un alimento è sicuro, dico che ha una storia significativa di consumo e quindi bisogna pur fissare una data, come è stata fissata una data?

è stata fissata una data convenzionale, quindi un alimento che ha una storia di consumo significativa prima del 27 maggio 1997 è un alimento che ha una storia significativa di consumo nell'Unione europea che depone a favore della sua sicurezza. Se invece non ha una storia di consumo significato in EUROPA, cosa succede? allora un alimento che non ha una storia significativa di consumo in Europa prima del 1997 è un alimento che è un overfood e che pertanto affinché possa entrare in commercio in Europa deve essere riconosciuto safe, quindi sicuro.

LA PIANTA DEL BAOBAB → molto grande pianta con il tronco molto grande che si trova in Africa, in centro africa e che produce frutti ovali che vengono mangiati da popolazioni tropicali → la pianta del baobab e nel re leone, Rafichi era sull'albero del Baobab → albero della vita → nome latino → è

adansonia digitata che produce frutti ovale verdognoli, grossi, piuttosto ovali ricchi di vitamina C. Il baobab in Europa non era consumato prima del 1997, ma è stata fatta una richiesta dell'immissione in commercio del frutto del Baobab che oggi è un overfood approvato. Quindi cosa vuol dire? vuol dire che un frutto che è sempre stato mangiato dagli africani, perché fa parte della loro normale alimentazione. Affinché venga consumato in Europa siccome non aveva una storia di consumo significativo prima del 97 è stato approvato per essere un over food.

COSA PREVEDONO GLI STUDI DI SICUREZZA? (in una lezione dedicata)

Prevedono degli studi di genotossicità e degli studi di tossicità acuta, subACUTA, cronica, subcronica, studi di allergenicità →quindi sono tutti studi dove si prende un alimento che è un novel food, poi si andrà a vedere anche meglio la definizione di over food, si dice che questo è un alimento nuovo, perché non ha una storia consolidata sicura in Europa prima del 97, per dimostrare questa sicurezza bisogna fare degli studi per caratterizzarlo chimica e degli studi di tossicità, quindi bisogna prendere degli animali, ad es. fare la tossicità acuta, ad es. somministrare a un topo o a un ratto, in genere i roditori una certa quantità, andare a vedere se dopo due settimane se è vivo o morto. Quindi sono tutti studi di tossicità dove si utilizza il cosiddetto tayer approach → ossia approccio a scalini, si farà il test di ayesz si farà il test per valutare la mutagenicità su salmonella piuttosto che su escherichia coli, quindi su microrganismo. Poi si farà il test dei micronuclei che valuta la mutagenicità, poi si prende il topo e si farà una tossicità acuta, poi si farà una tossicità subacuta, trattandolo per 28 giorni con dosi ripetute dell'alimento per vedere cosa gli succede poi si tratterà tra 90 giorni nel caso di tossicità cronica, poi si tratterò il ratto per due anni, perché questa è la vita media del ratto per capire se il ratto presenta o non presenta tossicità a seguito della somministrazione del novel food → questi sono tutti gli studi che vengono fatti.

È stato detto cos'è un alimento, è stato detto che un alimento deve essere sicuro e a garantire la sicurezza sarà una legislazione orizzontale o verticale? è orizzontale, perché la legislazione che garantisce la sicurezza è orizzontale?

Da un punto di vista di sicurezza, quindi deve essere un parametro oggettivo, quindi devono esserci dei criteri standard che valgono in generale per gli alimenti, quindi una legislazione che riguarda tutti gli alimenti, quindi che non è settoriale e specifica deve proporre questi parametri standard che valgono per tutti i tipi di alimenti e questo è stato il motivo per cui si dice che la legislazione è orizzontale.

Si suppone di aver posto la domanda in un altro modo: QUAL È LA LEGISLAZIONE CHE REGOLA il fatto che sopra una pesca non ci siano dei pesticidi, si immagina che i pesticidi non si dovrebbero trovare nell'acido docosaesanoico, perché l'acido docosaesanoico è di origine animale e si estrae per distillazione frazionata dall'olio di pesce e si immagina che non ci siano pesticidi nell'acido docosaesanoico.

LA LEGISLAZIONE è ORIZZONTALE o VERTICALE LA LEGISLAZIONE CHE MI GARANTISCE LA SAFETY DI UN GENERICO PRODOTTO ALIMENTARE? e la risposta era orizzontale. In ogni caso si dice che soprattutto in termini di safety, la safety è sicuramente orizzontale, perché il mercurio non deve esserci sulla foglia di insalata, nel docosaesanoico commercializzato come capsula molle, non deve esserci nella fetta biscottata e nel pezzetto di carne.

Anche le ADULTERAZIONI, se è una cosa specifica potrebbe valere per un alimento e non per un altro → anche una frode alimentare, 'un'adulterazione o una sofisticazione sono tutte cose che possono riguardare un integratore alimentare, un alimento destinato a fini medici speciali, un alimento di uso corrente → quindi la safety è assolutamente orizzontale.

GLI INTEGRATORI ALIMENTARI →Definizione → si osservano le due leggi che saranno leggi verticali che regolamentano questa specifica categoria di alimenti. Gli integratori alimentari sono prodotti alimentari, quindi sono alimenti che costituiscono una fonte concentrata di sostanze nutritive o con effetto nutritivo fisiologico monocomposto o pluricomposti in forma predosata. Questo in quanto è stato detto:

Quando è uscita la legge sugli integratori alimentari? era una direttiva europea, quella 2002 -46 che, come direttiva, non aveva una valenza immediata, ma era attuata a livello delle nazioni che partecipano all'unione europea attraverso il cosiddetto recepimento che in Italia è stato il decreto legislativo 169/2004.

Qual è la DIFFERENZA fondamentale TRA DIRETTIVA E REGOLAMENTO? Sia la direttiva che il regolamento sono delle disposizioni emanate dal parlamento europeo, quindi sono disposizioni a carattere europeo la direttiva per essere applicata in ogni paese dello stato membro, quindi ogni paese dell'unione europea ha bisogno di un recepimento interno, che avvenga con il decreto legislativo, fonte di legge del sistema giuridico emanato dal governo. Quindi il governo italiano per recepire la direttiva, che ha un carattere assoluto in Europa, ma deve essere recepito da ogni paese e stato membro avverrà con il decreto-legge, mentre il regolamento non ha bisogno di alcun recepimento e non è nemmeno obbligatorio.

LA DIRETTIVA → richiede il recepimento

IL REGOLAMENTO è subito attivo e non deve essere recepito, ma qualunque paese che appartiene all'unione europea a seguito dell'emissione di un regolamento, va a dover applicare questo regolamento. Al contrario un paese dell'unione europea a fronte di un'emissione di una direttiva potrebbe anche decidere di non recepirla e quindi quella legge non sarebbe legge di quel paese.

Nel caso DEGLI INTEGRATORI ALIMENTARI si ha una direttiva, che è stata recepita a livello nazionale con il decreto legislativo 169-2004, quindi due anni dopo l'uscita della direttiva.

QUALI SONO I COSTITUENTI DEGLI INTEGRATORI ALIMENTARI? possono essere Vitamine, Sali minerali che sono in tutto e per tutto degli ingredienti degli integratori alimentari così come venivano concepiti soprattutto un tempo, ossia che dovevano integrare la comune dieta. Potevano esserci carenze di vitamine e Sali minerali, quindi a fronte di queste necessità si può avere la necessità di integrare la dieta. A questo punto si hanno altri componenti come amminoacidi, acidi grassi essenziali, fibre, estratti di origine vegetali, probiotici, ossia lattobacilli, bifido batteri.

VITAMINE E SALI MINERALI sono armonizzati a livello europeo. Cosa vuol dire? Si s a esattamente che fonti di vitamine, di Sali minerali, che fonti di Sali minerali si possono e quanto se ne può mettere all'interno di un integratore alimentare. Queste norme, ossia si può utilizzare il cloruro di potassio, come fonte di potassio, il magnesio pidolato come fonte di magnesio, il ferro cloruro come fonte di ferro ecc… bisogna mettere tra il 15 e il 300 % della VNR, ossia del valore nutrizionale di riferimento e questa cosa che del magnesio pidolato se ne può mettere da una certa quantità a una certa quantità, quindi da un minimo a un massimo, non vale solo in Italia, ma vale in tutta Europa.

Quindi tutti gli integratori alimentari di Sali minerali e vitamine che verranno commercializzati in Europa avranno tutti delle concentrazioni e delle tipologie di Sali minerali e vitamine ben definite. Al contrario per altri nutrienti o sostanze aventi effetti fisiologici come le fibre, i botanicals, come i probiotici non c'è un'armonizzazione a livello europeo

Ad es. la pianta dei tali, che si chiama poligunum cospiratum, fonte di resveratrolo si può mettere in un integratore italiano, francese o belga e magari in Germania quella pianta non è permessa →oppure una fibra ottenuta da un certo tipo di fonte può essere messa in un integratore ungherese e non in quello italiano, ma l'Europa ha un mercato comune e il fatto di avere un mercato comune cosa vuol dire? che un prodotto ungherese può essere commercializzato in Italia, così come uno italiano può essere commercializzato in Polonia o in Germania →quindi vale un MUTUO RICONOSCIMENTO, Quindi io Sono italiano, produco in Italia, al ministero l'integratore alimentare che l'integratore ha una certa composizione → il ministero della salute italiano dice che questo prodotto può essere commercializzato perché conforme alla legge Italia, se può essere commercializzato in Italia, può essere commercializzato anche in Danimarca

Quindi questo significa che paesi dell'unione europea hanno un mercato comune applicano il mutuo riconoscimento, per cui si produce a casa un integratore secondo la tua legge, lo si approva a casa e si può commercializzare, quindi si produce a casa mia un integratore che mi viene approvato dal ministero → lo si produce qua e si può andare a commercializzare anche all'estero, ovviamente si parla di mercato Europeo, perché è un mercato comune. → concetto di ARMONIZZAZIONE da un lato e un MUTUO RICONOSCIMENTO dall'altro.

Se si vuole produrre un integratore alimentare seguendo delle leggi italiane e le leggi italiane sono diverse da quelle Americane, non si può entrare nel mercato americano e dire di vendere il mio prodotto italiano che non è conforme alla legge americana in America. Si può vendere il prodotto italiano in America se il prodotto italiano è conforme anche alla legge in America. Invece con questa norma per cui ci sono delle norme nazionali diverse per questi ingredienti di integratori alimentari, anche se la Polonia ha una legge diversa della mia, sulla base del fatto che c'è un mercato europeo comune, anche se loro hanno leggi diversi, si può andare li in base al mutuo riconoscimento e vendere il prodotto.

Vado a vendere in Australia, se il prodotto è conforme alla legge australiana, si va li, si dice che è conforme alla legge e si immette sul mercato. Se invece non è conforme alla legge australiana non si può immettere sul mercato. L'Inghilterra fa parte dell'Europa geograficamente parlando, ma non fa più parte dell'Unione europea, non è più una questione geografica, ma è una questione politica.

Si passa avanti: è stato detto che un integratore alimentare si assume se è efficace. Si ha un'anemia ferropriva, si assume il ferro per aumentare il livello del ferro. In caso di un problema gastrointestinale, per cui si ha bisogno di un prodotto che ha un effetto di regolarizzazione del transito intestinale e si vuole assumere un integratore alimentare a basa di fibra.

Si ha una LEGGERA IPERCOLESTEROLEMIA si assume un integratore di un certo botanicas, che contiene berberina, procianidine della mela annurca, che contiene il riso rosso fermato che abbassa la colesterolemia. Se un integratore alimentare non ha una ragione per cui si assume, non si assume.

Tuttavia, si può dire che la legislazione europea prevede per gli alimenti tutti, che io possa vantare sull'etichetta delle indicazioni che sono di tre tipi:

INDICAZIONI NUTRIZIONALI → BASSO CONTENUTO DI GRASSO, RIDOTTO CONTENUTO DI ZUCCHERI, FONTE DI FIBRA →

CLAIM SULLA SALUTE, CLAIM SULLA RIDUZIONE DI RISCHIO DI MALATTIE E SVILUPPO DEI BAMBINI → questa legislazione vale per tutti gli alimenti, siano essi alimenti di uso corrente o siano alimenti particolari come gli integratori o alimenti destinati ai fini medici speciali. Tuttavia, mentre un alimento di uso corrente si assume per le proprietà edonistiche piuttosto che nutritive. Un integratore alimentare se non ha un motivo di efficacia non si assume.

Questo regolamento 1924/2006 che ha introdotto nel 2006 appunto per la prima volta il concetto di CLAIM NUTRIZIONALE SULLA SALUTE O DI RIDUZIONE DEL FATTORE DI RISCHIO DELLA MALATTIA, come la riduzione della colesterolemia che si applica a tutti gli alimenti è una legislazione orizzontale o verticale? è una legislazione orizzontale.

Un integratore alimentare si assume solo se efficace, perché altrimenti non ha senso → non si prende un pastiglia se non c'è motivo di prenderla, ma detto questo la possibilità di vantare claim nutrizionali su salute o sulla riduzione dei fattori di rischio della malattia è una legislazione di tipo orizzontale.

ESEMPIO DI CLAIM DI TIPO NUTRIZIONALE → Ad es. a basso contenuto calorico, indicazione di un alimento che è a basso contenuto calorico o qualsiasi frase simile si può dire se il prodotto contiene non più di 40 kilocalorie per 100 grammi per i solidi, oppure 20 kilocalorie per 80 mL per i liquidi.

Quindi il claim nutrizionale è un claim relativo alla presenza o meno di certi nutrienti o di certe proprietà, addirittura un prodotto si può dire senza calorie se il prodotto contiene non più di 4 kilocalorie per 100 millilitri o 0,4 per dose unitaria.

L'indicazione che un alimento è senza kalorie è la tipica indicazione degli EDULCORANTI INTENSITIVI, che hanno un apporto di calorie minimo se paragonato alla quantità minima richiesta → ad es. se si ha una saccarica che è 100 volte,200 volte più dolce dello zucchero → se di zucchero se ne mettono 3 grammi che sono 3 mila milligrammi, della saccarina si mettono 30 milligrammi, che sono 3 granellini, ossia una quantità piccolissima. In quella piccolissima quantità possono esserci pochissime chilocalorie e si chiama il prodotto senza kilocalorie.

Cos'è UN CLAIM NUTRIZIONALE? è UN'INIDCAIZONE che rivendica la presenza di un nutriente o sostanza ad effetto nutritivo fisiologico.

SECONDA CATEGORIA:

LISTA DEI CLAIM SALUTISTICI è presente in questo regolamento che è stato pubblicato nel 2012 e che parla di indicazioni che indicano che c'è un rapporto di salute tra l'assunzione di un alimento e la salute, ad es. il calcio contribuisce alla normale coagulazione del sangue. Questa indicazione può essere rivendicata per un alimento che è un'elevata fonte di calcio, ad es, il parmigiano reggiano contiene molto calcio, è una fonte di calcio, quindi il parmigiano reggiano può rivendicare questo claim salutistico

AVERE UNA NORMALE COAGULAZIONE è un effetto salutistico? si, ossia riuscire a mantenere una normale coagulazione. Avere un normale trofismo osseo, avere un normale colesterolo, avere un normale glicemia, una normale regolarità del tratto gastrointestinale → sono tutti effetti di salute. Se si ha un alimento, lo si assume e se a fronte dell'assunzione dell'alimento si ha un effetto salutistico, quindi mantiene la glicemia normale, questo è un claim, questo alimento può vantare un claim salutistico.

Se si avessero degli spinaci che sono fonte di ferro, che contengono una certa quantità di ferro sufficiente per dire di mantenere l'emoglobina normale → mantenere l'emoglobina normale è un effetto salutistico.

L'ALTRO CLAIM è LA RIDUZIONE DEL FATTORE DI RISCHIO di MALATTIA → LA COLESTEROLEMIA, se si ha una colesterolemia 170, è una colesterolemia normale. Se si dice che si mantiene la colesterolemia 170, si applica un claim salutistico o uno di riduzione di fattore di rischio di malattia? SALUTISTICO.

Se si ha 205 di colesterolo è un colesterolo border line, che se diventa 220 è un'ipercolesterolemia, quindi se da 205 si riesce a portare il colesterolo a 170 → si riesce a fare un'azione correttiva, riducendo un fattore di rischio di malattia, perché avere un colesterolo alto significa essere a rischio di malattia cardiovascolare → quello è una riduzione di fattore di rischio di malattia, quindi abbassare un colesterolo alto, significa avere applicato un effetto di riduzione di fattore di rischio di malattia. Qual è la differenza tra un claim salutistico e uno di riduzione del fattore di rischio di malattia?

IL CLAIM SALUTISTICO MANTIENE L'OMEOSTASI DELL'ORGANISMO, ossia la glicemia, l'emoglobina, si mantiene il trofismo osseo, la regolarità intestinale →MANTENERE, quindi contribuisce mantenere

Se invece si ha una situazione di fattore di rischio e si riporta da una situazione di fattore di rischio alla normalità →quello non è più un claim salutistico, ma un claim di fattore di rischio di malattia.

ESEMPI DI CLAIM → **FITOSTEROLI** sono sostanze **che possono avere due claim**, perché i fitosteroli possono agire mantenendo il colesterolo normale o possono agire riducendo il colesterolo elevato e riportandolo normale, quindi i fitosteroli a seconda della quantità data possono vantare un effetto salutistico come il mantenimento dei normali livelli di colesterolo oppure possono vantare claim di riduzione di fattori di rischio, infatti i fitosteroli li vantano tutti e due.

LA VITAMINA K →che è importante per i fattori di coagulazione, si definisce salutistico riduzione di rischio di malattia a seconda del caso? Se un soggetto soffre di coagulazione del sangue, si somministra la vitamina K sotto forma di integratore, quindi in questo caso è in funzione di rischio di malattia? non è salutistico. →la differenza è sottile

Se si da al vitamina K affinché venga mantenuta una normale coagulazione sarà un claim salutistico. Se mi riduce un fattore di rischio, ma avere la vitamina K bassa è un fattore di rischio di mancata coagulazione? si in parte si, allora ripristinando i livelli di vitamina K che è un Fattore di rischio averli bassi, si riduce un fattore di rischio, anche se la coagulazione non è una patologia. Quindi vitamina k che mantiene normale la coagulazione, non essendo la coagulazione una malattia, è un fenomeno, un procesos fisiologico, quindi il fatto di mantenere normale la coagulazione è un claim salutistico e non un fattore di rischio, anche perché ragionando sulla vitamina K, da raramente carenza, ma se dovesse esserci, va ragionato il concetto.

CAPITOLO 19

REGOLAMENTO 1924 /2006 è un regolamento che introduce la faccenda claim. Cosa è successo? è uscito il regolamento → è stato detto che le aziende che hanno interesse a vantare un claim sul loro alimento devono inviare all'unione europea tramite il mistero che invierà ad EFSA per la valutazione il claim → le aziende si mobilitano e mandano ognuno il prodotto di interesse. Se ha il prodotto che è omega 3
LE REGOLE PER LA SOTTOMISSIONE ALL'UNIONE EUROPEA tramite il corrispondente ministero dei claim, dice che vuole vantare il claim, ma non ci sono le regole ancora definite per allestire il dossier per dire che la bottiglina ha un contenuto. Il fatto che non ci siano le regole alla base della richiesta di EFSA →

Ha fatto si che le aziende inviassero di testa loro queste APPLICATION → questo atto è stato un problema

Era stato proposto un claim per il caffè. Quando si parla di caffè non si sta parlando di qualcosa che ha una composizione costante, perché si può avere il caffè arabica, robusta. All'interno dell'arabica vi è quella che proviene dalla costa Rica, ha certe caratteristiche

Si vuole parlare del fatto di come si prepara il caffè?

C'è il caffè con la turca, con la moca

Dire che il caffè vanta questa proprietà di aumentare o mantenere lo stato di attenzione e memoria dovuto alla caffeina. Cosa ha fatto ELSA? l'ha cassato, perché la caratterizzazione del caffè non era stata fatta bene

Efsa HA emanato il regolamento 1924, data una data di scadenza secondo l'invio di questo claim, claim salutistici e dopo è venuto in mente come questi claim dovevano essere mandati. L'unione europea si è trovata investita da un'andata gigantesca per un totale di circa 40 mila claims a livello Europeo. Ad es il claim sul caffè è stato presentato da Francia, Spagna, Italia, quindi tanti claim erano ripetuti → dai 40 mila si è scesi a 2004, perché sono stati eliminati i doppioni → quindi si sotto un'unica domanda

EFSA si è rimboccata bene le maniche andando a valutare e quindi vedere cosa si poteva dare, quindi se approvazione o no, parere favorevole o negativo. Quando ha cominciato ha cominciato a valutare a valutare i claim sul botanicals e prebioticità

Siccome

Le associazioni dei produttori di aziende alimentari hanno cominciato a preoccuparsi dicendo che poi cassano tutto

Una vittima illustre di questo processo

Viene impiegato per le cistiti, infezioni delle vie urinarie inferiori. Il cram berry è stata una vittimina illustre del processo dei clAIM, proprio per il fatto che il cramberry è stato praticamente cassato, è stato emesso un parere negativo, perché venivano fatti degli studi particolari che non soddisfacevano EFSA e quindi EFSA ha espresso un parere negativo.

Cosa sono i claim panding? sono i claim per i quali è stata sospesa ad opera del garante del tribunale di EFSA dicendo che sui bitanicals e i prebiotici bisogna fermarsi a valutare in attesa che si chiariscano le idee. Questo blocco c'è stato tra il 2010 -2011 → quindi in 10 anni non sono ancora pending, non

C'è una legge che è fatta male che per alcuni aspetti è buona, per altri è in delirio, c'è EFSA che deve applicare la legge e se la legge è fatta male EFSA la applica per quella che può → ci sono varie application che sono tutte sbagliate

Quando è uscita

COME HANNO SUPERATO LE DEFAIANS?

EFSA aveva anche cominciato a bocciare tutti i claim sui probiotici, perché dicevano che i ceppi non erano stati studiati con la pCR che allora era meno diffusa di oggi e che questi ceppi non erano ben caratterizzati --_> non era stata fatta l

Un prodotto che si conosce che è l'Actimel che è un latte ad alto contenuto di probiotici che si era visto cassare il claim sul probiotico e per dire che migliorava le difese immunitarie è sttao preso il claim della vitamina B6

C'era un po' di tutto → la salute del sistema gastrointestinale, la salute del sistema respiratorio, la salute dei capelli, la salute delle unghie. Se si aveva un prodotto che conteneva alcuni botanicals che venivano usati per la salute del capello, si aggiungeva un sale minerale per la quale EFSA aveva espresso un parere favorevole

REGOLAMENTO 4 3 2 del 2012 visto per l'acido docosaesanoico

Se si fosse avuto un prodotto che aveva dentro un'erba che serviva per fortificare le unghie, cosa si sarebbe fatta dato che quell'erba aveva avuto il claim bocciato? si diceva che oltre all'Erba si metteva dentro anche il selenio che contribuisce al mantenimento di unghie normali

Gli integratori alimentari sono alimenti

Si metteva dentro una quantità di selenio tale per cui l'alimento diventava fonte di selenio e si scriveva che l'integratore alimentare contiene selenio che contribuisce al mantenimento di unghie normali

TIROIDE →si osserva che ad es. si aveva un prodotto, un botanicals, un'alga che conteneva, che era utilizzata per la normale funzione tiroidea si aggiungeva anche lo iodio in quantità sufficiente per vantare il claim e si scrive che lo iodio contribuisce alla normale funzione tiroidea.

(master in prodotti nutraceutici)

REGOLAMENTO 4-3-2 → i masteristi impegnati nelle varie aziende che dovevano riformulare i vari prodotti → se il claim doveva contenere una pianta il cui claim era stato cassato e non sono molte le piante e i prodotti i cui claim sono stati cassati, quindi sono oltre 2 mila e passa a fronte di 200 approvati → 2000 rigettati e a fronte del fatto che stavano completamente distruggendo il mercato degli integratori alimentari. In quegli anni 2012-2013, il mercato alimentari cresceva a doppia cifra, vuol dire che cresceva del 12 %in termini di fatturato e condizioni vendute. Quando è ato il master nel 2010, il mercato degli integratori alimentari si aggira

In 10 Anni il mercato si è triplicato e si compre il perché, perché producendo tanti esperti in ambito nutraceutico, siccome le aziende continuano a crescere e ad assumere. Se venivano venute tot confezioni di integratori, ad oggi le confezioni di integratori venduti sono triplicato. Quindi la piccola azienda che vendeva, ma ha bisogno di più gente che fa ricerca e sviluppo

LA SIT che è il principale terzista italiano che ha ben 350 dipendenti, la sit.

PRODOTTO PER IL SISTEMA IMMUNITARIO, A BASE DI FIBRA CHE FACILITANO L'EVACUAZIONE funzionano, sono prodotti che funzionano e aiutano a mantenere lo stato di salute. I prodotti che riducono il colesterolo

Un prodotto che riduce un colesterolo che è 200 che non è un colesterolo altissimo, perché dovrebbe essere 170, un colesterolo 300 è altissimo. Se ci si presenta con un colesterolo 300 non si da l'integratore alimentare, ma le statine

Quando si ha a 200 e si riesce a farlo tornare indietro poco, se riesce a mantener eil colesterolo 180 e non salire e ritardare l'assunzione delle statine, ad es per 5 anni, per 10 anni, questo assumerà un farmaco dopo 10 anni, anziché 10 anni prima

AGENTI CON AZIONE ANTIPERTENSIVA, un agente antipertensivo che ci permette per 2-3 anni di prendere l'inibitore, principi attivi che hanno effetti collaterali è un ben vantaggio. Quindi l'integratore alimentare non va visto come sostituito del farmaco, ma se un soggetto riesce a mantenere uno stato di salute più a lungo nel tempo, procrastinando in questo modo l'assunzione di farmaci

Non bisogna aspettare di essere malati per prendere per forza un farmaco, ma quando si è border line si cerca di prendere integratore → claim di riduzione del fattore di rischio che aiutano a mantenere nella norma quei valori, non solo si assume quel farmaco dopo 10 anni, ma ci saranno tutti gli effetti collaterali connessi con l'assunzione dei farmaci dopo 10 anni

Questo mercato deve essere tutelato, perché da prodotti alimentari, da lavoro e salute alla popolazione

Se prendere un integratore di acido folico aiuta a ridurre le patologie del tubo neurale, perché la donna in

Non debba prendere un integratore di acido folico

Se l'acido docosaesanoico aiuta ad allungare il tempo della gravidanza, permette un maggiore sviluppo del cervello del bambino, migliora lo sviluppo de

Ragione per cui non si deve dare

Per essere più sano alla nascita, per essere meno a rischio di nascere troppo presto e sottopeso con tutte le complicanze che un bambino prematuro ha rispetto a quando nasce a termine. Quindi si ha un mercato che da salute alla popolazione, che da posti di lavoro, che da ricchezza alla popolazione. In Europa ci sono delle leggi che da un lato proteggono il settore, da un lato lo mettono in rischio. Quando questo regolamento è stato pubblicato, finalmente poteva essere riconosciuta in deroga di vantare un effetto prevenivo o di cura, poteva essere riconosciuto l'aspetto di riduzione del fattore di rischio, perché la legge è stata applicata a sua maniera, perché EFSA applica male? perché è costituita da membri di EFSA e cosa fanno? non si vogliono prendere responsabilità dicendo che un prodotto non ha più senso e si cassa e non è più attivo

ALIMENTI DESTINATI A GRUPPI SPECIFICI sono destinati a soggetti che hanno una vulnerabilità a livello nutrizionale. Sono soggetti che vengono allattati al seno, che hanno delle malattie metaboliche, sono soggetti che devono controllare il peso che non una dieta normale non potrebbero ridurlo →

10: 00

LATTE DEL SENO è un alimento appositamente formulato per il neonato. Il latte è assolutamente specie specifico, quindi questi alimenti vengono regolamentati dal regolamento 609

(regolamento 1924 2006 – regolamento 432 del 2012 e questo 609 e quello sull'etichettatura ()

Considerando il numero 15 del regolamento 609 → un numero limitato di categorie particolari → tale categorie cosa sono? sono necessari, sono alimenti indispensabili per rispondere ad esigenze

In tali categorie rientrano le formule per lattanti, alimenti destinati affini

(In base al regolamento 609

DOMANDA → Quali sono i food for specific group e qual è la loro definizione? alimenti destinati ai fini medici speciali e servono:

CONCETTO DI VULNERABILITÀ ALIMENTARE → per cui gruppi di persone, → non sono gruppi che necessitano di food for specific group → si mette il marchio del gluten free

Se c'è un soggetto intollerante al lattosio, si sa che il prodotto contiene lattosio e non prenderà il prodotto. Un intollerante al lattosio sa che non deve prendere il latte con lattosio, non deve mangiare la crescenza, formaggi freschi, perché contengono il lattosio

IL SOGGETO CELIACO è un soggetto che ha una vulnerabilità nutrizionale o no?

Ha la vulnerabilità nutrizionale, ma la riesce a superare assumendo degli alimenti comodissimi

Chi soffre di favismo → come si classifica? c'è gente che ha lo shock anafilattico avvicinando al campo di fave. Non assume alimenti particolari, alimenti di uso corrente che non contengono i componenti che danno il problema al favismo

Il problema non è la malattia, ma come nutrirsi. Se lei o il soggetto in questione, può nutrirsi con alimenti di uso corrente, se la persona con alimenti di uso corrente non si può nutrire servono i food for specific group

I gruppi di popolazione che richiedono alimenti nutrizionalmente adatti ed adattati, hanno un'impossibilità o difficoltà di soddisfare il fabbisogno nutritivo, che gli alimenti non hanno → ali, menti a fini medici speciali

ALIMENTI A FINI MEDICI SPECIALI → sotto controllo medico, non significa su prescrizione medica, vuol dire che il medico controlla l'assunzione, ma non lo deve prescrivere →

PUNTI FOCALI DI QUESTA DEFINIZIONE → SOTTO CONTROLLO MEDICO e riportati in grassetto, pertanto questi punti vanno accuratamente meditati, in quanto punti chiave della definizione

CLASSIFICAZIONE DEGLI ALIMENTI DESTINATI AI FINI MEDICI SPECIALI

REGOLAMENTO 609 che introduceva i food for specific group, dopo sono usciti i regolamenti che hanno incasellato i vari food for specific group:

PRESCRIZIONE PER I LIVELLI MASSIMI DI PESTICIDI

Questo regolamento è entrato in vigore 2 anni fa nel febbraio 2019 ad eccezione degli alimenti per i lattanti, latti per bambini allergici o malattie metaboliche entrati in vigore quasi un anno fa nel febbraio 2020 → questi food sono divisi in 3 categorie:

sono alimenti che sono un'unica fonte di nutrimento, ossia il soggetto che prende quell'alimento è a posto e ha assunto tutti i principi nutritivi di cui ha bisogno. Questo alimento con una formulazione standard, che si presenta in uno sciroppo, formulazione standard, contiene tute le sostanze nutritive per ricoprire tutto il fabbisogno

Gli alimenti completi con una formula adattata → si suppone di avere un soggetto che fa fatica a deglutire → soggetto che ha una distrofia, che porta a difficoltà di deglutizione. Quindi un prodotto formulato, completo che contiene tutte le sostanze nutritive → è un prodotto che fornisce tutti i nutrienti in quantità adeguata.

Poi si hanno gli alimenti incompleti, che sono delle miscele molto semplici di nutrienti, a volte possono essere un unico nutriente che hanno una fonte standard o adatta di

ALIMENTI INCOMPLETI DAL PUNTO DI VISTA NUTRIZIONALE sono alimenti che vengono dati per migliorare lo stato nutrizionale a livello del singolo nutriente

OLIO DI LORENZO E DELLA MALATTIA CHE ERA UN PARTICOLARE DISTROFIA → è un prodotto a base di DHA, veniva dato per migliorare la guaina mielinica che veniva degradata da questa particolare malattia → non era un alimento completo da un punto di vista nutrizionale, c'era un unico acido grasso, ma è stato notificato al ministero questo prodotto, in quanto era un alimento destinato ai fini medici speciali → quindi è un alimento di tipo incompleto

ALIMENTI INCOMPLETI possono contenere sia una formula standard, Hanno diversi componenti

Un alimento che ha solo DHA può essere u alimento completo, perché un soggetto ha bisogno di prendere → contiene tutti i nutrienti nelle quantità necessarie per coprire il fabbisogno. Se l'alimento non contiene tutti i componenti per nutrire il fabbisogno non è incompleto, ma completo

COME SI METTE SUL MERCATO UN ALIMENTO DESTINATO AI FINI MEDICI SPECIALI?

Bisogna dimostrare che questo alimento serve a migliorare il profilo nutrizionale di un soggetto affetto da una data malattia. Quindi bisogna individuare la malattia, l'apporto nutrizionale per quella data malattia. Un soggetto allergico a una malattia e deve prendere dei peptidi, o degli amminoacidi liberi, è un soggetto che ha una patologia, che ha delle esigenze nutrizionali, non è che non fa la sintesi proteica,

Lui ha bisogno del pull di amminoacidi liberi → se prende le proteine, l'organismo impazzisce, si scatena la reazione antigene -anticorpo, si ha la reazione allergica e il soggetto sta male → viene dermatite atopica, problemi intestinali, viene lo shock anafilattico e il soggetto è a rischi odi vita, quindi il soggetto allergico ha certe esigenze nutrizionali, ma ha una patologia tale che se si danno le proteine questo soggetto può sviluppare l'allergia

Si prepara un alimento destinato a fini medici speciali, ha una sua composizione, si prepara un faldone e si invia a ministero dicendo che si vuole notificare un prodotto destinato ai fini medici speciali → è stato messo A -B-C-D, perché per questa patologia mettere dentro ABC D vuol dire rispettare delle esigenze nutrizionali del soggetto.

L'ETICHETTA DI UN ALIMENTO DESTINATO AI FINI MEDICI SPECIALI cosa deve contenere? se è a fini medici speciali, l'etichetta deve contenere l'INDICAZIONE di quale malattia quel prodotto è target

Il prodotto è destinato alla gestione dietetico del fenilchetonurico → la condizione medica che viene a essere considerata con quella formulazione. Il prodotto deve essere utilizzato sotto controllo medico →

Bisogna indicare la fascia di età che può comportare, se è un latte di inizio per un bambino allergico sarà tra 0 e 6 mesi e quindi l'indicazione che può essere rischioso e pericoloso per la salute se consumato da chi non presenta la patologia. Quindi bisogna fare la notifica al ministero della salute, dicendo che si vuole mettere sul mercato un alimento destinato ai fini medici speciali → ci sono dati di letteratura, che indicano se la distrofia

I CLAIM SONO DELLE INDICAZIONI NUTRIZIONALI, sono claim sulla salute, di riduzione di fattori DI RISCHIO DI MALATTIA, claim di sviluppo del bambino. Un alimento destinato a fini medici speciali, il 1924 era un regolamento orizzontale

Gli alimenti destinati a fini medici speciali possono vantare i claim?

I CLAIM NON SI APPLICA AGLI ALIMENTI AI FINI MEDICI SPECIALI

Un soggetto che ha la distrofia, la fenilchetonuria non può essere un soggetto che ha anche l'ipercolesterolemia?

Un alimento che serve per nutrire

ULTIMO REGOLAMENTO è il regolamento 1169 del 2011 che parla di etichettatura → è un regolamento che si divide in due parti:

INDICAIZONI OBBLIGATORIE

ELENCO DEGLI INGREDIENTI – I COADIUVANTI TECNOLOGICI E GLI ADDIVI ALIMENTARI
e devono avere un allegato degli ingredienti che possono provocare allergie e intolleranze

La quantità degli ingredienti e categorie degli ingredienti, la quantità netta dell'alimento, il termine minimo di conservazione o la data di scadenza ed eventualmente

Si ritorna al concetto iniziale → come nel caso della passata di pomodoro per fare un sugo e bisogna condire la pasta, non prendo il pomodoro perché contiene il licopene che ha un'azione antiossidante

Sulla passata "contiene licopene che ha azione antiossidante" o si mangia la pasta integrale

PASTA CONTIENE ARABINOXILANI che se contenuti in una certa quantità nel prodotto

Gli alimenti destinati ai fini medici speciali NON POSSONO VANTARE DI CLAIM

Qui si sta parlando di ETICHETTATURA DEGLI ALIMENTI → Ci sono delle indicazioni obbligatorie, non si può mettere in mercato il prodotto se non c'è scritto chi lo produce → che sia un integratore alimentare in una scatoletta o una scatola di cioccolatini, deve esserci la quantità netta, la data du scadenza

Sono indicazioni volontarie, non sono obbligatorie

L'ARTICOLO 4 parla dei principi che disciplinano le informazioni obbligatorie sugli alimenti

Ci sono informazioni obbligatorie o volontarie che si possono mettere o meno

Leggendo il 1169 → bisogna sapere sia le indicazioni obbligatorie e quelle volontarie, vi è la lista

Bisogna studiare bene l'articolo 4 e l'articolo 9 → bisogna sapere le indicazioni che obbligatoriamente sull'alimenti vanno. Funzioni dell'acqua, percentuali di acqua, in un formaggio come il parmigiano, le entrate e le uscite, le varie tipologie di acqua, libera, monolegata, come si calcola l'activity water, il tipo di activity water, quindi il valore nei vari alimenti → cereali della prima colazione

Ringraziamenti

Complimenti se sei arrivato fin qui! Non è da tutti completare i libri di studio.

Se credi in quello che facciamo e vuoi contribuire in questo progetto, sappi che accettiamo volentieri notifiche di errori di battitura e aggiunta/modifica di argomenti trattati durante il corso.

In questo modo stai contribuendo al miglioramento di questo libro e aiutando anche tu tantissimi studenti.

Il nostro indirizzo mail: farmaciafacile@outlook.it
Profilo Instagram: @farmaciafacile

Ricorda che da soli si va più veloce, ma insieme si va più lontano.

Grazie!

Printed by Amazon Italia Logistica S.r.l.
Torrazza Piemonte (TO), Italy

54425707R00100